水利工程设计与施工

郝秀玲　李　钰　张　杨　编著

吉林科学技术出版社

图书在版编目（CIP）数据

水利工程设计与施工 / 郝秀玲，李钰，张杨编著
. -- 长春：吉林科学技术出版社，2019.8
ISBN 978-7-5578-5881-0

Ⅰ．①水… Ⅱ．①郝… ②李… ③张… Ⅲ．①水利工
程－设计②水利工程－工程施工 Ⅳ．① TV222 ② TV5

中国版本图书馆 CIP 数据核字（2019）第 167267 号

水利工程设计与施工

编 著	郝秀玲 李钰 张杨
出 版 人	李 梁
责任编辑	杨超然
封面设计	刘 华
制 版	王 朋
开 本	185mm×260mm
字 数	330 千字
印 张	14.75
版 次	2019 年 8 月第 1 版
印 次	2019 年 8 月第 1 次印刷
出 版	吉林科学技术出版社
发 行	吉林科学技术出版社
地 址	长春市福祉大路 5788 号出版集团 A 座
邮 编	130118

发行部电话 / 传真 0431—81629529 　 81629530 　 81629531
　　　　　　　　　　　81629532 　 81629533 　 81629534

储运部电话 0431—86059116

编辑部电话 0431—81629517

网 址	www.jlstp.net
印 刷	北京宝莲鸿图科技有限公司
书 号	ISBN 978-7-5578-5881-0
定 价	60.00 元

前　言

　　水利工程建设属于国家的民生工程，在国民经济发展中发挥着不可替代的作用。在水利工程建设中，设计环节对于工程施工有着重要影响，如果设计方面存在问题，则不利于施工质量的控制。因此，在总结大量经验的基础上分析水利工程设计对工程施工的影响，目的在于提高水利工程建设质量

　　水利工程施工有着悠久的历史。中国远在公元前 256～前 251 年修建的都江堰，不仅体现了规划设计方面的成就，在施工技术方面也有许多创造，如离堆的开凿鱼嘴及飞沙堰的竹笼卵石砌护以及杩槎围堰的应用等。其中有的施工方法如卵石砌护沿用至今。又如黄河大堤、钱塘江海塘、灵渠及京杭运河等工程都显示出古代水利工程施工技术的成就。特别在河工方面，中国有几千年防御与治理洪水的历史，在处理险工和堵口截流等施工技术方面积累了丰富的经验。

　　随着现代科学技术的发展，新型建筑材料和大型专用施工机械的不断出现与日益改进，水利工程已逐步由传统的人力施工转向机械化施工。工业发达国家于 20 世纪 30 年代，中国于 50 年代以来，在水利工程施工技术中逐步显示出这种变化。

目　录

第一章 绪 论

水利工程是民生问题的重要内容，水利工程的质量问题也是社会各界最为关心的问题之一。水利工程设计是水利工程的灵魂，整个工程的基础框架就是设计阶段完成的，也是对后边施工的基础指导文件，直接关系到水利工程功能的发挥，以及工程的质量问题

水利工程施工建设过程中工程设计是重要内容，设计质量的好坏不仅直接决定着水利工程的施工质量和使用寿命，而且也直接影响着工程施工成本的节约利用。所以把握水利工程设计的总体原则和加强设计质量管理就成了一项重要任务。

第一节　水利工程设计的原则及发展趋势

目前，水利工程设计过程中普遍存在工作效率低、经济观念不强、缺乏业主服务意识以及设计人员综合能力不强等问题，致使水利工程设计质量难以提高。同时，水利工程设计并非无规范，随自己的思想进行设计，在设计水利工程过程中，需坚持一定的设计原则，确保水利工程设计的合理性和科学性。

一、水利工程设计重要性

1. 提升工程施工进度

在水利工程设计方案的编制环节，就应当充分把握水利工程的总体原则、施工周期等要求，并且应当充分适应施工现场的地理条件和施工环境等因素，一旦事先把握不准或者在水利工程设计的时候出现疏忽，就可能造成延缓施工进度的问题，甚至对施工质量造成不利的影响。因此科学编制水利工程设计方案，加强水利工程设计质量管理，对于加快水利工程施工进度，保证工程质量具有重要作用。

2. 降低施工成本费用

水利工程设计时，关键在于科学合理地控制施工资金的投入，诸如水利工程总体设置、堤坝类型、方案优化、细部构造等内容上的设计，对于工程施工成本费用有着直接的影响，并且对于水利工程项目在后期的养护费用投入上也有一定程度的影响，一旦考虑不周或者出现严重的失误就会造成工程造价的增加，影响水利工程的经济效益，因此提高水利工程设计效果对于有效地降低施工成本费用也具有重要作用。

3．水利工程设计总体原则

（1）遵循工程设计的总体原则

在新的形势下，随着经济社会和水利事业的快速发展，对水利工程设计的总体要求也越来越高。

①安全稳定原则。水利工程设计应当符合水利工程项目施工的规范标准和建设规模，确保水利工程的安全稳定应用，并且要防范山洪、山体滑坡以及泥石流等突发事故的侵袭。

②突出重点原则。水利工程设计应当针对工程项目进行，坚持突出施工重点，并且充分适应水利工程施工的特殊技术需要，同时在施工现场设计的时候，要优先选用可靠度好、环境破坏少和污染源小的区域进行施工。

③科学设计原则。水利工程设计方案应当事先科学评估，并且在可行性上经过实践检验，同时对于附属设施的配置和结构类型上要注重科学合理原则。

④注重专业原则。同先期的水利工程设计相比，在设计后期的纵深方面要求更高，不仅需要技术人员具备一定的业务素养，而且在工程造价的设计上要体现专业性和准确性。另外在施工现场设计的时候，要注意把握关键的技术环节，避免施工中出现安全隐患或者影响水利工程质量的情况。

⑤生态环保原则。虽然水利工程项目在设计的时候要关注其投入使用上的实用要求，但是在设计初期也应当注意不破坏施工现场及其周边的生态环境，并且在施工建设之后体现出整体的美观效果，成为一道风景线。

4．遵循工程设计的节约原则

地下水是有限的资源，所以在水利工程设计过程中，应当加强对水资源的科学有效利用，不仅保证生产生活用水和泄洪、供电等实际需要，而且防止水资源的过度消耗，避免出现不必要的损失浪费，满足循环经济的总体要求。

5．遵循工程设计的人本原则

新形势下进行水利工程设计，一定要符合以人为本理念，避免给周边的居民群众带来安全隐患，并且在水利工程建设完成后为群众提供高效服务，另外在进行水利工程设计的时候，不仅仅需要符合泄洪、供电、给水、观光、航运等特点，满足规范标准的统一要求，而且要保持生态环境的永续利用，满足水利工程的安全稳定应用，实现人与自然和生态环境的和谐一致。

二、水利工程设计未来的发展趋势

1．水利工程设计规范科学化

同传统的市政建筑工程施工相比较，新形势下的水利工程设计在软件系统以及标准体系上还有很大的开发空间，所以未来在设计规范标准上将会得到持续的改进，并且将会实现与高等院校和相关科研机构的横向联系，实现专业技能和业务水准的不断提升，促进水利工程设计越来越规范化和科学化。

2.水利工程设计遵循程序

比如：在水利工程设计过程中，在方案的优化设计、招投标的选择管理、施工队伍的选用培训、施工成本的控制把握上，将会制定严格的程序规范，在人、财、物上体现出最优的配备应用原则。与此同时，为顺应水利工程设计标准化发展趋势，水利工程设计部门应强化设计人员的专业能力培训，通过定期或不定期的培训方式，引导设计人员学习专业知识，并以相关的政策为指导，规范自身设计行为，达到培养综合素质的目的，提升专业设计能力，促使水利工程设计工作得到规范，进而实现水利工程设计标准化目标。

3.水利工程设计生态环保

新形势下随着水利工程设计技术的日益健全完善，除了水利工程在堤坝泄洪、电能输送、水源供给等方面的常规作用，社会公众对于生态环保、项目外观等方面的要求也将持续增强，尤其是国家和各级政府在资源节约型、环境友好型社会建设的理念影响下，水利工程设计也将越来越重视生态环保的需求，越来越满足人与自然、人与环境的和谐统一发展战略。

4.水利工程设计美学化

基于新形势下，美学化逐渐上升至水利工程设计的发展趋势，逐渐得到水利工程设计人员的关注与重视，并以多样化形式存在于水利工程设计中。鉴于此，为充分发挥美学在水利工程建设中的价值和作用，在设计水利工程时，合理利用美学原理，将施工点的自然环境优势、地理特点等作为基础条件，采用艺术设计方式，优化水利工程环境。同时，水利工程设计过程中，合理应用美学知识，实现水利工程设计与自然景观的统一，在发挥水利工程基本功能的前提下，展示水利工程的观光价值，推动城市景观建设发展，达到水利工程可持续发展目标。

第二节　水利工程设计中存在的问题

水利工程的本质就是除害兴利，利用自然资源，也防止自然灾害。但是，一些水利工程在需要时不能发挥功能，反而导致一些人祸。水利工程关系到民生问题，其质量问题对农业发展和防灾有重要意义。水利工程的设计是水利工程的基础，是整个工程的指导文件，一旦设计文件出现问题，那么很难保证后边的施工质量。所以，解决水力工程设计中的问题，提高水利工程的设计质量，为施工质量打下坚强基础。

一、水利工程设计中常见的问题

（一）缺乏必要的基础资料

这是在水利项目设计审查中发现重要问题之一。在水利工程的设计当中，当地的地质、水文等外部环境的基本情况直接关系到水利工程设计方案制定与选择、如果这些基础性重要资料不够全面和精准，将直接影响设计方案的质量，严重时会影响工程规模以及防御能力，最终造成生命安全和人民财产损失。因此在进行水利工程设计时相关设计部门要足够的重视。目前有很多项目由于时间及资金方面的原因，缺少实地考察，急于开始进行水利工程的设计，造成设计与实际情况存在较大差距，如果在进行重新设计，这不仅浪费了工期，甚至会造成较大纠纷，引发巨大的经济损失。如某市进行的防氟改水工程在进行设计之前部分区县未进行实地勘察便开始动工，在施工中出现打干井的意外情况，不得不进行施工方案的更改，一方面浪费了资金，严重时，由于牵一发而动全身，甚至会影响整个项目的管线设计，并且需从新计算，从而导致很大的损失。

（二）设计流程过于简单

任何一个水利工程设计工作都是沿着招标设计、施工详图设计过程不断深入、不断细化的。这一过程不但包括工程结构图、工程量和工程费用计算的逐步细化和分解，还包括作为设计依据的基础资料的逐步补充完善。设计方案的形成过程也是方案进一步比较、深入论证的过程。但在实际水利工程设计中，设计单位设计的方案基本无比较，只要方案可行即可。水利工程设计规划很多时候没有考虑到被治理或开发河流流域的水文和水文地质情况、水资源的分布状况，也没有考虑根据需要和可能确定各种治理和开发目标，按照当地的自然、经济和社会条件选择合理的工程规模，制定安全、经济、运用管理方便的工程布置方案。更多的做法是下一阶段设计直接搬用上一设计阶段的基础资料，不做进一步的深入补充完善，设计方案也不做进一步深入论证，直接套用上一设计阶段的成果结论。

（三）设计人员缺乏成本意识

施工图设计完成后，工程造价中的"量"和"价"已经被确定了。设计施工图确定的工程造价中的实体消耗量是不能随意更改的，而工程造价中的"价"是根据各地的具体情况随行就市，具有一定的可变性。但是由于设计部门考虑不周，技术人员缺乏经济观念，设计文件编制漏洞百出，使设计成果的经济性得不到充分体现。在进入施工详图设计阶段后，由于业主的多次交涉，设计单位才对设计方案进行较细致的比较，导致带来设计变更，这样既影响施工进度，也会增加程量，提高工程造价。设计单位缺少为业主服务的意识。由于投资体制的改革，水利项目的开发建设实行业主负责制，主要对担负着策划、筹资、建设，经营、还贷、资金增值保值的任务，这样业主就十分关心工程的成本控制和投资效益。目前的设计单位对此体会还不是很深刻对业主的要求有时缺乏理解，在与业主发生意外分歧时，往往以规程、规范、上级文件等生硬的条文解答对付业主。

（四）缺乏水土平衡的考虑

缺乏对水土平衡问题的考虑，或考虑不周详水利工程设计中，水土资源平衡强调了水资源的供需的平衡，这种平衡不仅仅表示要在一个水平年中的平衡，而且每个季节都应当取得平衡才能满足生产需要，达到水利工程设计的目标。在进行可供水量的计算时，主要考虑设计的工程能否满足现实情况对每个周期灌溉水量要求；在农业灌溉水利工程设计中进行作物需水量计算时，应当充分考虑种植结构的差异，按需水量可能要求的最大值进行考虑。应根据水源可供应的灌溉面积，进行分区的平衡分析。

二、提高设计质量的措施

首先，严格按照设计标准进行设计。通过对水利枢纽及其组成建筑物分等分级，来达到工程的安全可靠性与其造价的经济合理性有机统一的目的，即按工程的效益、规模及其在国民经济中的重要性，把水利枢纽分等。然后按其作用和重要性将枢纽中的建筑物进行分级。必须根据规范规定设计水利建筑物，采用一定的洪水标准，按建筑物的级别、重要性、运用条件、结构类型等分级，遇到设计标准以内的洪水时保证建筑物的安全。如果综合利用的工程按规范规定的指标分属不同级别，那么整个枢纽的等别应以其中的最高等别考虑。确定水工建筑物级别时，如该建筑物同时具有几种用途，应按最高级别为准；仅有一种用途时，则按该项用途所属级别考虑。

其次，确保基础设计资料的真实性，加强地质勘探。在水利水电工程规划设计中，首先必须对水文基本资料进行严格审查、复核，这是我国现行各种水文计算规范中的规定。由于受到基础资料、推算、环境、人为因素等客观和主观方面的干扰，工程水文设计都会存在成果评判上的差异，所以必须认真核查工程水文设计的相关资料，只有这样，才能保证设计成果的可靠性和真实性。对于设计中涉及的新引用的基本资料、数据和时期等，必须满足可靠和适应研究对象精度的两条要求。为了使设计单位具有危机意识。引进竞争机制，采用招标投标制。充分调动设计单位的主动性和积极性进行精心设计和优化设计，督促设计单位提高设计质量。

最后，加大对设计工作的管理力度。在设计管理中业主起必然的主导作用。因此，业主单位应努力提高自身建设，加强内部人员的素质培养，做到专人专注于设计优化工作，必要时积极咨询有关专家，努力做好设计管理工作，做到从各个方面和各个角度多提出设计方案以供选优。要以"质量、工期、造价、成本"为设计管理工作的综合控制目标。首先在各项工作中强化合同意识，加强对设计工作的合同管理。用合同规范经济关系中双方的行为，明确经济关系中双方的责、权、利。合同内容必须能够充分体现业主对设计工作的要求，规范、详细，同时，应将业主对设计工作要求的满足与合同支付联系起来。

第三节　水利工程水文

一、测站与网站

（一）测站

测站：在流域内一定地点（或断面）按统一标准对所需要的水文要素作系统观测，以获取信息并进行处理为即时观测信息。这些指定的地点称为测站。

水文测站所观测的项目有：水位、流量、泥沙、降水、蒸发、水温、冰凌、水质、地下水位等。只观测上述项目中的一项或少数几项的测站，则按其主要观测项目而分别称为水位站、流量站（也称水文站）、雨量站、蒸发站等。

根据测站的性质，河流水文测站又可分为基本站、专用站两大类。

基本站是水文主管部门为全国各地的水文情况而设立的，是为国民经济各方面的需要服务的。

专用站是为某种专门目的或用途由各部门自行设立的。这两类测站是相辅相成的，专用站在面上辅助基本站，而基本站在时间系列上辅助了专用站。

（二）水文站网

测站在地理上的分布网称为站网。

理由：因为单个测站观测到的水文要素其信息只代表了站址处的水文情况，而流域上的水文情况则须在流域内的一些适当地点布站观测。

广义的站网是指测站及其管理机构所组成的信息采集与处理体系。

布站的原则是通过所设站网采集到的水文信息经过整理分析后，达到可以内插流域内任何地点水文要素的特征值，这也就是水文站网的作用。

水文站网规划的任务：就是研究测站在地区上分布的科学性、合理性、最优化等问题。

按站网规划的原则布设测站，例如：河道流量站的布设，当流域面积超过 $3000 \sim 5000 km^2$，应考虑能够利用设站地点的资料，把干流上没有测站地点的径流特性插补出来。

预计将修建水利工程的地段，一般应布站观测。

对于较小流域，虽然不可能全部设站观测，应在水文特征分区的基础上，选择有代表性的河流进行观测。

在中、小河流上布站时还应当考虑暴雨洪水分析的需要，如对小河应按地质、土壤、植被、河网密集程度等下垫面因素分类布站。

布站时还应注意雨量站与流量站的配合。

对于平原水网区和建有水利工程的地区，应注意按水量平衡的原则布站。也可以根据实际需要，安排部分测站每年只在部分时期（如汛期或枯期）进行观测。

又如水质监测站的布设，应以监测目标、人类活动对水环境的影响程度和经济条件这三个因素作为考虑的基础。

我国水文站网于1956年开始统一规划布站，经过多次调整，布局已比较合理，对国民经济发展起积极作用。但随着我国水利水电发展的情况，大规模人类活动的影响，不断改变着天然河流产汇流、蓄水及来水量等条件，因此对水文站网要进行适当调整、补充。

（三）水文测站的设立

建站包括选择测验河段和布设观测断面。

在站网规划规定的范围内，具体选择测验河段时，主要考虑在满足设站目的要求的前提下，保证工作安全和测验精度，并有利于简化水文要素的观测和信息的整理分析工作。

具体地说，就是测站的水位与流量之间呈良好的稳定关系（单一关系）。该关系往往受一断面或一个河段的水力因素控制，前者称为断面控制，后者称为河槽控制。

断面控制的原理是在天然河道中，由于地质或人工的原因，造成河段中局部地形突起，如石梁、卡口等，使得水面曲线发生明显转折，形成临界流，出现临界水深，从而构成断面控制。

河槽控制：当水位流量关系要靠一段河槽所发生的阻力作用来控制，如该河段的底坡、断面形状、糙率等因素比较稳定，则水位流量关系也比较稳定。这就属于河槽控制。

在河流上设立水文测站：

平原地区应尽量选择河道顺直、稳定、水流集中，便于布设测验的河段，且尽量避开变动回水、急剧冲淤变化、分流、斜流、严重漫滩等以及妨碍测验工作的地貌、地物。

结冰河流，还应避开容易发生冰塞、冰坝的地方。

山区河流应在有石梁、急滩、卡口、弯道上游附近规整河段上选站。

水文测站一般应布设基线、水准点和各种断面，即基本水尺断面、流速仪测流断面、浮标测流断面比降断面。

基本水尺断面上设立基本水尺，用来进行经常的水位观测。

测流断面应与基本水尺断面重合，且与断面平均流向垂直。若不能重合时，亦不能相距过远。浮标测流断面有上、中、下三个断面，一般中断面应与流速仪测流断面重合。上、下断面之间的间距不宜太短，其距离应为断面最大流速的50～80倍。比降断面设立比降水尺，用来观测河流的水面比降和分析河床的糙率。上、下比降断面间的河底和水面比降，不应有明显的转折，其间距应使得所测比降的误差能在 ±15% 以内。

水准点分为基本水准点和校核水准点，均应设在基岩或稳定的永久性建筑物上，也可埋设于土中的石柱或混凝土桩上。

基本水准点是测定测站上各种高程的基本依据。

校核水准点是经常用来校核水尺零点的高程。

基线通常与测流断面垂直，起点在测流断面线上。

其用途是用经纬仪或六分仪测角交会法推求垂线在断面上的位置。

基线的长度视河宽 B 而定，一般应为 0.6B。当受地形限制的情况下，基线长度最短也应为 0.3B。基线长度的丈量误差不得大于 1/1000。

（四）收集水文信息的基本途径

驻测：上述在河流或流域内的固定点上对水文要素所进行的观测称驻测。

这是我国收集水文信息的最基本方式。但存在着用人多、站点不足、效益低等缺点。为了更好提高水文信息采集的社会效益和经济效益，经过 20 多年的实践，采取驻测、巡测、间测及水文调查相结合的方式收集水文信息，可更好地满足生产的要求。

巡测是观测人员以巡回流动的方式定期，或不定期地对一地区或流域内各观测点进行流量等水文要素的观测。

间测是中小河流水文站有 10 年以上资料分析证明其历年水位流量关系稳定，或其变化在允许误差范围内，对其中一要素（如流量）停测一时再施测的测停相间的测验方式。停测期间，其值由另一要素（水位）的实测值来推算。

水文调查是为弥补水文基本站网定位观测的不足或其他特定目的，采用勘测、调查、考证等手段进行收集水文信息的工作。

二、水位观测

水位，是指河流、湖泊、水库及海洋等水体的自由水面离开固定基面的高程，以 m 计。水位与高程数值一样，要指明其所用基面才有意义。

基面：目前全国统一采用黄海基面，但各流域由于历史的原因，多沿用以往使用的大沽基面、吴淞基面、珠江基面，也有使用假定基面、测站基面或冻结基面的。使用水位资料时一定要查清其基面。

水位观测的作用一是直接为水利、水运、防洪、防涝提供具有单独使用价值的资料，如堤防、坝高、桥梁及涵洞、公路路面标高的确定，二是为推求其他水文数据而提供间接运用资料。如 $Q=f（Z）$，$s=（Z2 － Z1）/L$，水资源计算，水文预报中的上、下游水位相关法等。

其中 Q 为流量，以 m^3/s 计；S 为比降，以千分率或万分率表示；Z2、Z1 分别为上、下比降断面的水位；L 为上、下比降断面的间距，单位均以 m 计。

水位观测的常用设备有水尺和自记水位计两类。

按水尺的构造形式不同，可分为直立式、倾斜式、矮桩式与悬锤式等。观测时，水面在水尺上的读数加上水尺零点的高程即为当时的水位值。可见水尺零点高程是一个重要的数据，要定期根据测站的校核水准点对各水尺的零点高程进行校核。

自记水位计能将水位变化的连续过程自动记录下来，有的还能将所观测的数据以数字或图像的形式远传室内，使水位观测工作趋于自动化和远传化。在荷兰水文信息服务中心，从计算机屏幕上可直接调看或用电话直接询问全国范围内各测站当时的水位，而这些又几乎都是无人驻守测站。

水位的观测包括基本水尺和比降水尺的水位。

基本水尺的观测，当水位变化缓慢时（日变幅在 0.12m 以内），每日 8 时和 20 时各观测一次（称 2 段制观测，8 时是基本时）；枯水期日变幅在 0.06m 以内，用 1 段制观测；日变幅在 0.12m ~ 0.24m 时，用 4 段制观测；依次 8 段、12 段制等。有峰谷出现时，还要加测。

比降水尺观测的目的是计算水面比降，分析河床糙率等。其观测次数，视需要而定。

水位观测数据整理工作的内容包括日平均水位、月平均水位、年平均水位的计算。

日平均水位的计算方法有二：

1. 算术平均法计算：若一日内水位变化缓慢，或水位变化较大，但系等时距人工观测或从自记水位计上摘录，采用算术平均法计算；

2. 面积包围法：若一日内水位变化较大且系不等时距观测或摘录，则采用面积包围法，即将当日 0 ~ 24 小时内水位过程线所包围的面积，如 0 时或 24 时无实测数据，则根据前后相邻水位直线内插求得。

根据逐日平均水位可算出月平均水位和年平均水位及保证率水位。这些经过整理整理分析处理后的水位资料即可提供各生产单位应用。如刊布的水文年鉴中，均载有各站的日平均水位表，年平均水位，年及各月的最高、最低水位。汛期内水位详细变化过程则载于水文年鉴中的汛期水文要素摘录表内。

三、流量测验

（一）概述

流量是单位时间内流过江河某一横断面的水量，以 m³/s 计。它是反映水资源和江河、湖泊、水库等水体水量变化的基本数据，也是河流最重要的水文特征值。

流量是根据河流水情变化的特点，在水文站上用各种测流方法进行流量测验取得实测数据，经过分析、计算和整理而得的资料，用于江河流量变化的规律，为国民经济各部门服务。

测流方法很多，按其工作原理，可分为下列几种类型。

（1）流速面积法。有流速仪法、航空法、比降面积法、积宽法（动车法、动船法和缆道积宽法）、浮标法（按浮标的形式可分为水面浮标法、小浮标法、深水浮标法等）。

（2）水力学法。包括量水建筑物和水工建筑物测流。

（3）化学法。又称溶液法、稀释法、混合法。

（4）物理法。有超声波法、电磁法和光学法。

（5）直接法。有容积法和重量法，适用于流量极小的沟涧。

（二）流速仪法测流

由于河流过水断面的形态、河床表面特性、河底纵坡、河道弯曲情况以及冰情等，都对断面内各点流速产生影响，因此在过水断面上，流速随水平及垂直方向不同而变化，即 V=f（b，h）。其中 V 为断面上某一点的流速，b 为该点至水边的水平距离，h 为该点至水面的垂直距离。因此，通过全断面的流量 Q 为：

$$Q = \int_0^A v \cdot dA = \int_0^B \bullet \int_0^H f(b,h)dh \bullet db$$

式中：A——水道断面面积，dA 则为 A 内的单元面积（其宽为 db，高为 dh），m²；

V——垂直于 dA 的流速，m/s；

B——水面宽度，m；

H——水深，m。

因为 f（b，h）的关系复杂，目前尚不能用数学公式表达，实际工作中把上述积分式变成有限差分的形式来推求流量。

流速仪法测流，就是将水道断面划分为若干部分，用普通测量方法测算出各部分断面的面积，用流速仪施测流速并计算出各部分面积上的平均流速 i，两者的乘积，称为部分流量，各部分流量的和为全断面的流量，即：

$$Q = \sum_{i=1}^n q_i = \sum_{i=1}^n w_i \bar{v}_i$$

式中：qi——第 i 个部分的部分流量，m³/s；

n——部分的个数。

需要注意的是，实际测流时不可能将部分面积分成无限多，而是分成有限个部分，所以实测值只是逼近真值；河道测流需时较长，不能在瞬时完成，因此实测流量是时段的平均值。

由此可见，测流工作实质上是测量横断面及流速测验两部分工作。

1.断面测量

河道水道断面的测量，是在断面上布设一定数量的测深垂线，施测各条测深垂线的起点距和水深并观测水位，各测深垂线处的河底高程为：

河底高程＝水位－水深

测深垂线的位置，应根据断面情况布设于河床变化的转折处，并且主槽较密，滩地较稀。

测深垂线的起点距是指该测深垂线至基线上的起点桩之间的水平距离。

测定起点距的方法有多种：

断面索法，适宜中小河流，可在断面上架设过河索道，并直接读出起点距，称此法为

断面索法;

仪器测角交会法,大河上常用仪器测角交会法。常用仪器为经纬仪,平板仪、六分仪等。如用经纬仪测量,在基线的另一端(起点距是一端)架设经纬仪,观测测深垂线与基线之间的夹角。因基线长度已知,即可算出起点距;

目前最先进的是用全球定位系统(GPS)定位的方法,它是利用全球定位仪接收天空中的三颗人造定点卫星的特定信号来确定其在地球上处位置的坐标,优点是不受任何天气气候的干扰,24 小时均可连续施测,且快速、方便、准确。

水深一般用测深杆、测深锤或测深铅鱼等直接测量。超声波回声测声仪也可施测水深,它是利用超声波具有定向反射的特性,根据声波在水中的传播速度和超声波从发射到回收往返所经过的时间计算出水深,具有精度好、工效高、适应性强、劳动强度小,且不易受天气、潮涉和流速大小限制等优点。

大断面:河道水道断面扩展至历年最高洪水位以上 0.5m ~ 1.0m 的断面称为大断面。它是用于研究测站断面变化的情况以及在测流时不施测断面可供借用断面。

大断面的面积分为水上、水下两部分。水上部分面积采用水准仪测量的方法进行;水下部分面积测量称水道断面测量。

由于测水深工作困难,水上地形测量较易,所以大断面测量多在枯水季节施测,汛前或汛后复测一次。但对断面变化显著的测站,大断面测量一般每年除汛前或汛后施测一次外,在每次大洪水之后应及时施测过水断面的面积。

(三)流速测量

根据测速方法的不同,流速仪法测流可分为积点法、积深法和积宽法。

最常用的积点法测速是指在断面的各条垂线上将流速仪放至不同的水深点测速。测速垂线的数目及每条测速垂线上测点的多少是根据流速精度的要求、水深、悬吊流速仪的方式、节省人力和时间等情况而定。国外多采用多线少点测速。国际标准建议测速垂线不少于 20 条,任一部分流量不得超过 10% 总流量。美国在 127 条不同河流上的测站,每站断面上布设 100 条以上的测速垂线,对不同测速垂线数目所推求的流量,进行流量误差的统计分析。

表 1-3-1 各种测速垂线数对流量的标准差

测速垂线数	8-11	12-15	16-20	21-25	26-30	31-35	104
标准差	4.2	4.1	2.1	2.0	1.6	1.6	0

表 1-3-1 说明:测速垂线数愈多,流量的误差愈小。

畅流期用精测法测流时,如采用悬杆悬吊,当水深大于 1.0m 可用五点法测流,即在相对水深(测点水深与所在垂线水深之比值)分别为 0.0、0.2、0.6、0.8 和 1.0 处施测。

为了消除流速的脉动影响，各测点的测速历时，可在 60 ~ 100 秒之间选用。但当受测流所需总时间的限制时，则可选用少线少点、30 秒的测流方案。

（四）流量计算

流量的计算方法有图解法、流速等值线法和分析法。前两种方法在理论上比较严格，但比较繁琐，这里主要介绍常用的分析法。具体步骤及内容如下：

1. 垂线平均流速的计算

视垂线上布置的测点情况，分别按下列公式进行计算：

一点法 $V_m = V_{0.6}$

二点法 $V_m = 0.5 \times (V_{0.2} + V_{0.8})$

三点法 $V_m = (V_{0.2} + V_{0.8} + V_{0.6})$

五点法 $V_m = 0.1 \times (V_{0.0} + 3V_{0.2} + 3V_{0.6} + 2V_{0.8} + V_{1.0})$

式中，V_m 为垂线平均流速 $V_{0.0}$、$V_{0.2}$、$V_{0.6}$、$V_{0.8}$、$V_{1.0}$ 均为与脚标数值相应的相对水深处的测点流速。

2. 部分平均流速的计算

岸边部分：由距岸第一条测速垂线所构成的岸边部分（两个，左岸和右岸，多为三角形，按下列公式计算：

$v_1 = \alpha V_{m1}$

$v_{n+1} = \alpha V_{mn}$

式中，α 称岸边流速系数，其值视岸边情况而定。

斜坡岸边 $\alpha = 0.67 \sim 0.75$，一般取 0.70，陡岸 $\alpha = 0.80 \sim 0.90$，死水边 $\alpha = 0.60$。

中间部分：由相邻两条测速垂线与河底及水面所组成的部分，部分平均流速为相邻两垂线平均流速的平均值，按下式计算：

$V_i = 0.5 \times (V_{mi-1} + V_{mi})$

3. 部分面积的计算

因为断面上布设的测深垂线数目比测速垂线的数目多，故首先计算测深垂线间的断面面积。计算方法是距岸边第一条测深垂线与岸边构成三角形，按三角形面积公式计算（左右岸各一个）；其余相邻两条测深垂线间的断面面积按梯形面积公式计算。其次以测速垂线划分部分，将各个部分内的测深垂线间的断面积相加得出各个部分的部分面积。若两条测速垂线（同时也是测深垂线）间无另外的测深垂线，则该部分面积就是这两条测深（同时是测速垂线）间的面积。

4. 部分流量的计算

由各部分的部分平均流速与部分面积之积得到部分流量，即

$q_i = V_i A_i$

式中，q_i、v_i、A_i 分别为第 i 个部分的流量、平均流速和断面积。

5. **断面流量及其他水力要素的计算**

断面流量 $Q = \sum\limits_{i=1}^{n} q_i$

断面平均流速 $v = Q / A$

断面平均水深 $\bar{h} = A / B$

在一次测流过程中，与该次实测流量值相等的、某一瞬时流量所对应的水位称相应水位。根据测流时水位涨落不同情况可分别采用平均或加权平均计算。

四、水文调查与水文遥感

目前收集水文资料的主要途径是定位观测，由于定位观测受到时间、空间的限制，收集的资料往往不能满足生产需要，因此必须通过水文调查来补充定位观测的不足，使水文资料更加系统完整，更好满足水资源开发利用、水利水电建设及其他国民经济建设的需要。

水文调查的内容分为四大类：流域调查、水量调查、洪水与暴雨调查、其他专项调查。

（一）洪水的调查

洪水调查中，对历史上大洪水的调查，有计划组织调查；

当年特大洪水，应及时组织调查；

对河道决口、水库溃坝等灾害性洪水，力争在情况发生时或情况发生后较短时间内，进行有关调查。

洪水调查工作包括：调查洪水痕迹洪水发生的时间、灾情测量、洪水痕迹的高程、了解调查河段的河槽情况；了解流域自然地理情况；测量调查河段的纵横断面；必要时应在调查河段进行简易地形测量；对调查成果进行分析，推算洪水总量、洪峰流量、洪水过程及重现期，最后写出调查报告。

计算洪峰流量时：若调查的洪痕靠近某一水文站，可先求水文站基本水尺断面处的洪水位高程，通过延长该站的水位流量关系曲线，推求洪峰流量。

在新调查的河段无水文站情况下，洪水调查的洪峰流量，可采用下列公式估算。

（二）用比降法计算洪峰流量

1. **匀直河段洪峰流量计算**

Qm=KS1/2=AS1/2R2/3/n=AV（曼宁公式）

（Sf=n2Q2/A2R4/3Q=AR2/3S1/2/n=KS1/2）

式中 Qm——洪峰流量，m³/s；

S——水面比降（测压管坡度）；Sf 为摩阻比降，；

恒定均匀（稳定流）流：水面比降 S= 河底坡 S0= 能坡 Sf

K——河段平均输水率 m/s，K=AR2/3/n，n 为糙率，

A 为河段平均断面积，m^2，R 为河段平均水力半径，m。

2. 非匀直河段洪峰流量计算

Qm=KSe1/2

$$s_e = \frac{h_f}{L} = \frac{h + (\frac{\overline{v}_{\text{上}}^2}{2g} - \frac{\overline{v}_{\text{下}}^2}{2g})}{L}$$

（势能差和动能差〔流速水头〕，单位长度上的能量损失。对堰流公式 H0=H+v2/2g 是考虑行近流速 v 的堰顶水头）

式中 Se——能面比降；

hf——两断面间的摩阻损失，h 为上、下两断面的水面落差，m；

V 上、V 下分别为上下两断面的平均流速，m/s；

L——两断面间距，m。

3. 若考虑扩散及弯曲损失时洪峰流量推算

$$Q_m = K \sqrt{\frac{h + (1-\alpha)(\frac{\overline{v}_{\text{上}}^2}{2g} - \frac{\overline{v}_{\text{下}}^2}{2g})}{L}}$$

式中 α ——扩散、弯曲损失系数，一般取 0.5。

视不同情况，选用以上公式估算洪峰流量。糙率 n 确定，可根据实测成果绘水位糙率曲线备查，或查糙率表，或参考附近水文站的糙率资料；

过水断面分成 N 份，湿周 P1，P2，P3…PN；糙率 N1，N2，N3…NN；

面积 A1，A2，A3…AN；流速 U1，U2，U3…UN；有

$$U = S_f^{1/2} (A/P)^{2/3} / n = S_f^{1/2} (A_1/P_1)^{2/3} / n_1 = \ldots = S_f^{1/2} (A_N/P_N)^{2/3} / n_N$$

$$n = (A/P)^{2/3} / ((A_1/P_1)^{2/3} / n_1) = (A/P)^{2/3} / ((A_i/P_i)^{2/3} / n_i)$$

$$\sum_{i=1}^{N} n = (A/P)^{2/3} / \sum_{i=1}^{N} ((A_i/P_i)^{2/3} / n_i)$$

综合糙率 n'$= (\sum_{i=1}^{N} P_i n_i^{3/2} / p)^{2/3}$

$$A^{2/3} = \sum_{i=1}^{N} A_i^{2/3}$$

对复式断面，可分别计算主槽和滩地的流量再取其和。

（三）用水面曲线推算洪峰流量

当所调查的河段较长且洪痕较少，各河段河底坡降及断面变化、洪水水面曲线比较曲折时，不宜用比降法计算，可用水面曲线法推求洪峰流量。

水面曲线法的工作原理是：假定－流量 Q，由所估定的各段河道糙率 n，自下游已知

的洪水水面点起，向上游逐段推算水面线，然后检查该水面线与各洪痕的符合程度。如大部分符合，表明所假定流量正确；否则，重新修定 Q 值，再推算水面线直至大部分洪痕符合为止。

设计水面线的分析计算

河道设计水面线分析计算采用水力学公式和试算法确定。水力学公式采用水位沿程变化的关系式：

$$\frac{dz}{ds} = (\alpha + \xi)\frac{d}{ds}(\frac{v^2}{2g}) + \frac{Q^2}{K^2}$$

= 流速水头和局部水头损失的沿程变化 + 水力坡度

特征流量为 k2=C2A2R=C2h3b2

将上述微分方程改写成差分形式再移项可得下式：

$$z_v + (\alpha + \xi)\frac{Q^2}{2gA_v^2} - \frac{\Delta s}{2}\frac{Q^2}{k_v^2} = z_d + (\alpha + \xi)\frac{Q^2}{2gA_d^2} - \frac{\Delta s}{2}\frac{Q^2}{k_d^2}$$

zv、zd——上下游断面水位；

α——动能修正系数；α =1.15

ξ——局部阻力系数；逐渐扩散段可取 ξ=-0.33—0.55

急剧扩散段可取 ξ=-0.5—1.0

Q——流量；

A——过水面积；

g——重力加速度；

K——流量模数；

Δs——上下游断面间距。

（四）暴雨调查

以降雨为洪水成因的地区，洪水的大小与暴雨大小密切相关，暴雨调查资料对洪水调查成果起旁证作用。洪水过程线的绘制、洪水的地区组成，也需要组合面上暴雨资料进行分析。

暴雨调查的主要内容有：暴雨成因、暴雨量、暴雨起讫时间、暴雨变化过程及前期雨量情况、暴雨走向及当时主要风向风力变化等。

对历史暴雨的调查，一般通过群众对当时雨势的回忆或与近期发生的某次大暴雨对比，得出定性概念；也可通过群众对当时地面坑塘积水、露天水缸或其他器皿承接雨量作定量估计，并对一些雨量记录进行复核，对降雨的时、空分布做出估计。

（五）水文遥感

遥感技术，特别是航天遥感的发展，使人们能从宇宙空间的高度上，大范围、快速、周期性的探测地球上各种现象及其变化。遥感技术在水文科学领域的应用称为水文遥感。

水文遥感具有以下特点：如动态遥感，从定性描述发展到定量分析，遥感遥测遥控的综合应用，遥感与地理信息系统相结合。

近20多年来，遥感技术在水文水资源领域得到广泛应用并已成为收集水文信息的一种重要手段，尤其在水资源水文调查的应用，更为显著。概括起来，列举如下几方面。

1）流域调查：根据卫星相片可以准确查清流域范围、流域面积、流域覆盖类型、河长、河网密度、河流弯曲度等。

2）水资源调查：使用不同波段、不同类型的遥感资料，容易判读各类地表水，如河流、湖泊、水库、沼泽、冰川、冻土和积雪的分布；还可分析饱和土壤面积、含水层分布以估算地下水储量。

3）水质监测：遥感资料进行水质监测可包括分析识别热水污染、油污染、工业废水及生活污水污染、农药化肥污染以及悬移质泥沙、藻类繁殖等情况。

4）洪涝灾害的监测：包括洪水淹没范围的确定，决口、滞洪、积涝的情况，泥石流及滑坡的情况。

5）河口、湖泊、水库的泥沙淤积及河床演变，古河道的变迁等。

6）降水量的测定及水情预报：通过气象卫星传播器获取的高温和湿度间接推求降水量或根据卫片的灰度定量估算降水量；根据卫星云图与天气图配合预报洪水及旱情监测。

此外，还可利用遥感资料分析处理测定某些水文要素如水深、悬移质含沙量等。利用卫星传输地面自动遥测水文站资料，具有投资低，维护量少，使用方便的优点，且在恶劣天气下安全可靠，不易中断。对大面积人烟稀少地区更加适合。

五、水文数据处理

各种水文测站测得的原始数据，都要按科学的方法和统一的格式整理、分析、统计、提炼成为系统、完整，有一定精度的水文资料，供水文水资源计算、科学和有关国民经济部门应用。这个水文数据的加工、处理过程，称为水文数据处理。

水文数据处理的工作内容包括：收集校核原始数据；编制实测成果表；确定关系曲线，推求逐时、逐日值；编制逐日表及洪水水文要素摘录表；合理性检查；编制处理说明书。水位数据处理较简单，在第二节已述，本节主要介绍流量资料整编，简要介绍泥沙数据处理。对上述处理工作内容，重点介绍关系曲线的确定及逐时、逐日值的推求。

（一）水位流量关系曲线的确定

1. 稳定的水位流量关系曲线

稳定的水位流量关系，是指在一定条件下水位和流量之间呈单值函数

关系，简称为单一关系。在普通方格纸上，纵坐标是水位，横坐标是流量，点绘的水位流量关系点据密集，分布成一带状，75%以上的中高水流速仪测流点据与平均关系线的偏离不超过 ±5%，75%的低水点或浮标测流点据偏离不超过土8%（流量很小时可

适当放宽），且关系点没有明显的系统偏离，这时即可通过点群中心定一条单一线（供推流）。点图时在同一张图纸上依次点绘水位流量、水位面积、水位流速关系曲线，并用同一水位下的面积与流速的乘积，校核水位流量关系曲线中的流量，使误差控制在 $\pm 2\% \sim \pm 3\%$。以上三条曲线比例尺的选择，应使它们与横轴的夹角分别近似为 $45°$、$60°$，且互不相交。所定的单一水位流量关系还要进行符号检验、适线检验、偏离数值检验，进行检验均通过才能用此单一曲线推流。此外，两条曲线（或两列数组）需要合并定线时，还要进行检验。

2. 不稳定的水位流量关系

不稳定的水位流量关系，是指测验河段受断面冲淤、洪水涨落、变动回水或其他因素的个别或综合影响，使水位与流量间的关系不呈单值函数关系，这些方法归纳起来分为两种类型：一种是水力因素型，这一类型的方法均可表示为 $Q=f(b, x)$ 的形式，x 为某一水力因素。其方法的原理都来自于水力学的推导，故理论性强，所要求的测点少，且适于计算机作单值化处理。另一类型称时序型，表示为 $Q=f(Z, t)$，t 为时间。时序型的方法其原理是以水流的连续性为基础，因而要求测点多且准确，能控制流量的变化转折。方法适用范围较广，但有时间性。照水位过程线起伏变动的情定线。

受洪水涨落影响的水位流量关系线用连时序法定线往往成逆时针绳套形。绳套的顶部必须与洪峰水位相切，绳套的底部应与水位过程线中相应的低谷点相切。

受断面冲淤或结冰影响时，还应当满足时序型的要求条件时，连时序法是按实测流量点子的时间顺序来连接水位流量关系曲线，故应用范围较广。连线时，应参考用连时序法绘出的水位面积关系变化趋势，帮助绘制水位流量关系曲线。

（二）水位流量关系曲线的延长

测站测流时，由于施测条件限制或其他种种原因，致使最高水位或最低水位的流量缺测或漏测。为取得全年完整的流量过程，必须进行高低水时水位流量关系的延长。

高水延长的结果，对洪水期流量过程的主要部分，包括洪峰流量在内，有重大的影响。低水流量虽小，但如延长不当，相对误差可能较大且影响历时较长。因此延长均需慎重。高水部分的延长幅度一般不应超过当年实测流量所占水位变幅的 30%，低水部分延长的幅度一般不应超过 10%。

对稳定的水位流量关系进行高低水延长常用的方法有以下几种。

1. 水位面积与水位流速关系高水延长

适用于河床稳定，水位面积、水位流速关系点集中，曲线趋势明显的测站。其中，高水时的水位面积关系曲线可以根据实测大断面资料确定，高水时水位流速关系曲线常趋近于常数，可按趋势延长。可是，某一高水位下的流量，便可由该水位的断面面积和流速的乘积来确定。这样，可延长水位流量关系曲线。

2. 用水力学公式高水延长

此法可避免水位面积与水位流速关系，高水延长中水位流速顺趋势延长的任意性，用

17

水力学公式计算出外延部分的流速值来辅助定线。

（1）曼宁公式外延：

根据曼宁公式

$$v = \frac{1}{n} R^{2/3} S^{1/2}$$

延长时，用上式计算流速，用实测大断面资料延长水位面积关系曲线，从而达到延长水位流量关系的目的。

计算流速时，因水力半径 R 可用大断面资料求得，故关键在于确定水面比降 S 和糙率 n 值。根据实际资料，如 S、n 均有资料时，直接由公式计算并延长；当二者缺一时，通过点绘 Z ～ n（或 Z ～ S）关系曲线并延长之，再算出来；如两者都没有时，则将看成一个未知数，因 $\frac{1}{n} R^{2/3} = Q / (AR^{2/3})$，依据实测资料的流量、面积、水力半径计算出，点绘 $Z \sim \frac{1}{n} R^{2/3}$ 曲线，因高水部分 $\frac{1}{n} R^{2/3}$ 接近于常数，故可按趋势延长。

（2）斯蒂文斯（Stevens）法：

由谢才流速公式导出流量为

$$Q = CA\sqrt{RS}$$

式中 C——谢才系数；其余符号同前。

对断面无明显冲淤、水深不大但水面较宽的河槽，以断面平均水深 h 代替 R，则可改写为：

$$Q = CA\sqrt{RS} = KAh^{1/2}$$

式中，$K = C\sqrt{S}$，高水时其值接近常数。故高水时 $Q \sim Ah^{1/2}$ 呈线性关系，据此外延。由大断面资料计算 $Ah^{1/2}$ 并点绘不同高水位 Z 在 $Z \sim Ah^{1/2}$ 曲线上查得值 $Ah^{1/2}$，并以 $Q \sim Ah^{1/2}$ 曲线上查得 Q 值，根据对应的（Z，Q）点据，便可实现水位与流量关系曲线的高水延长。

（三）水位流量关系曲线的低水延长法

低水延长一般是以断流水位作控制进行水位流量关系曲线向断流水位方向所做的延长。断流水位是指流量为零时的相应水位。假定关系曲线的低水部分用以下的方程式来表示：

Q=K（Z － Zo）ⁿ

式中 Zo——断流水位；

n，K——分别为固定的指数和系数。

在水位流量曲线的中、低水弯曲部分，依次选取 a、b、c 三点，它们的水位和流量分别为 Za、Zb、Zc 及 Q。、Qb、Qc。若 Qb=QaQc，代入式，求解得断流水位为：

$$Z_O = \frac{Z_a Z_c - Z_b^2}{Z_a + Z_c - 2Z_b}$$

求得断流水位 Zo 后，以坐标（Zo，o）为控制点，将关系曲线向下延长至当年最低水位即可。

（四）水位流量关系曲线的移用

规划设计工作中，常常遇到设计断面处缺乏实测数据。这时就需要将邻近水文站的水位流量关系移用到设计断面上。

当设计断面与水文站相距不远且两断面间的区间流域面积不大，河段内无明显得出流与入流的情况下，在设计断面设立临时水尺，与水文站同步观测水位。因两断面中、低水时同一时刻的流量大致相等，所以可用设计断面的水位与水文站断面同时刻水位所得的流量点绘关系曲线，再将高水部分进行延长，即得设计断面的水位流量关系曲线。

当设计断面距水文站较远，且区间入流、出流近乎为零，则必须采用水位变化中位相相同的水位来移用。

若设计断面的水位观测数据不足，或甚至等不及设立临时水尺进行观测后再推求其水位流量关系，则用计算水面曲线的方法来移用。方法是在设计断面和水文站之间选择若干个计算断面，假定若干个流量，分别从水文站基本水尺断面起计算水面曲线，从而求出各个计算流量相对应的设计断面水位。

而当设计断面与水文站的河道有出流或入流时，则主要依靠水力学的办法来推算设计断面的水位流量关系。

（五）日平均流量计算及合理性检查

逐日平均流量的计算：当流量变化平稳时，可用日平均水位在水位流量关系线上推求日平均流量；当一日内流量变化较大时，则用逐时水位推求得逐时流量，再按算术平均法或面积包围法求得日平均流量。据此计算逐月平均流量和年平均流量。

合理性检查：单站检查可用历年水位流量关系对照检查；综合性检查以水量平衡为基础，对上、下游或干、支流上的测站与本站流量数据处理成果进行对照分析，以提高流量数据处理成果的可靠性。本站成果经检查确认无误后，才能作为正式资料提供使用。

（六）悬移质输沙率资料整编

在整编悬移质输沙率资料时，应对实测资料进行分析。通常是着重进行单断沙关系的分析。经过分析，如果查明突出点的原因属于测验或计算方面的错误，可以适当改正或前情处理。

有了单断沙关系曲线，便可根据经常观测的单沙成果计算出逐日断面平均含沙量，再与相应的平均流量相乘，即得各日的平均输沙率。这种算法比较简便，当一日内流量变化不大时是完全可以的。如在洪水时期，一日内流量、含沙量的变化都较大时，应先由各测次的单沙推出断沙，乘以相应的断面流量，得出各次的断面输沙率。根据日内输沙率过程将全年逐日平均输沙率之和除以全年的天数，即得年输沙量。

第四节　水利工程初设审批程序

一、水利工程基本建设初步设计概述

（一）水利工程基本建设

水利基本建设项目是通过固定资产投资形成水利固定资产并发挥社会经济和生态效益的水利项目。

水利基本建设项目根据国家的方针政策、已批准的江河流域综合规划、专业和专项规划及水利发展中长期规划确定。

水利工程基本建设项目可以分为不同的类型：

按项目功能和作用分为公益性、准公益性和经营性三类。

从隶属关系上划分中央项目、地方项目。

按投资主体：企业投资项目、政府投资项目。

按项目规模：大型、中型、小型。

按项目类别：水库枢纽、水电站、河道治理工程、引调水工程、灌溉排涝工程、城市防洪工程等。

按建设性质：新建、改扩建项目。

1. 我国水利工程基本建设程序

根据《水利工程建设程序管理暂行规定》，水利工程建设程序一般分为：项目建议书、可行性研究报告、初步设计、施工准备（包括招标设计）、建设实施、生产准备、竣工验收、后评价等阶段。进步和提高设计质量；

初步设计是水利水电工程建设程序中的一个重要阶段，经批准的初步设计是编制开工报告、招标设计、施工详图设计和控制投资的依据。

2. 世界其他国家水利工程建设程序

前期工作：美国规定对江河流域进行多目标规划后，开展水利工程的预可行性研究、可行性研究、方案设计、详细设计；苏联规定由河流技术经济调查报告选定第一期工程，然后进行初步设计、技术设计、施工图设计；日本则分为初步调查、河流规划、编制计划、可行性研究、施工图设计等阶段。

施工阶段：各国也都经过工程招标、签订合同、工程施工、竣工验收等阶段。

（二）水利工程初步设计编制单位选择

1. 设计单位资质

水利工程设计资质分行业资质和专业资质，均分为甲、乙、丙三级。

专业资质为水库枢纽、引调水、灌溉排涝、河道整治、城市防洪、围垦、水土保持、水文设施等 8 类。

设计单位必须在资质允许范围内承接水利工程设计。严禁越级承接设计工作。

2. 初步设计编制单位选择

根据水利部水总（2004）511 号文《水利工程建设项目勘察（测）设计招标投标管理办法》，符合下列具体范围并达到规模标准之一的水利工程建设项目初步设计和施工图阶段的勘察（测）设计进行招标，选择勘测设计单位。

（1）招标范围

关系社会公共利益、公共安全的防洪、排涝、灌溉、水力发电、引（供）水、滩涂治理、水土保持、水资源保护等水利工程建设项目；

使用国有资金投资或者国家融资的水利工程建设项目；

使用国际组织或者外国政府贷款、援助资金的水利工程建设项目。

涉及国家安全、秘密、抢险救灾或紧急度汛、特定水利技术等除外。

（2）规模标准

勘察（测）设计单项合同估算价在 50 万元人民币以上的；项目总投资额在 3000 万元人民币以上的。

（三）水利工程初步设计编制要求、内容

水利工程初步设计编制依据主要为《水利水电工程初步设计报告编制规程》（SL619-2013）及其他法律、法规和专业技术标准。

现行的《水利水电工程初步设计报告编制规程》（SL619-2013）适用于新建、改建和扩建的大中型水利水电工程。不同类型的工程，应根据工程任务特点，其工作内容和深度应有所取舍和侧重。条件简单的大中型工程可以适当简化，除险加固项目可参照使用。

另外，各省水行政主管部门结合国家标准，根据各类项目实际特点，编制初步设计指导意见。

1. 水利工程初步设计编制总体要求

水利工程初步设计报告编制应以批准的可行性研究报告为依据，并遵照有关技术标准，设计安全可靠、技术先进、密切结合实际，注重技术创新、节水节能、节约投资。

应认真调查、勘测、试验、研究，尽可能取得可靠的基本资料。

应有分析、有论证、有必要的方案比较，并有明确的结论和意见。

应认真研究可行性研究阶段的审查意见和评估意见，重视环境影响评价与水土保持方

案批准后相配套的实施措施，注意收集和利用已建同类工程资料，关注本行业技术发展情况。

2. 初步设计主要内容及深度要求

复核并确定水文成果。

查明水库区及建筑物的工程地质条件。

说明工程任务及具体要求，复核工程规模，确定运行原则，明确运行方式复核并确定水文成果。

复核工程等级及设计标准，选定坝型，确定工程总体布置、主要建筑物轴线、线路、结构型式及布置、控制尺寸、高程。

选定水力机械、电气、金属结构、采暖通风与空气调节等设备的形式和布置。

3. 初步设计章节安排

根据《水利水电工程初步设计报告编制规程》（SL619-2013），水利工程初步设计主要章节安排共16章，具体为：综合说明、水文、工程地质、工程任务和规模、工程布置及建筑物、机电及金属结构、消防设计、施工组织设计、建设征地与移民安置、环境保护设计、水土保持设计、劳动安全与工业卫生、节能设计、工程管理设计、设计概算、经济评价。

二、水利工程初步设计审批程序

（一）水利工程初步设计审批依据

国务院令第412号《国务院对确需保留的行政审批项目设定行政许可的决定》第172条，水利基建项目初步设计文件审批，实施机关为县级以上人民政府水行政主管部门。

水利部（水建〔1998〕16号）《水利工程建设程序管理暂行规定》第二条水利工程建设程序一般分为：项目建议书、可行性研究报告、初步设计、施工准备（包括招标设计）、建设实施、生产准备、竣工验收、后评价等阶段。

（二）企业投资水利项目初步设计审批程序

根据《国务院关于投资体制改革的决定》（国发〔2004〕20号文）和相关办法，企业投资项目立项实行政府核准和备案制度。实施核准的项目，编制项目申请报告，按照项目性质分别由国家或地方政府发展和改革部门进行核准。

在初步设计项目上报核准之前，一般由企业组织项目技术审查会，政府有关部门参加。技术审查重点是项目对公共安全、社会环境等方面的影响及技术方案的可行性。

（三）水利工程基建项目初步设计审批程序

（政府投资项目）

按中央和地方事权实行审批制度，水利工程立项过程主要包括项目建议书和可行性研究报告两个阶段。

1. 中央项目

按照国家规定的程序要求，由国家立项审批的重点项目，项目建议书、可研报告由水利部审查，国家发展改革委审批，初步设计由水利部或省发展改革委审批。重大项目立项审批时，须同步完成移民安置规划、环境影响评价、水土保持、用地预审等工作。

（政府投资项目）

2. 地方项目

需要中央预算内投资补助的执行《中央预算内投资补助和贴息项目管理暂行办法》。中央安排地方政府投资项目在 2 亿元以下的，且不超过项目投资 50% 的，只审批资金申请报告；超过 2 亿元的，由国家审批可研报告；不超过 3000 万元的，一律按投资补助或贴息方式管理，只审批资金申请报告。初步设计由省发展改革委审批。

（政府投资项目）

3. 设计报告编制组织

水利基本建设项目初步设计报告由水行政主管部门或项目法人组织编制。

中央项目的初步设计报告由水利部（流域机构）或项目法人组织编制；

地方项目初步设计报告由地方水行政主管部门或项目法人组织编制；省际水事矛盾处理工程的前期工作由流域机构负责组织。

（政府投资项目）

4. 注意事项

初步设计编制的概算静态总投资原则上不得突破已批准的可行性研究报告估算的静态总投资。

由于工程项目基本条件发生变化，引起工程规模、工程标准、设计方案、工程量的改变，其静态总投资超过可行性研究报告估算静态投资在 15% 以内，要对工程变化内容和增加投资提出专题分析报告；

超过可行性研究报告估算静态投资 15% 以上（含 15%），必须重编可行性研究报告，重新按原程序报批。

（四）水利工程初步设计报批流程

1. 申报及受理

（1）市水利（务）局初审意见

各市水利局对初步设计进行初审，并行文上报《关于上报 ×××工程初步设计报告的请示》，一般一式 3 份。

投资额在 1000 万元以内的水利工程项目由各市水利局行文上报省水利厅；投资额超过 1000 万元的水利工程项目在行文上报省水利厅的同时，各市发展改革委还要行文上报省发展改革委。

（2）初步设计报告及附件内容

立项批文（前期可研报告批复文件）；相关规划，安全检测、安全鉴定报告等；勘测、设计单位资质证明文件复印件；×××工程初步设计报告、设计概算、设计图纸、工程地质报告（一般单独成册）等。

（3）初步设计受理

水利工程初步设计审批属于行政许可项目，受理地点省政务服务中心水利窗口。

建设单位准备初步设计审查申报材料，向受理窗口提交申请，经窗口工作人员初步审核申报材料合格后，出具受理回执；材料不齐全的，窗口人员一次性书面告知申报单位，待补齐材料后重新受理。

2．审查、审批

省水利厅承办处室为基本建设处，省发展改革委承办处室为设计处。

（1）审批条件

可行性研究报告或有关立项文件已批准；

项目已列入国家或地方水利基建计划，建设资金来源已明确。

（2）审查组织

水行政主管部门对建设单位报送的申请材料进行初步审查，符合相关条件的，由水行政主管部门或其委托的咨询单位在一定时限内（建设单位设计文件修改时间不计入审查时间）完成审查工作。

初步设计审查会议由主管部门或其委托的咨询单位组织，水行政主管部门、审查专家组成员、建设单位和勘察设计单位以及邀请与工程项目有关的规划、交通、航道等部门参加。

（3）技术审查

技术审查一般由专家组长主持，分专业对初步设计报告内容进行审查讨论，最终形成《×××工程初步设计审查会专家组意见》，并在参会单位全体会议上宣读。技术审查重点为：

审查初步设计是否符合国家法律法规、有关专业技术规范和标准的执行情况，重点是工程建设强制性标准条文的执行情况；

关注可研审查与评估提出的问题及处理方案、措施；

审查设计指标是否符合发改、国土、环保相关行政部门批复要求；

审查复杂工程地质与基础处理措施及技术合理性；

审查设计重大技术问题的专题报告及必要的试验研究成果；

审查对工程投资有较大影响的设计方案、施工导流与料场等；

审查初步设计概算投资的合理性。

（4）初步设计批复

经审查不符合规定条件的初步设计，建设单位、设计单位要全面修改，提出修改内容的详细报告，由建设单位按申报程序重新审查。

对符合要求的水利工程初步设计，在技术审查后，由省水利厅或省发展改革委进行批复。

投资额 1000 万元以内项目省水利厅审批，抄送省发展改革委；投资额超过 1000 万元的项目由省发展改革委审批；审查会专家组审查意见一般作为批复文件的附件。

三、水利工程设计变更及概算调整

（一）设计变更

水利工程设计变更是指自初步设计批准之日起至工程竣工验收交付使用之日止，对已批准的初步设计所进行的修改活动。

设计变更应符合国家有关法律、法规和技术标准的要求，严格执行工程设计强制性标准，符合项目建设质量和使用功能的要求。

1、设计变更的划分

水利部将工程设计变更分为重大设计变更和一般设计变更。

重大设计变更是指工程建设过程中，工程的建设规模、设计标准、总体布局、布置方案、主要建筑物结构形式、重要机电金属结构设备、重大技术问题的处理措施、施工组织设计等方面发生变化，对工程的质量、安全、工期、投资、效益产生重大影响的设计变更。

工程设计变更分为重大、较大和一般设计变更。

重大设计变更主要是指在工程任务、规模、标准、布置及主要建筑物设计方案、重要机电设备、重大技术问题处理方案等方面，对工程的安全、投资、效益、工期产生重大影响的设计变更，以及投资变化超过工程部分总投资 10% 的设计变更。

较大设计变更是指除重大设计变更外，在工程分期规模、建筑物结构设计、机电金属结构设备配置、施工、附属工程等方面，对工程的安全、投资、效益、工期产生一定影响的设计变更，以及投资变化超过工程部分总投资的 5%，不超过 10% 的设计变更。

重大及较大设计变更以外的其他设计变更为一般设计变更。

2. 设计变更报告的编制、审批

工程勘察设计文件的变更，应委托原勘察设计单位进行。经原勘察设计单位书面同意，项目法人也可委托其他具有资质的勘察设计单位进行修改。

设计变更文件编制的设计深度应当满足初步设计阶段的有关规程、规范要求，有条件的可按施工图设计阶段的设计深度进行编制。

工程设计变更审批采用分级管理制度。重大设计变更文件，由项目法人按原报审程序报原初步设计审批部门审批。较大设计变更由项目主管部门或委托项目法人审批。一般设计变更文件，由项目法人组织审查后实施，并报项目主管部门核备，必要时报项目主管部门审批。设计变更文件批准后由项目法人负责组织实施。

3. 特殊情况重大设计变更的处理

（1）对需要进行紧急抢险的工程设计变更，项目法人可先组织进行紧急抢险处理，同时通报项目主管部门，并按照规定办理设计变更审批手续，并附相关的影像资料说明紧急抢险的情形。

（2）若工程在施工过程中不能停工，或不继续施工会造成安全事故或重大质量事故的，经项目法人、监理单位同意并签字认可后即可施工，但项目法人应将情况在5个工作日内报告项目主管部门备案，同时按照规定办理设计变更审批手续。

（二）概算调整

1. 概算调整依据

在项目建设过程中由于主要材料设备价格上涨、国家重大政策调整、地质条件发生重大变化导致设计变动、发生不可抗力自然灾害等原因，导致工程概算与原批复概算发生重大变化的，确需调整概算的，应向原初步设计审批单位申请调整概算。

2. 申报材料

（1）项目主管部门的初审意见和申请文件；

（2）原初步设计文件及初步设计批复文件；

（3）由具备相应资质单位编制的调整概算书，编制调整概算与原批复概算对比表，并分类定量说明调整概算的原因、依据和计算方法；

（4）与调整概算有关的招标文件、合同文件，包括变更洽商部分以及由审计或财政部门审定的意见，影响概算变化的政策性调整文件。

3. 审批要求

（1）对于项目建设规模、地点、标准、方案等主要建设内容与原批复可研有重大变化的，必须及时报原可行性研究报告审批单位确认或重新审批可行性研究报告；工程实施中，重大设计变更要及时报批，涉及投资额变化的，要同时编报设计概算。

（2）对于使用中央预算内投资项目、省预算内投资项目，概算调整幅度超过原批复概算10%及以上的，原则上先商请审计机关审计，待审计结束后，再视具体情况进行概算调整。

（3）概算调整原则上应在土建主体工程量完成80%之后进行。

4. 审批原则

（1）对于使用基本预备费可以解决问题的项目，不予调整概算。

（2）对于确需调整概算的项目，须经专家审查后方予核定批准。

（3）对由于价格上涨、政策调整等不可抗因素造成调整概算超过原批复概算的，经核定后予以调整。调增的价差不作为计取其他费用的基数。

第二章　水工建筑物设计

第一节　概　述

一. 水利水电工程中水工建筑物的分类与分级

为了除水害兴水利而修建的一程称水利工程。水利工程为了达到防洪、供水、航运等目的，需要修建不同类型的建筑物，用以挡水、泄洪、灌溉输水、发排沙，这些用来实现各种水利工程目标的工程建筑物称为水工建筑物。在河川适当部位修建由不同用途的水工建筑物组成的综合体称水利枢纽。

（一）水工建筑物的分类

水工建筑物一般按它的作用用途和使用期限来分类。

1. 按作用分

（1）挡水建筑物：用以拦截水流，形成水库或奎水位。如各种类型的坝和水闸，以及防洪堤等。

（2）泄水建筑物：用以宣泄多余的水量，保证大坝（或渠道）的安全。如各种溢流坝、溢洪道、泄洪隧洞和泄洪涵管等。

（3）取水建筑物：用以从水库（或河道）取水，满足灌溉、发电和供水等用水的要求。如进水闸、取水塔等。

（4）输水建筑物：从水库（或河道）向库外（或下游）输送水流的建筑物。如输水隧洞、输水涵管、渠道和渡槽等。

（5）整治建筑物：用以调整和改善河道的水流条件，以及防止波浪和水流对岸坡冲刷破坏。如护岸、护底建筑物、导流堤、防浪堤、拦沙建筑物等。

2. 按用途分

（1）一般性的（普通的）水工建筑物，可以应用于所有的水利工程。在水利枢纽中，以之造成所需水头形成上游水库并构成一定的水力条件，使在河川上符合改变后的水文情况。上述按作用分的水工建筑物，基本上为一般性水工建筑物。

（2）专门性

电站（压力前池调压井或调压塔等）、水运建筑物（船闸、升船机、港口码头筏道）农田水利建筑物（灌区的渠系建筑物和量水设备等）、给水排水建筑物（给水排水管道、扬水站等）和过鱼建筑物（鱼道、举鱼机等）。

3．按使用时间分

（1）永久性水工建筑物：指工程运行期间长期使用的建筑物。根据其重要性又分为主要建筑物和次要建筑物。建筑物系指失事后将造成下游灾害或严重影响工程效益的建筑物，如坝、泄洪建筑物、取水建筑物及水电厂房等；次要建筑物则指失事后不致造成下游灾害和对工程效益影响不大并易于修复的建筑物，如挡土墙、导流墙、工作桥及护岸等。

（2）临时性建筑物，指工程施工期间使用的建筑物。如围堰和导流建筑物等。

二、水利水电枢纽工程分等和水工建筑物分级

水利水电上程，一般工程量大，投资多、工期长、施工条件复杂需要考虑的因素多，一项水利水电工程的成败对国民经济有直接影响。但不同的工程，其影响程度并不一样，为了使工程安全性与其造价合理性适当统一起来，首先应按工程规模、效益及其在国民经济中的重要性，将水利枢纽划分成不同的等级，然后再对枢纽在各组成建筑物，按其作用和重要性分级。

按照我国现行《水利水电枢纽工程等级划分及设计标准》（山区、丘陵区部分）（试行）的规定，水利水电枢纽工程按其规模效益和在国民经济中的重要性分为五等，如表2-1-1所列；枢纽中的水工建筑物则根据其所属工程等别及其在工程中的作用和重要性分为五级，如表2-1-2所列。

表 2-1-1 水利书店枢纽工程分等指标

工程级别	工程规模	水库总容量（亿 m3）	分等指标			
			防洪		灌溉面积（万亩）	水电站装机容量
			保护城镇及工矿区	保护农田（万亩）		
一	大（1）型	>10	特别城镇、工矿区	>500	>150	>750
二	大（2）型	10～1	重要城镇、工矿区	500～100	150～50	750～250
三	中型	1～0.1	中等城镇、工矿区	100～30	50～5	250～25
四	小（1）型	0.1～0.01	一般城镇、工矿区	<30	5～0.5	25～0.5
五	小（2）型	0.01～0.001	-	-	<0.5	<0.5

表 2-1-2 水工建筑物级别划分

工程等级	永久建筑物级别划分		临时性建筑物
	主要建筑物	次要建筑物	
一	1	3	4
二	2	3	4
三	3	4	5
四	4	4	5
五	5	5	-

按表 2-1-1 表 2-1-2 划分水利水电枢纽工程等别和确定水工建筑物级别时，应注意以下几点：

1. 对于综合利用的枢纽工程，假如据表 2-1-1 的指标分属几个不同级别时，应以其中最高的等别确定整个枢纽的等别。

2. 按表 2-1-2 确定水工建筑物级别时，如该建筑物间具有几种用途，应根据其中所属最高等别确定其级别，仅有一种用途的水：a 建筑物，则该项用途所属等别其级别。

3. 各类建筑物所以要划分不同级别和不同级别的原药，表现在几个方面，即抗御洪水能力，建筑物的稳定安全度，和建筑所用材料的强度安全度及其耐久性、运用可靠性等。因此必须根据工程规模及其重要性按国家规定的表 2-1-1 表 2-1-2 的划分等级作为各种建筑物的设计标准，不能随意更改。

对于二~五等工程，在下列所述情况下，经过论证，可提高其主要建筑物级别。

1. 水库枢纽中的大坝，坝高超过表 2-1-3 中的数值，可提高一级，但洪水标准不予提高。

表 2-1-3 需提高级别的坝高界限值

坝的原级别		2	3	4	5
坝高（m）	土坝、堆石坝、干砌石坝	90	70	50	30
	混凝土坝、讲起石坝	130	100	70	40

2. 当建筑物的工程地质条件特别复杂，或采用实践经验较少的新坝型、新型结构时，可提高一级，但洪水标准不予提高。

3. 综合利用的枢纽工程，如按库容和不同用途的分等指标，其中有两项接近同一等级的上限时，其共同的主要建筑物可提高一级。

4. 对于临时性建筑物，如失事后将使下游城镇工矿区或其他国民经济部门造成严重灾害或严重影响工程施工时，视其重要性或影响程度，可提高一级或两级。

5. 对于枢纽中的通航、过木（竹）、渔业、给水、公路以及桥梁工程的设计，还应同时参照交通、农林、建筑、铁道等部门的有关规定，具体建筑物的设计应参照有关的专业规范。

对于水头低、检查维修方便的工程，其水工建筑物等级经过论证，并由上级单位批准，可适当降低。

三、水利水电工程设计工作阶段和设计方法

1. 水利水电工程设计工作阶段

水利水电工程建设，一般划分为规划、设计及施工三个阶段。由于水工建筑物所在地区的自然条件差别甚大，故首先必须深入实际进行勘测调查工作，切实掌握有关地形、地质、水文、气象、建材等方面的资料，以及当地工农业生产、交通运输、劳力及物资供应等情况。

在勘测调查的基础上，再进一步进行规划和设计工作。我国水利水电一般分可行性研究初步设计和施工详图三个阶段，对重要工程才作技术设计。

为了加强建设前期工作，提高投资效率，国家计委曾下达文件给各建设单位，指出建设项目的决策和实施必须严格遵守国家规定的基本建设程序，可行性研究是建设前期工作的重要内容。可行性研究报告报经国家批准之后，才能进行下一步的设计工作。

2. 水工建筑物的特点和设计方法

水工建筑物具有与其他工业、民用建筑物许多不同的特点。水工建筑物是在水中工作，水对它产生巨大的作用与影响，这是它主要的特点。水对建筑物产生的巨大压力，例如挡水建筑物上游的静水压力、波浪压力、地震水压力和水流经过建筑物的动水压力等。此外，水在建筑物及其地基产生渗漏；高速水流的作用对下游河床的冲刷；水的化学作用和侵蚀作用。还有，水下工程如何检修，设计中也应考虑。

水工建筑物的形式、构造、尺寸和工作条件，与建筑物所在地区的地形、地质及水文条件等有较为密切的关系，特别是地质条件对建筑物的形式尺寸和造价的影响很大。我们必须根据所在地区的具体情况进行建筑物的设计，有些小型建筑物可以使用定型设计，但也要根据具体情况选用，至于水工建筑物零件的标准化，以便采用装配方式施工，则是完全必要和可能的。

水工建筑物施工一般要与洪水做斗争，施工条件比其他建筑物要复杂得多。施工导流问题处理不好，将影响工期。其次，水工建筑物地基处理工作复杂，若有不慎，将造成隐患。挡水建筑物还要在特定时间里赶筑到某一高程，以保汛期拦洪。这些即为设计与施工的复杂性、艰巨性与紧迫性。

水工建筑物必须安全可靠，它若失事会带来较严重的后果，尤其是挡水建筑物的失事，后果往往非常严重。国内外都有关于大坝失事的例子。据国际大坝委员会截至1965年老的统计资料，21世纪以来高于15m大坝失事约有290次，至少有90次溃坝；如包括5m～15m的小坝和19世纪以前的老坝，总共失事535次，其中溃坝202次，而且这些失事的坝又以中小型坝占多数。在国内溃坝的事例也不少：著名的75.8洪水淮河上的某水库的失事，造成的损失是毁灭性的。这次失事主因是设计洪水标准问题。又如50年代

修建的淮河润河集闸，由于下游消能防冲设计不当，造成闸下游冲毁；还有常常出现的挡土墙的倾塌事故，如湖北汉川闸下游导墙竣工后不久就倒塌。各类水工建筑物失事原因，据统计资料综合分析，一为洪水漫顶，多发生于土石坝；二为基础和结构存在问题，多出现于混凝土坝。水工建筑物的失事，固然与某些难以预见的自然因素和人们当时的认识能力及技术水平有关，但很多情况是由于不重视勘测设计阶段对地质问题的分析研究，设计指导思想不正确和施工中忽视质量有很大关系，对于这些，必须引起我们的高度重视。

水工建筑物设计是一门综合性很强的学科，这门学科的范围很广，它包括水力学、土力学与岩石力学、材料力学、地质地貌、工程水文学、电工学等技术基础课及施工机械和施工组织等专门课程。进行某一水工建筑物设计，即为针对建筑物所在地区的具体条件，运用上述基本学科的理论和方法，并借助规范手册及有关专著和资料进行工作，使所设计的建筑物既能保证安全适用又能满足经济合理的要求。如果掌握了水利枢纽布置的基本原则和方法，运用水工建筑物设计的基本理论，可以进行可行性研究阶段和初步设计阶段水工建筑物的设计；进行水工建筑物技术设计及施工详图阶段工作，进行水工建筑物结构设计，还应有结构力学，钢筋混凝上钢木结构学科的有关知识。当然，这只是说明各阶段知识各方面运用的密集程度有所不同而已。

水利水电工程牵涉面广而复杂，不少问题到目前为止仍然未能获得很好的解决。设计中常采用的方法如下：

1.实事求是：不断总结工程实践经验，分析归纳，找出规律，以指导水工建筑物设计，这是指导思想，也是主要的工作方法。

2.类比：为了减少设计工作量，可将条件近似而效果良好的已成建筑物的设计使用在新建的工程上，也即将设计结果和已成工程类比。

3.方案比较：对同一水利枢纽或水工建筑物建立若干个不同的方案，通过技术经济比较，从中选出一个最优方案。

4.模型实验和专题研究：对于某些在理论上难于解决的问题，常需采用模型试验和实地测试的方法去寻求解决或验证，也可委托科研单位进行专门的研究。

5.电子计算机是当代科学技术的重大成就，在水利水电建设中，从规划、设计、施工到科研、管理已在逐步推广使用。在水工建筑物设计中，很多用人力难以求解的数字运算与数据处理，可借助电算完成。

第二节 重力坝设计

一、重力坝的特点和类型

重力坝是由混凝土或浆砌石构筑的大体积挡水建筑物。较高的重力坝，一般修建在岩基上。运用期间，坝体承受的主要荷载为作用在上游面的水压力及泥沙压力、作用于坝底面的扬压力、以及坝体自重和水重等。它依靠自身的有效重量在坝底与坝基间产生抗剪力，抵抗上游水平推力，以维持坝体稳定。

（一）重力坝的特点如下

1. 重力坝材料的抗冲能力强，另开河岸溢洪道，故在枢纽布置中，适于坝顶大量溢流及在坝体内布置泄水孔等，不需泄洪问题容易得到解决。

2. 施工期间可通过较低的坝块和底孔宣泄洪水，施工导流较简单、安全，在多雨地区施工，受气候的影响小。

3. 重力坝对气候、地形、地质等条件的适应性强，抵御意外洪水的能力强，故在运用期间，管理维修工作简单。

4. 重力坝坝体重量较大，而底面积小，作用在地基单位面积土的压应力很大，有利于充分用岩基的承重能力，因对地基的要求高、故中、高重力坝要求修建在岩基上，较低的溢流重力坝也有建在土基上的。

5. 重力坝要求较大的体积，是为了满足抗滑稳定及上游面不出现拉应力。但体内的压力通常是不大的，即使采用较低标号的混凝土或浆砌石，其材料强度也不能充分发挥。

6. 重力坝存在的一些缺点是：由于需要埋设排水管道，设置廊道及坝体分缝等，使坝体构造复杂。由于需用大量水泥设备。并且坝体形状复杂，施工中，在高坝施工中为了解决散热问题，需用大量冷却模板工程量大，致使工期长，投资大。

（二）重力坝的类型

是就典型的实体重力坝而言的，在实际工程运用中，混凝土重力坝，还有一些形状上的变化。例如在坝体上游面，除为直面外，也可做成上面斜坡，或局部斜坡折线坝面，以利用部分水重增强稳定二在坝体内也可留有一定的空腔，以节省材料和其他用途。

1. 宽缝重力坝：一般重力坝沿坝轴线所设横缝很窄，故称实体重力坝。如果将横缝占一定空间的"宽缝"，在靠上、下游或单上游面处宽缝闭合，使坝体沿轴线方向形成连续体，从而起挡水作用。其坝段宽度一般为 15m ~ 25m，缝宽一般为坝段总宽的 20% ~ 40%。宽缝重力坝，同样能在坝顶溢流，可通过坝体布置泄水孔二宽缝重力坝的优点：

（1）宽缝为坝基中渗透水流的出口，降低了渗透压力强度，减小扬压力。这样，坝体自重减小，使材料强度得到充分利用。混凝土量可节省 10% ~ 20%。

（2）可根据各坝以不同的地质情况，改变宽缝尺寸，调节坝体自重，使具有不同摩擦系数的每一坝段均能满足稳定要求而不致过大，从而节省混凝土。

（3）设宽缝后，施工期，按理可增加坝段的侧向散热，可在宽缝内设置冷却设备，较实体坝方便。在运用期便于进行观察和检修。

宽缝重力坝的主要缺点是，设置宽缝，造成施工上的复杂和困难：如增加模版的数量和品种：在不利的气候条件下易产生表面裂缝等。

我国丹江口水库，新安江、盐锅峡及西津电站的大坝，均采用此类坝型。

2. 空腹重力坝：空腹坝是在重力坝的底部沿坝轴线方向布设大孔洞的一种坝。空腹如直接设在基岩面上，可以减小坝底扬压力，节约坝体混凝土方量。空腹如布置适当，还可调整改善坝体应力。空腹重力坝能较好地协调大坝泄洪与厂房布置的矛盾：当在河谷狭窄、洪水流量大、洪枯水位变幅悬殊的河流上兴建水电站时，在空腹内设坝内厂房比较经济。施工期，此种坝型散热面宽，有利于混凝土降温。运行期可利用空腹对大坝和基础进行安全监视，如果发现问题有补强施工场所。

空腹坝的缺点为结构复杂，钢筋用量比实体重力坝多；设计难度及工作量比较大；施工较复杂。

3. 大头坝：大头坝亦称大体积支墩坝，是介于宽缝重力坝与具有薄壁面板支墩坝之间的一种形式，与宽缝重力坝没有严格的区别。大头坝由一系列二七游端断而放大了的支墩所组成。头部形式有直线形、多边形及圆弧形三种，多边形为最通用的形式。支墩可分为单支墩与双支墩两种。该坝型可通过顶部溢流，也可在坝体内布置泄水管。磨子潭、拓溪大坝均为此种坝型。

二、重力坝的荷载计算及荷载组合

（一）作用在重力坝上的荷载及计算方法

1. 自重、包括坝体及设备重量

坝体自重评根据坝的断而尺一寸和材料容重计算，作用在形心处。

$$W=Vrh$$

式中：V——坝段的体积（m³），通常取 1m 长的坝体计算；

rh——混凝土或砌体容量（t/m³）

混凝土容重，在初设阶段，根据骨料种类，采用 2.35 ~ 2.4t/m³，施工详图阶段应通过试验确定。

砌石坝砌体容重与采用的石料、砂浆及砌筑质量有关，一般石灰岩、斑岩砌体用2.1 ~ 2.25t/m³，砂岩砌体 2.20t/m³，花岗岩、片麻岩砌体 2.3t/m³，条石砌体 2.3 ~ 2.4t/m³。

坝体上的一些永久设备的重量（如坝顶桥、闸门、启闭机及闸墩等），应计算在自重之内，非固定性的设备或重，在计算坝体稳定时不应计入。

2. 静水压力

作用于坝体表面的静水压力，应按一般水力学公式计算。

垂直作用于坝体表面的静水压力强度为：

$$P = ry$$

式中：r——容重，一般采用（t/m^3），多沙河应根据实际情况采用；

Y——计算点的水深（m）

作用在每米长坝面上的总水平水压力，按下式计算，其作用点在坝底以上 1/3 水深处。

$$P = 1/2rH^2$$

式中：H——总水深（m）

3. 水重 Q

当坝的上游面是斜面，作用在每米长坝面上的总垂直水重为：

Q=rA

式中：A——上游坝面、水面和通过坝踵的垂线所围成的一块三角形的面积（m^2）

Q——即作用在这块面积上

4. 泥沙压力

在天然河流上筑坝后带的泥沙，逐渐淤在坝前由于上游水位壅高，而减缓了入库后水流的流速，水流中挟，对坝面产生泥沙压力，其大小与淤沙高程，淤沙容重，内摩擦角有关。坝前的淤沙高程一般根据水流的挟沙量及规定的淤积年限通过计算来确定，对大中型工程计算年限一般可采用 50 ~ 100 年。

泥沙压力，按一般上压力公式计算。呈三角形分布，合力作用在三角形的形心，其计算式为：

$$Pn = 1/3rnhp^2tg^2（45° — λ/2）$$

式中：rn——泥沙的浮容重（t/m^3）

rn=r1 —（ 1 — n ）r0

r2——为泥沙干容重，一般为 1.3 ~ 1.4（t/m^3），n 为泥沙孔隙率，一般为 0.35 ~ 0.5.r0 为水的容重。

h0——泥沙的淤积深度（m）

λ——泥沙的内摩擦角，一般为 18° ~ 20°（较细颗粒土质泥沙，可取 λn=12° ~ 14°，淤泥可取 λn=0）。当缺乏资料时，可简单地按下式估计：

$$Pn = r0h^2/4$$

当坝面倾斜时，尚应考虑坝面尚的淤泥重量。

5. 地震力

在地震区建坝时，应考虑地震荷载。该荷载包括建筑物自重及建筑物上荷重而产生的地震惯性力，地震引起的动水压力与土压力，地震引起的浪压力、扬压力、淤沙压力的影响通常可以不计。地震荷载的大小主要取决于建筑物所在地区的地震强度，地震基本烈度系指建筑物所在地区可能遇到的地震最大强度。水工建筑物，一般采用基本烈度作为设计烈度。设计烈度为6度，可不进行抗震计算，高于9度时，应进行专门研究，1级坝须在基本烈度上提高一级考虑。

（1）地震惯性力计算

重力坝随地震时地壳做加速度运动而产生地震惯性力。重力坝沿坝轴方向的刚度很大，此方向的地震作用力将传至两岸，故一般只考虑顺水流方向的水平地震惯力；对8、9度的1、2级坝，则还应考虑竖向地震荷载。

地震惯性力和动水压力的计算，按照我国《水建筑物抗震设计规范》采用按反应谱理论作动力分析后，加以概括简化的拟静力法计算：

混凝土重力坝的水平向总地震惯性力场，按下式计算：

$$Q_0 = K_h C_2 FW$$

式中：K_n——水平向地震系数，为地面水平最大加速度统计平均值与重力加速度的比值，按表2-2-1采用

C_z——综合影响西施，取1/4

F——地震惯性力系数

W——产生地震惯性力的建筑物总重量。

表2-2-1 水平向地震系数 K_h

设计烈度	7	8	9
K_h	0.1	0.2	0.4

6. 冰压力

我国南北方气候差异很大，南方水库冰层很薄，甚至不结冰。北方寒冷地区冰层较厚，水库表面结成冰盖后，当气温回升时，冰盖体积膨胀，在挡水建筑物上游，产生静水压力：静冰压力的大小主要与冰盖厚度、温升速度、开始升温时的气温、水库岸边的约束度及冰面上太阳直接辐射的大小等有关。当冰块破碎后受风或水流作用而漂移时。撞击在坝面、闸墩或胸墙上，则产生动冰压力，计算值可按《混凝土重力坝设计规范》推论的方法确定。

三、荷载组合

1. 基本荷载

①坝体及其上永久设备的自重；②正常蓄水位或设计洪水位时的静水压力；③相应于正常蓄水位或设计洪水位时的扬压力；④泥沙压力；⑤相应于正常蓄水位或设计洪水位的浪压力；⑥冰压力；⑦土压力；⑧相应于设计洪水位时的动水压力；⑨其他出现机会较多的荷载。

2．特殊荷载

①校核洪水位时的静水压力；②相应于校核洪水位时的扬压力；③相应于校核洪水位时的浪压力；④相应于校核洪水位的动水压力；⑤地震荷载；⑥其他出现机会很少的荷载。

3．荷载组合

可分为基本组合和特殊组合两种。

三、重力坝的稳定计算及应力分析

一、稳定计算

重力坝在上游水压力及泥沙压力等水平荷载作用下，如某一截面的抗剪能力不足，则可能失稳沿截面滑动，一般坝体与地基接触面结合不可能很好，有时因混凝土凝固和降温时的收缩而使结合面产生微小裂缝，从而降低了抗剪能力。对坝底与岩基接触面上发生水平滑动的危险性最大。另一方面，由于基岩中存在层面、节理裂隙或其他地质弱点，有可能使坝基以下附近形成一个较弱的抗剪破坏面。剪切强度较难准确计算，现按照我国颁布的规范和近年来的补充规定。提出两种计算方法：

1．抗剪强度计算公式

仅考虑坝体与基岩间摩擦力的作用，且根据接触状态下所进行的抗剪试验来测定抗剪强度计算参数。

$$K = f \sum W / \sum P \quad （2-2-2）$$

式中：K——抗剪强度计算的抗滑稳定安全系数按表 2-2-3 采用

F——坝体与坝接触面的抗剪摩擦系数；f 值应参照野外试验成果的屈服限值（塑性破坏型）或比例限值（脆性破坏型）以及室内试验成果确定。根国内外已建工程资料，混凝土基岩向的 f 值常取在 0.5 ~ 0.8 之间。例如丹江口大坝，基岩为闪长岩，闪长玢岩及辉绿岩，断层构造十分发育，f 值 Ⅰ 类岩石 0.75，Ⅱ 类 0.68，Ⅳ 类 0.5。

$\sum W$ ——作用于坝体上全部荷载对滑动平面的法向分值（t），包括扬压力；

$\sum P$ ——作用于坝体上全部荷载对滑动平面的切向分值（t），包括扬压力；

表 2-2-3 抗滑稳定安全系数 K

荷载组合		坝的级别		
		1	2、3	4、5
基本组合		1.10	1.10 ~ 1.05	1.05
特殊组合	（1）	1.05	1.05 ~ 1.00	1.00
	（2）	1.00	1.00	1.00

公式（2-2-2）是传统沿用的纯摩擦公式，不考虑抗剪断黏结力。黏结力，称凝聚力常难以精确判断和测定，可以视为坝体抗滑潜在的安全因素，从而可以降低 K 值的基本要求，

此公式概念明确，一直被公认为判断重力坝抗滑稳定安全范。公式列入规范。

2. 抗剪断强度的计算公式

系认为抗滑力，是可能滑动面的抗剪断力，其数使用抗剪断的试验成果。

$$K' = (f' \sum W + c'A) / \sum P$$

式中：K'——按抗剪断强度计算的抗滑稳定安全系数，其值不分级别，基本组合采用 3.0，特殊组合（1）采用 2.5，特殊组合（2）不小于 2.3；

A——坝基面截面积。

f' c'——分别为坝体混凝土坝基接触面的抗剪断摩擦系数及抗剪断凝聚力（t/㎡），系指野外测定的峰值的小值平均值或野外试验和室内试验的峰值的小值平均值。选取时应以此值为基础，结合现场实际情况，参照地质条件类似的工程经验，并考虑工程处理效果，经地质，试验和设计人员共同分析研究，加以适当的调整后确定。对大、中型工程的规划及可性研究报告阶段，可参照我国《混凝土重力坝设计规范 SDJ21-78（试行）补充规定》参考附录采用，1984 年 12 月水电部在颁布的《混凝土重力坝设规范 SDJ21-78（试行）补充规定》中规定，除对中型工程中的中、低坝，若无条件进行试验时，也允许按抗剪强度公式〔即《SDJ21-78 第 80 条公式〕外，应按抗剪断强度公式计算坝基面的杭滑稳定安全系数。

3. 重力坝的应力分析

混凝土重力坝的稳定，除抗滑外，还有抗倾覆问题，一般规定当沿大坝基底计算应力，不允许基底上游面出现拉应力，只要此一条件有保证，则不致倾覆。

大坝基础应力计算，一为验算坝基与基岩之间的工作状态，二为检验基岩的承载安全性；三可作为对基岩内存在的地质缺陷进行处理的依据。应力计算的方法，一般为采用材料力学偏心受压公式进行计算。修建于岩基刚度较大的混凝土坝，计算能接近实际。

根据规范规定，在正常运用期，各种不利荷载组合下，应保证坝基上游面垂直正应力为压应力，不允许出现拉应力，这是因为要求上游坝基面混凝土基岩保持良好的胶结状态，防止出现裂缝，加大上游基底扬压力，改变渗压分布，危及建筑物安全。大坝下游基础面应力在挡水状态下出现的压应力最大，但必须小于基岩的允许抗压强度，以保证基础支承上部建筑物和减少沉陷变形，过去对岩基允许强度沿用 10 ~ 20 的安全系数，对于中、高坝原来要求建基面坐落在新鲜或微风化基础上，《补充规定》中也允许放宽到弱风化的下面或上部。

关于坝体的应力分析，主要为检查坝体某些控制部位的应力状态和孔洞周边局部应力集中的应力状态，以便采取加强措施，如合理设计混凝七材料标号，考虑局部配筋的必要性，以及安排施工浇筑的临时分缝等。坝体应力分析受许多因素影响，精确计算求解较困难。目前分析方法，有理论计算和模型试验两大类，理论计算有材料力学法、弹性理论法和有限元法，材料力学法是最基本的计算方法。

对于中等高度或低坝，坝内应力一般较小，不致超过岩基和筑坝材料的抗压强度，不是设计中的控制条件，用材料力学方法已能满足要求，低坝有时只需计算边缘应力。对于高坝或中坝当地质条件比较复杂时采用材料力学计算外，宜同时进行结构模型试验或采用有限单元法进行验证。

4. 非溢流重力坝的实用剖面及其构造

（1）坝顶布置

非溢流坝的坝顶宽度，决定于工程设备要求，一般可取坝高的 8% ~ 10% 但不小于 m，如为交通要道，还应按交通要求确定。

坝顶高程应高出水库静水位 $\triangle h$，其值由下式确定：

$$\triangle h = 2h1 + h0 + h3$$

式中：2h1——浪高（m）

h0——破浪中心线至水库静水位高度（m）

h3——超高，按 1、2、3 级坝基组合荷载分别为 0.7m、0.5m、0.3m 特殊荷载组合分别为 0.5m、0.4m、0.3m。

（2）剖面设计

非溢流重力坝剖面的拟定原则如下：

（1）满足抗滑稳定及强度要求，以保证大坝的安全运用；

（2）尽可能减小坝的剖面尺寸，以节省工程量；

（3）力求剖面外形简单，以利施工。

按重力坝的荷载特点与工作特点，重力坝的基本剖面应为三角形。重力坝承受主要荷载为自重与水压力，坝的某一水平截面以土的水深越大，作用在这个截面上的力和力矩也越大。为了不使截面应力过大及避免产生拉应力，截面宽度应随水深增加而增加。从稳定力一面看，水平水压力与水深的平方成正比，为了满足抗滑稳定要求，坝的宽度也应与水深成正比，故采用二角形剖面是符合要求的。根据设计经验，非溢流重力坝的上游坝坡一般采用 1：0 ~ 1：0.2，下游坝坡一般采用 1：0.6 ~ 1：0.8，底宽约为，0.7 ~ 0.9 倍的坝高。

（3）坝内廊道及排水

坝内设置的廊道或竖井主要用途如下：

（1）进行帷幕灌浆；

（2）设置坝基排水孔；

（3）集中与排除坝体与地基的渗水；

（4）安装观测设备以监视坝体的运行情况；

（5）满足运行操作（如闸门操作廊道），坝内通风及铺设风，水，电线路等要求；

（6）施工中坝体冷却及进行纵（横）缝灌浆；

（7）坝内交通运输。检查维修排水管等。

廊道的设置应考作多种用途。靠近坝底必须设置基础灌浆廊道，多为兼作灌浆，排水，检查之用。坝体内一般每隔15m～30m高差设置一层纵向排水，检查廊道，基础灌浆廊道，一般宽度2.5m～30m，高为3.0m～4.0m，其他用途廊道最小宽为1.2m，最小高度2.2m，按设备和工作需求决定。

坝体靠近上游面应设置排水管，它与上游坝面的距离，一般不得小于坝前水深的1/10～1/12，上下层廊道间的排水管应铅直或接近铅直布置，管内径一般采用15cm～25cm，管距一般为2m～3m。

（4）重力坝的分缝及止水

为了满足施工要求及防止运用期由于温度变化和地基不均匀沉陷等导致坝体裂缝，在坝体内需要进行分缝。按设缝的目的不同，坝缝可分为沉陷缝、温度缝及工作缝。沉陷缝是将坝体分段以适应地基的不均匀沉陷，防止坝体出现沉陷裂缝，通常布置在地基岩性突变处，温度缝是将坝体分块，以减小坝体伸缩时地基对坝体的约束以及新旧混凝土之间的约束，用以减小温度应力，防止产生温度裂缝。工作缝则是为了便于分期浇筑、装拆模板以及混凝土上散热而设置的临时缝。按设缝的方向不同，可分横缝、纵缝及水平缝。

（1）横缝：系垂直于坝轴线设置，将坝分成若干坝段。横缝间距一般为15m～20m，横缝分永久性和临时性两种。永久性缝可兼作沉陷缝和温度缝，缝面不设键槽，不灌浆。临时缝是施工期的分缝，永久缝中设止水，它距上游面约lm～2m，以免受冰冻影响。

（2）纵缝：为适应施工要求，常设平行于坝轴线方向的纵缝，将一个坝段分成几块浇筑，待坝体溢度降至稳定温度后，再进行接触灌浆，纵缝一般为竖缝形式，缝面设置键槽，并埋设灌浆系统。

（3）水平施工缝：系施工时上下相邻浇筑层间的水平交接面，一般每层厚1.5m～3.0m。浇筑后一层时，应先处理好已浇层面。

四、坝基加固处理及防渗和排水

重力坝一般修建在岩基上，天然基岩经长期地质构造运动及外界因素的作用，往往存在各种缺陷，如风化、节理、裂隙、破碎带等，必须进行必要的处理。

坝基开挖应严格按规定进行，若开挖失当，破坏了基岩结构，也应予以处理。处理的方法主要对岩石中一般的裂隙和疏松部位进行固结灌浆，对岩石中的严重断层破碎带和溶洞等，还应进行专门的处理。固结灌浆，是将选定的浆体，用压力灌到裂隙中去使岩石胶结起来，以提高其及弹性模量。固结灌浆孔在平面上常布置成梅花形或方格形；其孔距和排距应根据地质条件并参照灌浆试验确定，一般为3m～4m，孔深需根据坝高和地质条件确定，一般为5m～8m灌浆压力，一般无混凝土盖重时为0.2～0.4MPa，有盖重时为0.4～0.7MPa。选择灌浆应以能将浆体灌到需灌部位，又不能将上部岩体和已浇混凝土抬动为准。

坝基及两岸的防渗措施，一般采用水泥灌浆，必要时可采用化学灌浆或混凝土齿墙、防渗墙、水平防渗铺盖等措施，为增加渗径长度，防止渗透破坏和降低渗透压力，一般需设防渗帷幕，当坝基下存在明显的隔水层时，一般防渗帷幕应伸入到该岩层内3m ~ 5m，当坝基下相对隔水层埋藏较深或分布无规律时，帷幕深度一般可取 0.3 ~ 0.7 倍坝高。帷幕灌浆孔，高坝可设 2 排。中低坝可设 1 排，孔距一般为 1.5m ~ 4.0m。

坝基采取防渗帷幕措施后，并不能完全截断渗流尚应在帷幕下游设置排水设施，以充分降低坝底渗透压力。坝基排水系统一般包括排水孔幕和基面排水，主排水孔距防渗帷幕下游面约 0.5 ~ 1.0 倍帷幕孔距，略向下游倾斜。除主排水孔外，高坝可设置辅助排水 2 ~ 3 排，中坝 1 ~ 2 排。主排水孔深度一般为防渗帷幕深度的 0.4 ~ 0.6 倍，且对高、中坝其深度不应小于 10m；辅助排水孔的深度一般为 6m ~ 12m。

第三节　拱坝设计

一、拱坝的类型及其适用条件

拱坝是在平面上向上游弯曲成拱形的挡水建筑物。由于拱的作用。它承受的水压力等荷载，部分或全部传到两岸和河床，坝体内的内力主要为压应力。比重力坝完全依靠本身重量来稳定要好，是一种既经济又安全的坝型。我国已修建了很多大型混凝土拱坝和中小型砌石拱坝。拱坝有很大的发展。

拱坝的类型，按坝高分，高度 30m 以下为低坝，30 ~ 100m 为中坝，100m 以上则为高坝；

拱坝按其厚高比分：厚高比在 0.62 以下为薄拱坝；在 0.2 ~ 0.35 为中厚拱坝；在 0.35 以上为厚拱坝或称重力拱坝。（厚高比系指拱坝在最大高度处的坝底厚度和坝高之比）。

拱坝应采用什么厚高比，主要与河谷地形条件有关。一般用坝顶高程处的河谷宽度 lt 与坝高 H 的比值，即以宽高比 L/H 来代表河谷的形状特征作为修建拱坝的一项条件指标。宽高比小的河谷，拱弧弦长相对于坝高较小，拱的作用能更好地发挥：坝承受的荷载大部分能通过拱作用传至两岸，仅有小部分荷载通过作用传至坝基，故坝体可以做得比较薄。根据工程经验，在 L/H<2 的深窄河谷可以修建薄拱坝；在 L/H=2 ~ 3 的宽河谷中多修建厚拱坝。在 L/H>4.5 的宽涨河谷，拱的作用已经很小，梁的作用将成为主要传力方式，一般认为只能修建重力拱坝、拱形重力坝或重力坝。上述指标，仅反映了地形因素的一个方面，国内外工程实践已有一些成功的实例，突破了这些界限。不同的河谷，即使具有同一宽高比，河谷断面形状仍可能相差很大。U 形河谷，靠近底部处拱的作用显著降低，大部荷载由梁作用来承担，所以坝的底部厚度一般较大。梯形河谷的情况，则介于两者之间。实际上天然河谷非完全规则，还有些为两侧不对称的河谷或岸坡为变坡的折线形河谷，设计时，须具体分析。有些形状复杂的河谷，地形上似乎不宜修建拱坝，但如地质条件较好，可采取措施进行处理。如在河谷低洼深槽处。用混凝土垫座；在凸出部分开挖凿削成形。

拱坝按坝体的拱弧—半径和中心角的不同，又可分为定半径拱坝、定中心角拱坝、变半径变中心角拱坝用双曲率拱坝。

接近矩形或较宽的梯形断面河谷，由于河谷宽度从上到下相差不大，各高程拱圈中心角都比较接近，可形成定半径（或定外半径）定中心拱坝。这种坝型迎水面是铅直的，背水面倾斜，对施工比较简便，铅直的上游面也有利于布置泄水孔的控制设备。

底部的 V 形河谷，可将各层拱圈外半径从上往下逐渐减小，使各层拱圈的中心角基本上保持相等，构成了定中心角拱坝。其最大特点是各层拱圈均采用了尽可能大的相等的圆心角，而半径则上大下小，使拱的应力大为改善。该坝型较大的缺点是，为了维持中心角为常数，拱坝的上下游面均形成扭曲面，并出现倒悬，造成施工困难，要求施工技术条件高。在实际工程中，从坝顶到坝底中心角仍需有适当的变化。例如广东省泉水薄拱坝，各层拱圈的半中心角大致为 45° ～ 50° 左右。

在拱坝的工程实践中，广泛采用的是变半径变中心角拱坝。该坝型更能适应 V 形、梯形及其他形状的河谷。在布置上更加灵活，在不同程度上消除了定半径、定中心角等坝型的缺点，改善了应力，是一种较好的坝型。该坝型在整体形状上已是具有双向曲率的结构，比单向曲率的拱坝承载力要大一些。

双曲率拱坝的主要优点是：垂直拱在水平拱的支撑下，将更多的水荷载传至坝肩；垂直拱在水荷载作用下，上游面受压，下游面受拉，而在自重作用下则与此相反，因而应力可得到改善，通过坝身孔口泄洪时，水舌可挑离坝脚较远。双曲拱坝使各层拱圈中心角趋于理想，更适用于 V 形或梯形河谷，但施工上比较困难些。

拱坝按坝顶过水与否分溢流拱坝与非溢流拱坝。拱坝多修建在比较狭窄而岸坡高陡的河谷，如果开挖河岸式溢洪道或隧洞，往往会增大枢纽的工程量，所以应尽可能通过坝身来泄洪。拱坝的泄水方式，按坝址地形，地质、水流及枢纽布置等条件，分为自由跌流式、鼻坎挑流式，滑雪道式和坝身泄水孔等主要类型。坝顶可设闸门或不设闸门。

自由跌流式。适用于比较薄的拱坝，结构简单比较经济：在良好的岩基上，较薄拱坝可采用不大于 20 ～ 30m³/s 的单宽流量，由于下落水流，距坝脚较近，坝下必须设防护措施。

鼻坎挑流式的溢落点比自由跌落式离坝脚更远些，较有利于坝体安全，故采用较多。适用的单宽流量，可大于自由跌落式。

坝身泄水孔是位于水面以下一定深度的中孔或底孔，靠近坝体半高处或更高处的中孔多用于泄洪，位于坝体下半部的为底孔，多用于放空水库，辅助泄洪及排沙，在施工时期用以导游。拱坝泄水孔，一般都是压力流，比坝顶溢流式流速大，出口水流挑射可以更远，有利于大坝的安全。

二、拱坝的应力分析

（一）、拱坝的荷载和应力控制指标

拱坝设计荷载一般有上下游静水压力、溢流坝段的动水压力、扬压力、泥沙压力、自重、浪压力自身的结构特点冰压力、温度荷载与地震荷载等，基本上与重力坝相同，但由于拱坝本有些荷载的计算以及对坝体应力的影响和重力坝不完全相同。例如自重，坝休各块的水平截面都呈扇形，计算坝块自重 G 应按辛普森公式计算。

G=1/6rhΔz（A1+4Aw+A2）

式中：rh——混凝土容重；

Δz——计算坝块的垂直高度；

A1AwA2——上下两端截面及中间截面的面积

又如扬压力，对拱坝坝体的影响不大，一般规定对厚拱坝和中厚拱坝应考虑扬压力的作用分析时对薄拱坝，由于扬压力的影响较小，可忽略不计、对拱坝坝肩及坝基进行稳定必须计入扬压力的作用。

我国《混凝土拱坝设计规范》规定，拱坝应力分析一般以拱梁分载法作为基本方法。用拱梁分载计算时，坝体内的主压应力和主拉应力符合以下应力控制指标的要求：

1. 容许压应力

混凝土的容许压应力等于混凝土的极限抗压强度除以安全系数二对于基本荷载组合，安全系数采用 4.0；对于特殊荷载组合，安全系数采用 3.5。

2. 容许拉应力

对于基本荷载组合，混凝土的容许拉应力为 1.2MPa；对于特殊荷载组合，混凝土容许拉应力为 1.2MPa。

3. 拱坝应力分析、拱梁分载法

拱坝应力分析的方法有圆筒法、纯拱法、拱梁分载法、按壳体理论的计算方法、有限单元法等。拱梁分载法是目前用于拱坝应力分析的基本方法，其基本概念是：把拱坝看是由一系列的水平拱圈和铅直梁所组成，荷载由拱和梁共同承担，拱和梁系统承担的荷载要根据在拱、梁各交点（称为共扼点）上变位一致的条件来决定。确定荷载分配有两种计算方式：一是试荷载法。将总载试分由拱和梁两个系统承担，然后分别计算拱、梁变位。第一次试分配的荷载不会恰好使拱和梁共扼点的变位一致。因此必须再调整荷载分配，继续计算，直至变位一致为止。另一种计算力一法是以求解联立方程组来代替试算，由于电子计算机的应用，可通过求解节点变位一致的代数方程组来求解拱和梁的荷载分配，避免烦琐的试算。

4. 拱梁分载法中拱梁系统的选取

实际工程中常只选择有代表性的几层拱圈和几根悬臂梁进行计算，使其交点的变位一致或接近一致即可。梁的数目应与拱圈数相适应，使共扼点分布较均匀，能控制整个坝体。设拱圈的个数为 n，梁的个数为 m，工程上常选 m=2n－1，例如计算 7 层拱圈，则悬臂梁为 13 个。

根据选定好的拱梁系统进行荷载分配计算，然后再进行拱、梁的应力计算。选择若干个拱和若十个梁的计算方法称为多拱梁法，或称多墙法。对于次要工程或进行初步设计时，可只采用最大坝高断面处的一个梁和几个拱圈系统来计算，称为拱冠梁法或称一墙法。

5. 变位调整与荷载分配

在拱圈和梁的相交处的一块坝体，在受到荷载后，产生六个变位：即径向线变位（△r）切向线变位（△s）、铅直线变位（△z）水平角变位（θ2）铅直角变位（θs，绕S轴）、铅直角变位（θr，绕r轴）。试载法，在试算过程中，不断改变荷载分配，也不断进行变位调整，故此工作叫变位调整。在各种变位调整中，径向调整是最主要的。在第一步径向调整完成后，荷载已成定局，坝内应力值己大致确定，之后继续进行切向及扭转调整，不必改变荷载分配二仅某些局部应力会有一些变化，但变化不很大，对于不很重要的工程或在初步设计阶段，对于对称或接近对称的拱坝，可以采用墙法来进行计算。一墙法的拱圈数目，可以和多墙一样来选定，但梁的数目则只考虑坝体最高断面处的一个梁。这时共扼点的数门便较多墙法大为减少了，并且只作径向调整。因此计算工作量大为减轻。

一墙法是比较粗略的方法，对重要工程的技术设计阶段常需要采用多墙法，多墙法即多拱梁法，它也可只按径向调整来分配荷载，当要求精度较高时，并进行切向及扭转调整。

在进行荷载一与变位调整时，应注意以下几点：

（1）拱坝在封缝前不是一个整体，这时没有拱的作用，因此坝身自重产生的变位不参加变位调整，仅在梁的应力计算中才考虑，其他铅直荷载如铅直水重、铅直地震惯性力等可以认为由墙直接承受，不参加荷载分配，只参加变位调整。

（2）温度荷载可以认为直接作用于拱上，不参加荷载分配，只参加变位调整，水平地震荷载亦然。

（3）切向和扭转调整，目的仅在决定拱和梁互相作用的切向力及扭转力，不必变动它的外部荷载。

（4）在各种变位调整计算时，对荷载分配的初步假定，可考类似的工程成果，以免任意假定，增大工作量。

以上是手算试载法的方法。工作量浩大，除对小型工程或在初步设计阶段可考虑用手算的拱冠梁法估算外，对较重要的工程，一般都用电算分析。

6. 拱、梁应力计算

拱圈计算，可按分析弹性拱的方法进行，但应指出，由于拱坝受地基变形的影响较大，分析拱圈时须把地基变形包括进去。计算拱端基岩变位，在拱坝设计中多采用 F. 伏格特提出的计算公式。

梁的计算和单位宽度的悬臂梁计算类似。但情况较为复杂，分述如下：

（1）梁的水平截面为扇形面；外形面为扭曲面，因此，它的面积 A，惯性矩 I，自重以及上游面水重等的计算较为复杂。

（2）由于除定外径定中心的拱坝外，一般外形为扭曲，同一梁的各高程的力矩、剪力等的方向是逐渐变化的。从上向下计算各层的力矩、剪力和变位时，都要用矢量加法。当实际扭曲变化不大时，用算术加法求径向变位，常可得满意的结果。

（3）在河谷的两岸部分，梁和拱圈的基础是共同的，因此，梁的基础变位，要受拱端力系的影响。但在径向变位调整过程中，可略去此项影响。

（4）当梁的任何截面上产生过大的拉应力时，一般假定拉应力开裂。因而计算时增加开裂范围的计算内容，并将未开裂部分作为梁的各相应高程的有效计算断面来计算梁的变位和应力。

梁的径向变位可按分段累计法列表进行。

三、拱坝坝肩岩体抗滑稳定分析

在完成拱坝平面布置和应力计算之后，应对坝肩岩体进行抗滑稳定分析，这是许多国家拱坝设计规范中都明确规定的。

1. 坝肩基岩的危险滑动面

在进行稳定计算时，首先应把轴线附近基岩的节理、裂隙以及各种软弱结构面的产状调查清楚，才能判断可能滑动的位置。如果节理走向大致平行于河流，而倾角又大致平行于或缓于山坡，对稳定极为不利，特别对于张开的节理，其间有软弱充填物存在时，这种节理往往是危险的滑动面。基岩中往往有许多组节理存在，并相互交错，把基岩分成各种形状的块体，情况很复杂。进行稳定分析时，可假定几种不同的滑动面，算其相应的安全系数。

2. 改进措施

坝肩稳定，是拱坝设计中一个带关键性的问题，通过校核计算和地质分析，如坝肩的抗滑稳定不能满足要求，应提出采取一些改善措施。现列举以下几点办法。

3. 加强地基处理

（1）对不利的节理进行有效的冲洗和固结灌浆，以提高其抗剪强度；对可能滑动的软弱结构面，设置抗滑铜塞或置换混凝土；设置支撑桩，将推力转移至坚固的岩体。

（2）将拱端向岸壁深挖嵌进，以扩大下游的抗滑岩体。

（3）在拱圈布置时，尽量使拱端推力接近垂直于节理走向，以增强摩擦力，并减少滑动力，或改进拱圈形式，使拱端推力尽可能趋向正交于岸坡。

（4）如基岩承压较差，可局部扩大拱端或采用推力墩。

四、拱坝的构造和地基处理

1. 拱坝坝体构造

大致与重力坝相同，但有些地方不同于重力坝，现简单加以说明：

（1）拱坝坝顶宽度，必须满足坝顶荷载的强度要求，当无交通要求时，其顶宽可按前述方法估算，坝顶上游栏杆，可做成平板式，兼作挡水之用，高 1.0m ~ 1.2m。下游栏杆可用金属做成。坝顶构造形式及布置，基本上同于重力坝。

（2）在拱坝的挡水面，常用喷浆、涂沥青、抗渗混凝土护面。如有抗冻要求，在上、下游面应考虑抗冻性好的混凝土。

（3）在拱坝坝体内为了检修、观测、灌浆和排水，需设置廊道和竖井，拱坝因厚度薄，应尽可能减小廊道分层以免对坝体削弱太多，或只设一层灌浆廊道，而将其他检查、观测、交通和坝缝灌浆等工作移坝后桥上进行。坝后桥一般 1.2m ~ 1.5m 每层上下间隔 15m ~ 30m 廊道的断面尺寸、布置和配筋，基本上与重力坝相同，仅纵向廊道在平面上应随坝的弧形设置。

（4）坝体排水管对薄拱坝可以不设。

（5）对于地形很不规则的河谷或局部有深槽时，可在基岩与坝体之间设置垫座，形成周边缝或边缝，边缝形式可以采取二次曲线、使垫座以上的坝体能保持一定的对称性。拱坝有周边缝后，梁的刚度将有所削减，改变了拱梁分载的比例。相对地加强拱的作用，使外荷更多地由拱来承担，如垫座厚度适当加大，可使拱端推力更均匀地分布到较大面积的基础上，以改善地基的受力状态。

2. 地基处理

拱坝对地基（特别是两岸）的要求很高，坝与地基应保证可靠的连接。拱坝要求新鲜的、坚固完整的岩石地基，如岩石有破碎及裂缝时。则应进行基础处理，为了增加岩石的整体性，在坝底整个面积上应进行浅孔固结灌浆。为了防渗，可在上游设置截水墙，并在它下面继以帷幕灌浆。唯幕灌浆可利用坝体内的廊道进行。当坝体较薄或未设廊道时，应在上游坝脚处进行。当有坝头绕渗：影响坝肩岩体的稳定，或将引起库水的大量损失时，防渗帷幕还应深入两岸山坡内，这与重力坝的情况类似。但要求应更严格。混凝土拱坝与岩石陡坡接触面之间，还需接触灌浆，利用预理的灌浆管及出浆盒，所用压力不小 0.2MPa。

除坝肩岩体的处理外。对于坝基范围内的断层破碎带，应针对各种具体情况，进行开挖回填、设置混凝寒等地基处理，原则上可参考重力坝。对特殊的地基情况，需作专门的研究。

第四节　土石坝设计

一、筑坝材料的性质与压实设计

筑坝材料的设计，与土石坝的结构设计、施工方法以及工程造价有密切关系，一般力求坝体内材料分区简单，就地、就近取材因材设计，并尽可能地少占农田耕地。土石坝筑坝材料按其作用和填筑部位的不同，可概略分为如下四类。

（1）黏性土：主要作为坝体防渗材料，也可用作均质坝的坝体材料。

（2）非黏性土：主要是指砂、沙砾料，这种材料主要用作填筑坝体的坝壳和排水、反滤料等。

（3）砾质土（包括碎石土）：当黏性土或砂土中含有砾石或碎石，称为砾质土或碎石土，根据其砾石含量的多寡，可选用作防渗材料或填筑坝壳材料。

（4）堆石：主要用作填筑坝壳和护坡等。

以上四种土石料都可根据其物理力学性质，填筑在坝体的适当部位，达到多快好省的目的。

二、工程等别及建筑物级别

根据 SL252-2000 水利水电工程等级划分及洪水标准或 DL5180-2003 水利枢纽工程等级划分及设计安全标准，综合考虑水库总库容、防洪效益、电站装机容量、灌溉面积等指标，工程规模由库容（正常蓄水位时 23.28 亿立方米）控制。

拦河大坝、溢洪道、发电引水建筑物等为 1 级建筑物，电站厂房为引水式岸边厂房，属次要建筑物，确定为 2 级，围堰、导流隧洞等临时建筑物为 3 级建筑物。

拦河坝为黏土心墙土石坝正常运用（设计）洪水重现期为年；非常运用（校核）洪水重现期为年。电站厂房设计洪水标准为洪水重现期年，校核洪水标准为洪水重现期年。消能防冲设计洪水标准为洪水重现期年；导流建筑物洪水标准为洪水重现期年。

三、洪水调节计算

1. 防洪库容的确定

当洪水流量 Q 来水 <780 立方米每秒时，来多少放多少，水库水位保持不变；当 Q 来水 > 780 立方米每秒时，就需要控制下泄流量，使 Q 下泄 = 780 立方米每秒，将超过下游安全泄量的那部分来水暂时拦蓄在水库中，这部分库容即为防洪库容 V 防。

2. 设计洪水位、校核洪水位的确定

设计洪水位、校核洪水位的调洪演算必然要涉及泄洪建筑物和过水能力问题，因此必须注意与后续阶段中有关设计工作的配合，有时甚至交叉进行设计。一般可以先拟定几组泄洪建筑物的孔口尺寸，进行调洪演算得出相应的上游水位和下泄流量，在满足防洪要求的前提下，经分析比较选定合理的设计方案。

现采用坝顶溢流或河岸式溢洪道 4 孔，每孔 12 米，堰顶高程 150.0 米，初步估算时 m 取 0.40。

设计洪水位、校核洪水位的调洪演算：

洪水来临初期，按"20年一遇"洪水标准处理，即 Q 来水 <780m³/s 时，来多少放多少，水库不蓄水，水位仍处于正常水位高程；当 Q 来水 > 780m³/s 时，为满足防洪要求，就需要控制下泄流量，只能宣泄 780m³/s，其余来水暂时拦蓄在水库中，水位逐渐升高，当水库水位达到防洪限制水位时，进行设计洪水位、校核洪水位的调洪演算。

Q 来水 <q 下泄能力时，控制闸门开度，放走 Q 来水。

Q 来水 >q 下泄能力时，闸门全打开，按最大 q 下泄能力放水，多余水量继续蓄在水库内，水位上升到最高时，即为设计洪水位或校核洪水位。

三、坝型选择及枢纽布置

1. 坝址及坝型选择

坝轴线的位置，应根据坝址附近的地质、地形条件通过定性分析确定；坝型选择，应根据坝址处的地形、地质、建筑材料，宣泄洪水的能力以及抗震性能等特点，通过定性分析，初步选择 2 ~ 3 种坝型。而且从这三条勘探线的地形、地质条件来看，拱坝轴线只能布置在第 I、II 勘探线间；当地材料坝坝轴线只能布置在第 II 勘探线附近；重力坝坝轴线可以在第 II、III 勘探线范围内任意选择。因此，坝轴线选择与坝型选择密切相关。

2. 枢纽组成建筑物

1）挡水建筑物：拦河大坝

2）泄水建筑物：溢流坝或河岸式溢洪道、泄空洞

3）水电站建筑物：引水系统、电站厂房、开关站

4）导流建筑物：导流隧洞、上下游围堰

3、枢纽总体布置

四、挡水建筑物设计

坝体布置按如下步骤进行：1）先要进行地基处理，得到开挖后可利用基岩的河谷断面图和地形等高线图；2）计算坝顶高程；3）在坝址的地形地质剖面上确定坝长（坝顶高程线与开挖线交点之间的距离），并确定始末桩号；4）在平面图上确定坝轴线位置及始

末桩号；5）布置各坝段及其始末桩号，确定特征剖面位置及其桩号。

1. 坝顶高程的确定

根据《碾压式土石坝设计规范》SL274-2001规定，坝顶高程分别按照正常蓄水位加正常运用条件下的坝顶超高、设计水位加正常运用条件下的坝顶超高、校核水位加非常运用下的坝顶超高进行计算，若该地区地震烈度大于7°，还需考虑正常蓄水位加非常运用时的坝顶超高再加上地震涌浪高度，最后取以上四种工况最大值，同时并保留一定的沉降值。

①设计洪水位 + 正常运用条件的坝顶超高 d

②校核洪水位 + 非常运用条件的坝顶超高 d

③正常蓄水位 + 正常运用条件的坝顶超高 d+ 地震安全加高

2. 坝坡

坝坡应综合考虑坝型、坝高、坝的级别、坝体及坝基材料的性质、荷载、施工和运用条件等因素，经技术经济比较后确定。

土质防渗体土石坝、沥青混凝土心墙和面板坝可参照已建成坝的经验或近似方法初步拟定坝坡，最终坝坡须经稳定计算确定。一般情况下，上游坝坡应较下游坝坡缓；下部坝坡应比上部缓。常用土石坝坝坡一般在 1：2 ~ 1：4 之间。

3. 坝顶宽度

坝顶宽度应综合考虑构造、施工、运行、抗震等因素确定。高坝的最小坝顶宽度可选用 10m ~ 15m，中低坝可选用 5m ~ 10m，坝的级别高时应选大值，反之选小值。

4. 细部构造设计

1）坝顶构造

2）廊道系统

3）坝体分缝

4）止水

5）坝体排水

6）坝体混凝土的强度等级

7）护坡

8）排水设备

9）反滤层的设计

五、水电站引水建筑物设计

由深式进水口、压力隧洞、调压井及高压钢管等主要建筑物组成。

1. 隧洞洞线选择（根据给定的资料定性分析）。

2. 洞径的计算：洞径 D 小，水能损失大，造价小；洞径 D 大，水能损失小，造价大。

3. 进水口的布置与设计。

①位置：根据枢纽总体布置要求，引水系统布置在右岸。

②进口高程：进水口采用河岸斜坡式，位于坝轴线上游，进口中心高程为 110 米。底板高程应在水库设计淤沙高程以上 0.5 ~ 1.0 米，以免堵塞进水口；顶部高程应考虑在水库最低运行水位下有一定的淹没深度，以免产生旋涡而吸入空气和漂浮物，引起振动和噪音，减小引用流量，降低水轮机的出力。

③进口段、渐变段和闸门段的设计：进口曲线形状必须适合水流收缩状态，以免在曲线段形成负压区，进口顶板曲线目前常用 1/4 椭圆曲线，坝式进水口顶板常做成斜坡，以便于施工。渐变段是由矩形闸门到圆形隧洞的过渡段，其长度 L =（1 ~ 2）D。进口段横断面一般为矩形，进口流速不宜过大，一般控制在 1.5m/s 左右。

④拦污栅的设计：拦污设备的功用是防止漂木、树枝等漂浮物随水流带入进水口。洞式进水口的拦污栅常布置为倾斜的，倾角为 60 ~ 70 度左右，洞式进水口一般采用平面拦污栅。拦污栅净面积由拦污栅的总面积按电站的引用流量和过栅流速摊牌得出（平均过栅流速一般取 0.8 ~ 1.0m/s）

4. 水力计算：引水隧洞的水头损失主要有沿程水头损失、局部水头损失两部分。

5. 压力管道的设计

1）管道内径的估算

2）岔管处管道直径的确定

6. 调压井

1）设置调压井的条件

2）调压井最高最低涌波计算

3）调压室的面积

洞身结构计算：荷载计算，内力计算，应力及配筋（计算计算各种荷载组合情况下各代表性隧洞断面的内力与配筋，并画出配筋图）；细部构造设计，如灌浆孔布置、分缝、排水等。

第五节　碾压混凝土坝设计

一、碾压混凝土坝的发展

碾压混凝土是用振动碾压实的超干硬性混凝土，碾压混凝土坝是在常态混凝土坝与土石坝激烈竞争中产生的。土力学理论的发展，放宽了土石坝对建筑材料的限制，增大了利用当地材料筑坝的可能性；大型土石方施工机械的使用，加快了土石坝的施工速度，使得土石坝的造价降低，在经济上占了优势，从而使土石坝获得了蓬勃的发展。不过在造价降低的同时，土石坝的安全性较混凝土坝低的特性并没有改变，主要原因是洪水漫顶和筑坝材料的内部侵蚀；此外，土石坝的泄洪建筑物不能与坝体结合，需要在坝外另行布置专门的溢洪道；大规模开采当地材料对周围环境的破坏相当大。

混凝土坝与土石坝各自具有的特点，人们努力寻求一种新坝型，以便把混凝土坝的安全和土石坝的高效率施工结合起来。20世纪60年代有几个工程就是按照这一想法进行的：意大利于1961年在阿尔卑斯山区修建172米高的阿尔佩盖拉混凝土重力坝。由于山高，施工时间受限制，采用两条斜轨斗车运送混凝土，然后用自卸卡车入仓。取消坝内冷却水管，用推土机平仓，铺成厚80厘米的一层。坝体从河床一岸到另一岸全线同时浇注上升，用悬挂于推土机后部的插入式振捣器进行振捣，用切缝机切割振捣后的混凝土，在坝体规定位置形成横缝。1965年加拿大魁北克曼尼科干一号坝建造了两座18米高的重力式翼墙。内部使用贫浆混凝土，以推土机铺筑，插入式振捣器振捣；上游面使用富浆混凝土，以垂直滑模形成；下游面使用预制混凝土块。

1970年在美国加州召开了混凝土快速施工会议。拉费尔提交会议的论文《最优重力坝》建议使用水泥砂砾石材料筑坝并用高效率的土石方运输机械和压实机械施工。

1972年在同一地点又召开了混凝土坝经济施工会议。坎农的论文《用土料压实方法建造混凝土坝》进一步发展了拉费尔的设想。

1973年在第11届国际大坝会议上莫法特提出了题为《适用于重力坝施工的贫浆混凝土研究》的论文。他推荐将20世纪50年代英国路基上使用的贫浆混凝土用于修筑混凝土坝，用筑路机械将其压实。他预计，坝高40m以上的坝，造价可减少15%

对于碾压混凝土坝的发展产生过强烈影响的是巴基斯坦塔贝拉坝的隧洞修复工程，其采用碾压混凝土进行修复，在42天时间里浇注了35万立方米碾压混凝土，日平均浇注强度为8400立方米，最大日浇注强度达1.8万立方米，这是迄今世界上最高的碾压混凝土浇筑强度。

碾压混凝土坝从设想到成为现实历时10年。1980年出现了世界上第一座碾压混凝土坝——日本岛地川重力坝；1982年美国建成了世界上第一座全碾压混凝土重力坝——柳溪坝，该坝的建成充分显示了碾压混凝土坝所具有的快速和经济的巨大优势，大大推动了碾压混凝土坝在美国和世界其他各国的迅速发展。

2. 我国碾压混凝土筑坝技术的发展现状

我国对碾压混凝土筑坝技术的研究开始于1978年。在进行了大量室内研究以后。1981年在四川省龚嘴水电站的混凝土路面工程中，1983年在福建省厦门机场工地，进行了大型试验块的野外碾压试验。几座水电站工程的非主体工程或非主要部位应用了碾压混凝土。它们是：铜街子水泥罐基础和牛石溪沟副坝、福建沙溪口纵向围堰和开关站挡墙以及葛洲坝船闸下导墙等。这些半生产性试验对大体积碾压混凝土施工进行了较全面的实际演练，锻炼了队伍，提高了施工技术和施工管理水平，为采用碾压混凝土筑坝技术打下了基础。

为了将取得的技术成果应用于混凝土坝中，选定了福建省坑口重力坝作为碾压混凝土筑技术工业性试验工程。根据前几年试验研究成果并参考当时国外已建碾压混凝土坝的实践经验，确定坑口坝按照以下原则进行，即"高掺粉煤灰、低水泥用量、坝体不设纵横缝、低温季节施工、全断面分层碾压、连续浇筑上升和沥青砂浆防渗"。经过6个多月碾压施工，高56.8m的我国第一座碾压混凝土坝于1986年5月建成。坑口坝试验成功为我国快速建坝开辟了新途径。自坑口坝建成以后，碾压混凝土坝在我国获得了迅速发展，一些已经设计的甚至已经施工的工程改用碾压混凝土，许多新工程更是积极采用碾压混凝土。

国外对碾压混凝土坝的坝体设计一般体型都比较庞大，我国根据成熟的常态混凝土坝体型设计原理对碾压凝土坝体进行了"瘦身"。并且根据坝址的地形与地质特点在碾压混凝土拱坝的设计施工方面也有重大突破，如1993年建成当时世界第一高的双曲非对称碾压混凝土拱坝—普定坝（坝高75m）；1996年建成当时世界第一的碾压混凝土薄拱坝—溪柄坝（坝高63m）；2001年建成当时世界第一高的碾压混凝土双曲薄拱坝—龙首坝（坝高80m）；2002年建成的四川沙牌三心重力拱坝坝高达到132；2005年建成的招徕河双曲薄拱坝坝高达到107m。坝的高度也从几十米发展到上百米，我国已建和在建坝高超过百米的碾压混凝土坝达26座，如1992年建成的岩滩水电站坝高111m，1993年建成的水口水电站坝高为101m，1999年建成的江垭水电站坝高为131m，2002年建成的大朝山水电站坝高为118m，石门子水电站坝高为109m，等等。特别是龙滩水电站建成后坝高达到216m，创造世界碾压混凝土坝之最，可以说我国的碾压混凝土筑坝技术已达到世界先进水平，在有些领域甚至达到世界领先水平。

二、碾压混凝土坝的主要特点

1. 碾压混凝土坝不仅具有重力坝在结构形式上的一些优点，还具有以下独特的优点

（1）工艺程序简单，可快速施工，缩短工期，提前发挥工程效益；

（2）胶凝材料用量少，一般在120～160kg/m³，特别是水泥用量减少，约为60～90kg/m³；

（3）由于水泥用量减少，结合薄层大舱面浇筑，坝体内部混凝土的水化热温升可大大降低，从而简化了温控措施；

（4）不设纵缝，节省了模板和灌浆等费用；

（5）可使用大型施工机械设备，提高混凝土运输和填筑的工效。

（6）降低工程造价。

2. 碾压混凝土坝的筑坝特点

（1）日本在碾压混凝土坝的断面设计、混凝土材料的配合比、坝体施工工艺以及温度控制等方面总结出一套方法，提出口本式的碾压混凝土筑坝方法，称为RCD；采用薄层摊铺、平仓2～4层后一次碾压。混凝土用胶凝材料比RCCD少，其中水泥较多，粉煤灰较少，较之 RCCD，其混凝土要干硬些，发热量较高，价格也高；

（2）欧美各国根据其经验提出的碾压混凝土筑坝方法，工程上惯称为 RCC；混凝土的胶凝材料、水泥和粉煤灰用量均介于 RCCD 和 RCD 之间；美国陆军工程师团 RCC 的混凝土用胶凝材料最少，很干硬。层间难以胶结好，不透水性和抗剪强度差。

（3）我国从 1980 年开始在研究应用和发展碾压混凝土筑坝技术过程中，结合具体的自然条件和我国的施工装备水平，从混凝土材料、施工技术和大坝设计等方面进行分析和论证，解决了一系列的关键性技术问题，开拓了适合我国特点的碾压混凝土筑坝方法，工程上惯称为 RCCD。采用大面积薄层连续浇筑，混凝土摊铺和碾压的层厚一般为 30cm，这样可以防止骨料分离，压实振动波易传至层底。混凝土用胶凝材料多，其中水泥少，粉煤灰多。这种混凝土发热量较低，层间胶结良好，节省水泥。

3. 碾压混凝土重力坝设计特点

碾压混凝土坝是在坝体内部采用干贫混凝土，以类似土坝的施工方法进行全坝面薄层填筑，并采用高频率振动碾压实的施工方法。具有水泥用量少、粉煤灰掺量高、水化热低、温控简单、不设置横缝模板，不必进行接缝灌浆、施工进度快、可采用通用机械和工期短造价低等优点。

为了实现碾压混凝土坝的大舱面薄层摊铺碾压的施工方法，对坝体的布置尤其是断面的设计有以下要求：

（1）尽量使坝体结构简化，使碾压混凝土的部分相对集中，尽可能减少廊道孔洞的设置。

（2）不设或少设分缝，尽量不设纵缝。

（3）防渗措施主要采用在碾压混凝土坝上游面加一层常态混凝土防渗层，同时研究采用新的防渗措施。

碾压混凝土重力坝的剖面设计中，结构设计及水力设计的原理与准则，与常态混凝土重力坝基本相同，只是在混凝土材料、重力坝枢纽布置及坝体构造设计等方面，需要适应碾压混凝土的施工方法。因此，在设计时要尽量简化，便于施工。

4. 剖面设计

剖面设计原则重力坝的设计断面应由基本组合控制，以材料力学法和刚体极限平衡法计算成果作为确定坝体断面的依据，并以特殊荷载组合复核。设计断面要满足稳定和强度要求，保证大坝安全，工程量要小，运用方便，优选体形，便于施工，避免出现不利应力分布状态。

5. 重力坝的基本剖面

重力坝的基本剖面是指坝体在自重、静水压力（水位与坝顶齐平）和扬压力 3 项主要荷载作用下，满足稳定和强度要求，并使工程量最小的三角形剖面。根据工程经验，一般情况下，上游坝坡坡率 n=0 ~ 0.2，常做成铅直或上部铅直下部倾向上游；下游坝坡坡率 m=0.6 ~ 0.8，底宽约为坝高的 0.7 ~ 0.9 倍。

6. 重力坝的实用剖面

重力坝的实用剖面，是在重力坝的三角形基本剖面的基础上加一些构造要求而得。常用的实用剖面主要有三种：

（1）上游坝面铅直，适用于混凝土与基岩接触面间的 f、c 较大或者坝体内设有泄水孔或引水隧洞，有进口控制设备的情况；

（2）上游坝面上部铅直，下部倾斜，既便于布置进口控制设备，又可利用一部分水重帮助坝体维持稳定，是实际工程中经常采用的一种形式；

（3）上游坝面略向上游倾斜，适用于混凝土与基岩面间的 f、c 值较低的情况。坝体的剖面可参照条件相近的已建工程的经验，结合实际情况，先行拟定，然后根据稳定和应力的分析进行必要的修正。同时对整个坝体要统一考虑，如溢流坝段、非溢流坝段、底孔坝段、厂房坝段等，使其既经济合理又在外观上协调一致。

7. 坝顶高程

根据《混凝土重力坝设计规范》（SL319-2005）可知，坝顶高程应高于校核洪水位，坝顶上游防浪墙顶的高程，应高于波浪顶高程。防浪墙顶至设计洪水位或校核洪水位的高差，可按下式计算：

$\triangle h = h1\% + hz + hc$

上式中：$\triangle h$——防浪墙顶至正常蓄水位或校核洪水位的高差，m；

h1%——累计频率为 1% 时的波浪高度，m；

hz——波浪中心线高于静水位的高度，m；

hc——安全加高，按 2-5-11 取值。

运用情况	坝的安全级别		
	1	2	3
正常蓄水位	0.7	0.5	0.4
校核蓄水位	0.5	0.4	0.3

注：表 2-5-1 中正常蓄水位指设计工况下，包含正常蓄水位和设计洪水位两种情况。

8. 坝顶宽度

由《混凝土重力坝设计规范》（SL319-2005）可知，坝顶宽度应根据设备布置、运行、检修、施工和交通要求等需要确定，并应满足抗震、特大洪水时抢护等要求。在严寒地区，当冰压力很大时，还要核算断面的强度。常态混凝土坝坝顶的最小宽度为 3m，碾压混凝土坝为 5m。坝顶宽度一般取为坝高的 8% ~ 10%。当在坝顶布置移动式启闭机时，坝顶宽度要满足安装门机轨道的要求。

三、坝体稳定分析

1. 稳定分析目的

抗滑稳定分析是重力坝设计中的一项重要内容，其目的是核算坝体沿坝基面或坝基内部缓倾角软弱结构面抗滑稳定的安全度。因为重力坝沿坝轴线方向用横缝分隔成若干个独立的坝段，所以稳定分析可以按平面问题进行。但对于地基中存在多条互相切割交错的软弱面构成空间滑动体或位于地形陡峻的岸坡段，则应按空间问题进行分析。

重力坝的失稳破坏过程是比较复杂的，理论分析、试验及原型观测结果表明，位于均匀坝基上的混凝土重力坝沿坝基面的失稳机理是：首先在坝踵处基岩和胶结面出现微裂松弛区，随后在坝趾处基岩和胶结面出现局部区域的剪切屈服，进而屈服范围逐渐增大并向上游延伸，最后，形成滑动通道，导致坝的整体失稳。当坝基内存在不利的缓倾角软弱结构面时，在水荷载作用下，坝体有可能连同部分基岩沿软弱结构面产生滑移，即所谓的深层滑动。

对可能滑动块体的抗滑稳定分析方法，在我国以刚体极限平衡法为主。对重要工程和复杂坝基，常采用有限元法和地质力学模型试验加以复核。

2. 荷载组合

根据《混凝土重力坝设计规范》（SL319-2005）规定，混凝土重力坝抗滑稳定分析及坝体应力计算的荷载组合应分为基本组合和特殊组合两种。荷载组合应按下表 2-5-2 的规定选取，必要时应考虑其他可能的不利组合。

表 2-5-2 荷载组合

荷载组合	主要考虑情况	荷 载								
		自重	静水压力	扬压力	泥沙压力	浪压力	冰压力	地震荷载	动水压力	土压力
基本组合	(1)正常蓄水位情况	√	√	√	√	√				√
	(2)设计洪水位情况	√	√	√	√	√				√
	(3)冰冻情况	√	√	√	√		√			√
特殊组合	(1)校核洪水位情况	√	√	√	√	√			√	√
	(2)地震情况	√	√	√	√			√		√

3. 抗滑稳定计算公式

在重力坝抗滑稳定计算中，通常以一个坝段或取单宽坝段作为计算单元，计算公式有抗剪强度公式和抗剪断强度公式两种。

（1）抗剪强度公式

将坝体与基岩间看成是一个接触面，而不是胶结面。当接触面呈水平时，其抗滑稳定安全系数 Ks 为：

$$Ks = f(\sum w - U)/\sum p$$

式中：$\sum w$—接触面以上的总铅直力；

$\sum p$—接触面以上的总水平力；

U—作用在接触面上的扬压力；

f—接触面间的摩擦系数。

四、应力分析

1. 应力分析目的

应力分析的目的是为了检验大坝在施工期和运行期是否满足强度要求，同时也是为研究、解决设计和施工中的某些问题，如为坝体混凝土标号分区和某些部位的配筋等提供依据。

2. 应力分析过程

首先进行荷载计算和荷载组合，然后选择适宜的方法进行应力计算，最后检验坝体各部位的应力是否满足强度要求。

3. 应力分析方法

重力坝的应力分析可以归结为理论计算和模型试验两大类，这两类方法是彼此补充、互相验证的，其结果都受到原型观测的检验。坝体应力计算，对中等高度的重力坝可采用材料力学法，对横缝灌浆形成整体的重力坝用悬臂梁与水平梁共同受力的分载法，对复杂坝型、复杂地基上的中高坝用线性或非线性有限元计算，必要时以结构模型试验复核。

4. 应力计算结果分析

（1）应力强度指标

当采用材料力学方法分析坝体应力时，《混凝土重力坝设计规范》（SL319-2005）规定的强度指标如下：

5. 坝基面坝踵、坝趾的铅直应力 σy

1）运用期：在各种荷载组合下（地震荷载除外），坝踵铅直应力不应出现拉应力，坝趾铅直应力应小于坝基容许压应力；在地震荷载作用下，坝踵、坝趾的垂直应力应符合 SL203-97《水工建筑物抗震设计规范》的要求。

2）施工期：下游坝面允许有不大于 0.1MPa 的拉应力。地基容许压应力取试块极限抗压强度的 1/25 ～ 1/15，视岩体的具体情况而定。对于强度较高，但节理、裂隙发育的基岩，采用 1/25 ～ 1/20；对于均质且裂隙甚少的软弱基岩及半岩石基岩，采用 1/20 ～ 1/10；对于风化基岩，按其风化程度，应将其容许压应力降低 25%～50%。

6．坝体应力

1）运用期：坝体上游面的铅直应力不出现拉应力（计扬压力）；坝体下游面的最大主压应力不得大于混凝土的允许压应力；在地震荷载作用下，坝体上游面的应力控制标准应符合 SL203-97《水工建筑物抗震设计规范》的要求。坝体内一般不允许出现拉应力，但以下几个部位可以除外：宽缝重力坝上游面较远的局部范围内可以出现拉应力，但不得超过混凝土的容许值；溢流坝的堰顶部分往往出现拉应力，可以配置钢筋；廊道周围的拉应力也可以用配置钢筋的办法加以解决。

2）施工期：坝体任何截面上的主压应力不得大于混凝土的允许压应力；在坝体的下游面可以有不大于 0.2MPa 的主拉应力。

混凝土的允许应力按混凝土的极限强度除以相应的安全系数确定。坝体混凝土抗压安全系数，基本组合不应小于 4.0，特殊组合（不含地震情况）不应小于 3.5。当局部混凝土有抗拉要求时，抗拉安全系数不应小于 4.0。混凝土极限抗压强度是指 90 天龄期 15cm 立方体强度，强度保证率应达 80% 以上。地震荷载是一种机遇较少的荷载，在动荷载的作用下混凝土材料的允许应力可适当提高，并允许产生一定的瞬时拉应力。

五、碾压混凝土建筑材料

1．碾压混凝土原材料基本情况

（1）水泥采用大清水泥厂生产的中热水泥；

（2）粉煤灰为某某热电厂二级粉煤灰；

（3）砂子人工砂，细度模数 2.6～2.8，石粉含量 16%～20%；

（4）石子为辉绿岩人工骨料：

三级配为 40～80mm∶20～40mm∶5～20mm=30∶40∶30

二级配为 20～40mm∶5～20mm=50∶50

2．碾压混凝土性能指标

（1）碾压混凝土配合比见表 2-5-3；

（2）碾压混凝土物理力学性能见表 2-5-4；

（3）碾压混凝土热力学性能见表 2-5-5；

（4）碾压混凝土单价（初步估计）为 220 元 /m³。

碾压混凝土的各项指标如下表所示：

表 2-5-3 碾压混凝土配合比

设计标号		$R_{90}20.0MPa$	$R_{90}20.0MPa$	$R_{90}20.0MPa$	$R_{90}20.0MPa$
		三级配	三级配	二级配	二级配
水胶比		0.559	0.559	0.556	0.526
砂率（%）		34	34	38	38
胶材掺量（kg/m3）		170	170	180	190
粉煤灰掺量（%）		50	60	50	40
外加剂掺量（%）		RC-1　0.25	RC-1　0.25	RC-1　0.25	RC-1　0.25
每方混凝土材料用量（kg/m3）	水	95	95	100	100
	水泥	85	102	90	114
	粉煤灰	85	102	90	76
	砂	761	759	841	840
	石	1483	1479	1378	1376
	外加剂	0.43	0.43	0.45	0.48
理论容重（kg/m3）		2509	2503	2499	2506

表 2-5-4 碾压混凝土物理力学指标

应用部位		面层二级配 R^*200	坝体三级配 R^*200	垫层微膨胀混凝土 $R_{90}^*200(RCC)$
水泥品种		中热 425^*	中热 425^*	中热 425^*
胶凝材料用量（kg/m3）	水泥	90	85	95
	粉煤灰	90	85	95
泊桑比		0.18	0.08	0.18
抗压强度（MPa）		24	24	25
抗拉强度（MPa）		2	2	2.1
抗剪断强度（MPa）	f′	1.2	1.25	
	C′	1.2	1.25	
	f	0.8	0.85	
弹性模量（Mpa）		25	25	25.5
极限拉伸值（10000）		1	0.9	0.95
容重（g/cm3）		2.45	2.48	2.47

表 2-5--5 碾压混凝土热力学性能表

应用部位		面层二级配 R^*200	坝体三级配 R^*200	垫层微膨胀混凝土 $R_{90}^*200(RCC)$
水泥品种		中热 425^*	中热 425^*	中热 425^*
水灰比		0.56	0.56	0.56
胶凝材料用量（kg/m3）	水泥	90	85	胶凝材料用量（kg/m3）
	粉煤灰	90	85	-
温度（℃）		20	20	20
导温系数（m^2/h）		0.0037	0.0036	0.0036
导热系数（$KJ/(kg\cdot k)$） 绝热温升（℃）		0.0036	0.0035	0.0035
		7.9	8.1	8.1
		8.5	8.3	8.3
	28d	28	16	15.5
	最终		18.5	17.5
线膨胀系数（$10^{-6}/℃$）		9	9	8.5
水灰比		0.56	0.56	0.56

第六节　泵站设计

目前，各国的泵站工程发展速度很快，如泵站在美国的北水南调工程、日本新川排水枢纽工程、埃及的西水东调工程等都得到了很好的运用。

我国目前泵站数量：超过 50 万座

装机容量：> 7000 万 kW

排灌面积：5 亿亩

泵站提灌面积占全国总灌溉面积56%；

泵站提排面积占全国总排水面积21%。

大型排水泵站：主要分布在湖北、湖南、广东、安徽、江西、江苏、浙江、上海等平原低洼地区。高扬程泵站：主要分布在陕甘宁晋等高原地区。

一、准备工作

1. 收集资料

确定设计流量、特征水位、丰枯水期情况，泵站等级。站址选择。

2. 泵型选择

这一点较关键，将决定建筑物的形式。采用新型泵应作水工模型试验。一般到南京水科院或扬州大学水建学院（严教授泵站设计规范起草者）或武汉大学（原水利电力大学）。

3. 总体布置

泵房、进出水建筑物、专用变电站，其他控制建筑物，管理设施，交通通信等。引水形式。水流复杂的大型泵站应通过水工模型试验论证。

4. 泵房设计

主要是各层高程尺寸确定，机电设备位置布置。主厂房与副厂房布置。目前随着水工建筑物美观要求，泵房的外观建筑设计应予以重视，应有较丰富建筑学知识设计人员设计。

（1）机组布置间距满足吊装和泵房内部交通要求。

（2）水泵层、电机层高度确定。满足布置及安装要求。

（3）辅机，电器设备，管道、电缆道注意不要相互干扰。

（4）吊装设备确定。

（5）泵房门窗、屋面、消防、噪音、通风、采暖要求满足要求。

（6）防渗排水设施，也是关键点。

（7）大体积砼裂缝控制，不要用泵送砼，特别是流道，大体积砼，非裂不可。施工图应标明这一要求。

（8）流道设计。应水流平顺。

5. 主要计算项目

（1）泵房稳定分析。抗滑稳定，深层滑动（软基）、组合滑裂面滑动抗滑稳定（岩基），抗浮稳定。

（2）地基承载力计算、持力层、软弱下卧层计算。最终沉降量计算。

确定地基处理方案。本人现搞泵站采用了灌注桩结合水泥深层搅拌桩（仅作安全储备）可能液化土层或湿陷性黄土地基应特别注意，要处理！！！！！

地基问题请大家一定要注意！！！

（3）主要结构计算

一般可按平面结构计算，必要时可按空间结构计算。

主要：

1）底板按弹性地基梁计算，注意边荷载的考虑。

2）进水和出水流道，根据结构布置，断面形状按单孔或多孔框架结构计算。对称时，可按对称框架进行计算。

双向流道，分别按肘形进水流道和直管式出水流道进行计算。

1）机墩计算：考虑动荷载影响。对于立式机组需按单自由度悬臂梁进行共振幅和动力系数验算。

卧式机组可只进行垂直振幅验算。均对大型机组而言。

1）排架、吊车梁计算

2）抗震计算，对于地震基本烈度 7 度及以上地区。设抗震措施。

6. 进出水建筑物设计

（1）引河与当地地形水文地质与工程地质有关。注意边坡稳定，流量要求，需计算。

（2）前池、进水池，必要时，作水工模型实验确定。一般宜正向，注意水流流态。

（3）进出水流道根据泵型、泵房、扬程、出水池水位变化断流方式综合考虑。

（4）出水管道：地基、镇墩、管型、管材、伸缩节、岔管，需作管道结构分析。镇墩要作抗滑、抗倾稳定、地基承载力计算。

（5）出水池与压力水箱

地形地基要好，压力水箱要建在坚实地基上。

7. 水力机械与辅助设备

（1）主泵选型

应满足流量、扬程、不同时期供排水的要求。平均扬程时应在高效区工作最高与最低扬程时应能安全工作。机泵台数宜 3～9 台以方便管理。台数太少则一旦发生机器故障则影响使用。台数太多，不便管理且可能增加土建工程造价。

叶轮名义直径若大于等于 160cm 的轴流泵和混流泵应有装置模型试验资料，轴功率的确定，以选取配套电动机。

（2）进水管道及泵房内出水管道，主要有平面与高程尺寸的要求，流速要求。穿墙管和伸缩节选取。

（3）水锤计算与防护

这一点很重要一定要重视！！！应进行特征线计算并严格按规范要求。

（4）真空、充水系统

主要对于有虹吸出水流道的轴流泵站和混流泵站及卧式泵叶轮淹没深度低于 3/4 时。注意密封性能。

（5）排水系统

排水沟，排水泵设置。

（6）供水系统

采用水塔或沉淀池。主要有冷却、润滑、密封、消防及生活用水。应作用水量计算。

（7）空压机系统

根据需要设高低压系统，至少应有 2 台，以备用。

（8）供油系统

根据需要，设置，透平油、绝缘油。

（9）吊装设备及机修设备

选择合适的起重设备，设置检修间。

（10）通风与采暖

二、泵站地点选择

根据实际情况知道上游有一支流汇入，由于支流流量小，有断流的概率，因而选择在河流干道。由于支流的汇入会在交汇处产生沙洲，所以取水口应设计在交汇处以下 400 米以上。

1. 自流管、压水管、吸水管、输水干管的选择

（1）自流管，是指河中取水口到泵房吸水间的那段管子，水流是因为二者之间的液面高差产生的。

这段管子有一个要求：流速要大于 0.6～1.0 米/秒，这是为了产生一个冲淤流速，防止泥沉淀堵住管子，为了施工的方便，这段管子可以是可输水干管的一样，但是管中流速也不应该太大，以免产生过大水损。

（2）吸水管，也就是吸水间吸水口到水泵吸入口的那段管子。需要按照经济流速进行设计由是 V=Q/S 和 S=（3.14×D×D）/4 得出。

（3）压水管，也就是水泵出水口到输水干管之间的那段管子，也是一样按照经济流速来进行设计的。

（4）输水干管，也就是泵房到静水厂的那段管子，一般采用双管运行，这样可以比较安全运行，管径可以选择比压水管的大 50mm～100mm，当然如果运行的不仅仅是两台水泵时，应该另当考虑，应该也可以按照略小于经济流速的速度进行求解。

三、扬程的设计

1. 静扬程的设计

假设自流管一根检修，另一根通过 75% 的流量，这时可以通过查《常用资料》找到相关的水力坡降系数 i 求得静扬程（从吸水间液面到静水厂的高差）是常水位（枯水位）-自流管水损得到两个静扬程 Hst1，Hst2。

2. 总水损的设计

已经假设泵房中总的水损是 2 米，因而只需要在求输水干管在最不利情况下的水损就可以了，假设最不利情况和自流管的一样，也就是其中一条检修，另一条通过 75% 的流量，查得水力坡降系数 i 后，求的水损 h，求扬程时乘以 1.1，因为中间还有一些局部水头损失

3．扬程设计

设安全水头为 2 米

常水位时 H1=Hst1+2+2+1.1h

枯水位时 H2=Hst2+2+2+1.1h

4．水泵及电动机初选

流量依据：假设选择三台同型号水泵，两用一备。

总流量在设计供水量的左右15%的范围内，也就是0.85Q～1.15Q，由于两台并联运行总流量不是两个水泵的单独时流量之和，两台运行时减少系数是0.9，故流量变化范围是：0.85Q/（2×0.9）～1.15Q/（2×0.9）

扬程依据：H1 ～ H2

查给排水设计手册《常用设备》找到流量还有扬程匹配的水泵型号，还有和此水泵匹配的电动机。

5．泵房平面尺寸的确定

主要是确定其直径；

主要是依据机组尺寸，还有他们的布置要求（相互之间距离）来大概估计其直径，最好先画出大概的布置图，然后再求平面比例布置。

6．辅助设备的选择

起重机：选择依据是：

（1）起重重量是水泵或者电动机的最大者

（2）起吊高度是筒体高大加上 2 米

（3）跨度选择略大于筒体的直径就可以了

引水设备：其实是灌泵需要设置的，因而只有在使用抽吸式时采用

排水设备：流量在 20 ～ 40 立方米每小时，扬程是筒体高度加上 5 米左右的水损，查水泵表找到相关的水泵装置

通风设备：一般是以每小时将通体体积 8 ～ 10 倍体积进行选择。

四、泵站各部分标高的确定

（1）筒体高度，使用自灌式时，先假设吸水口在最枯水位下的距离，然后用洪水位－最枯水位＋一米波浪高＋吸水口在最枯水位下的距离

采用抽吸式时，上面高度减去安装高度就可以，（抽吸式泵房可以减少筒体高度，但是启动时需要先灌泵，因而启动较慢）。

（2）泵房建筑标高的确定

应该考虑的因素：汽车高度、设备最高高度、电动葫芦高度、起重机梁的高度、起重绳竖直高度。

第七节　地基处理设计

修建在岩基上的重力坝，其坝址由于经受长期的地质作用，一般都有风化、节理、裂隙等缺陷，有时还有断层、破碎带和软弱夹层，所有这些都需要采取适当的有针对性的工程措施，以满足建坝要求。坝基处理时，要综合考虑地基及其上部结构之间的相互关系，有时甚至需要调整上部结构，使其与地基工作条件相协调。地基处理的主要任务是：防渗、提高岩基的强度和整体性。根据《混凝土重力坝设计规范》（SL319-2005），混凝土重力坝经处理后应符合下列要求：

（1）具有足够的强度，以承受坝体的压力；

（2）具有足够的整体性和均匀性，以满足坝体抗滑稳定的要求和减小不均匀沉陷；

（3）具有足够的抗渗性，以满足渗透稳定的要求，控制渗流量，降低渗透压力；

（4）具有足够的耐久性，以防止岩体性质在水的长期作用下发生恶化。

一、坝基的开挖与清理

1. 开挖清理目的

坝基开挖和清理的目的是使坝体坐落在稳定、坚固的地基上。

2. 设计要求

根据《混凝土重力坝设计规范》（SL319-2005）：建基面位置应根据大坝稳定、坝基应力、岩体物理力学性质、岩体类别、基础变形和稳定性、上部结构对基础的要求、基础加固处理效果及施工工艺、工期和费用等因素经技术经济比较确定。设计时可考虑通过基础加固处理或者调整上部结构的措施，在满足坝基强度和稳定的基础上，减少开挖量。

坝高超过 100m 时，可建在新鲜、微风化至弱风化下部基岩上；坝高 50m ~ 100m 时，可建在微风化至弱风化中部基岩上；坝高小于 50m 时，可建在弱风化中部至上部基岩上。两岸地形较高部位的坝段，可适当放宽。

重力坝的建基面形态应根据地形地质条件及上部结构的要求确定，坝段的建基面上、下游高差不宜过大，并宜略向上游倾斜。若基础面高差过大或向下游倾斜时，宜开挖成带钝角的大台阶状。台阶的高差应与混凝土浇筑块的尺寸和分缝的位置相协调，并和坝趾处的坝体混凝土厚度相适应。对基础高低悬殊的部位宜调整坝段的分缝或作必要的处理。

两岸岸坡坝段建基面在坝轴线方向应开挖成有足够宽度的台阶状，或采取其他结构措施，以确保坝体侧向稳定。

基础上存在的表层夹泥裂隙、风化囊、断层破碎带、节理密集带、岩溶充填物及浅埋的软弱夹层等局部工程地质缺陷，均应结合基础开挖予以挖除，或局部挖除后再进行处理。

二、坝基的固结灌浆

1. 固结灌浆目的

固结灌浆的目的是提高基岩的整体性和强度，并降低地基的透水性。固结灌浆是一种用低压浅层灌水泥浆来加固地基的方法，适用于裂隙发育又无其他缺陷时的地基。在灌浆帷幕范围内先进行固结灌浆可提高帷幕灌浆的压力。固结灌浆孔一般布置在应力较大的坝踵和坝趾附近，以及节理裂隙发育和破碎带范围内。

2. 设计要求

根据《混凝土重力坝设计规范》（SL319-2005）：坝基固结灌浆的设计，应根据坝基工程地质条件、坝高和灌浆试验资料确定。宜在坝基上游和下游一定的范围内进行固结灌浆；当坝基岩体裂隙发育时，且具有可灌性时，可在全坝基范围进行固结灌浆，并根据坝基应力及地质条件，向坝基外及宽缝重力坝的宽缝部位适当扩大灌浆范围。防渗帷幕上游的坝基宜进行固结灌浆；断层破碎带及其两侧影响带或其他地质缺陷应加强固结灌浆。基础中的岩溶洞穴、溶槽等，在清挖回填后其周边应根据岩溶分布情况适当加强固结灌浆。

固结灌浆孔的孔距、排距可采用 3m ~ 4m，或根据开挖以后的地质条件由灌浆试验确定。固结灌浆深度应根据坝高和开挖以后的地质条件确定，可采用 5m ~ 8m；局部地区及坝基应力较大的高坝基础，必要时可适当加深，帷幕上游区宜根据帷幕深度采用 8m ~ 15m。固结灌浆孔通常布置成梅花形，对于较大的断层和裂隙带应专门布孔。灌浆孔方向应根据主要裂隙产状结合施工条件确定，使其穿过较多的裂隙。

帷幕上游区和地质缺陷部位的坝基固结灌浆宜在有 3m ~ 4m 混凝土盖重情况下施灌，其他部位的固结灌浆可根据地质条件采用有混凝土盖重方式施灌。在不抬动基础岩体和盖重混凝土的原则下，固结灌浆压力宜尽量提高。有混凝土盖重时其灌浆压力为 0.4 ~ 0.7MPa在无混凝土盖重灌浆时，灌浆压力以不抬动地基岩石为原则，一般为 0.2 ~ 0.4MPa。

第八节　施工初步设计

施工初步设计的主要任务是：在分析研究水文、地形、水文地质、枢纽布置及施工条件等基本资料的前提下，完成以下几方面设计：

（1）选定导流标准，划分导流时段，确定导流设计流量；

（2）选择合适的导流方案；

（3）确定导流建筑物的布置、构造及尺寸；

（4）制订初步的施工进度计划表。

一、导流标准及导流设计流量

1.导流标准

广义地讲，导流标准是选择导流设计流量进行施工导流设计的标准，它包括初期导流标准、坝体拦洪度汛标准、孔洞封堵标准等。

施工初期导流标准，根据 SDJ388-89《水利水电工程施工组织设计规范》的规定，首先需根据导流建筑物的保护对象、失事后果、使用年限、工程规模等，将导流建筑物分为Ⅲ～Ⅴ级，再根据导流建筑物的级别和类型，在水利水电工程施工组织设计规范规定的幅度内选定相应的洪水重限期作为初期导流标准。

实际上，导流标准受众多随机因素的影响。如果标准太低，不能保证施工安全；反之，则使导流工程设计规模过大，不仅增加导流费用，而且可能因其规模太大以致无法按期完成，造成工程施工的被动局面。因此大型工程导流标准的确定，应结合风险度的分析，使所选标准更加经济合理。

根据 SL252-2000《水利水电工程等级划分及洪水标准》：临时性水工建筑物（导流建筑物）的级别可由表 2-8-1 确定：

表 2-8-1 临时性水工建筑物级别

级别	保护对象	失事后果	使用年限	临时性水工建筑物规模	
				高度（m）	库容 108m³
3	特别重要	重大	>3 年	>50	>1.0
4	重要	较大	3～1.5 年	50～15	1.0～0.1
5	一般	较小	<1.5 年	<15	<0.1

注：当临时性水工建筑物根据上表指标分属不同级别时，其级别应按其中最高级别确定，但对 3 级临时建筑物，符合该级别规定的指标不得少于两项。

二、导流方案选择

1.施工导流的方式

在江河上修建水利水电工程时，为了使水工建筑物能在干地上进行施工，需要用围堰维护基坑，并将水流引向预定的泄水通道往下游宣泄，称为施工导流。

施工导流的方式大体上可分为两类，即分段围堰法导流和全段围堰法导流。与之相配合的导流方式还有：淹没基坑法导流、隧洞导流、明渠导流、涵管导流、以及施工过程中坝体底孔导流、缺口导流和不同泄水建筑物的组合导流等

（1）分段围堰法：亦称分期围堰法，即用围堰将水工建筑物分段、分期维护起来进行施工的方法。分段围堰法导流，一般前期都利用被束窄的原河道导流，后期则通过事先

修建的泄水道如导流底口、坝体缺口等导流。分期围堰法导流一般适用于河床宽、流量大、工期较长的工程。

（2）全段围堰法导流：就是在河床主体工程的上、下游各建一道断流围堰，使水流经河床以外的临时或永久泄水道（导流隧洞、导流明渠等）下泄。主体工程建成或接近建成时，再将临时泄水道封堵。其适用条件为河床较狭窄，施工面积小的工程。

2．导流方案选择

水利水电枢纽工程施工，从开工到完建往往不是采用单一的导流方式，而是几种导流方式组合起来配合运用，以取得最佳的技术经济效果。这种不同导流时段、不同导流方式的组合，通常称为导流方案。

导流方案的选择受多种因素的影响，一个合理的导流方案，必须在周密研究各种影响因素的基础上，拟定几个可能的发案，进行技术经济比较，从中选择经济指标优越的方案。

3．导流建筑物的位置、布置以及水力计算

（1）围堰形式的选择

围堰是导流工程中的临时挡水建筑物，用来围护基坑，保证水工建筑物能在干地施工，在导流任务完成以后，如果围堰对永久建筑物的运行有妨碍，或没有考虑作为永久建筑物的一部分时，应予以拆除。

水利水电工程中经常采用的围堰，按其所使用的材料可分为：土石围堰、草土围堰、钢板桩格型围堰、混凝土围堰等；按围堰与水流方向的相对位置可分为：横向围堰和纵向围堰；按导流期间基坑淹没条件可分为：过水围堰和不过水围堰。过水围堰除需要满足一般围堰的基本要求外，还要满足过水的专门要求。不过水土石围堰能充分利用当地材料或废弃的土石方，构造简单、施工方便，可以在动水中、深水中、基岩上或有覆盖层的河床上修建，是水利水电工程中应用最广泛的一种围堰形式。

对于不过水土石围堰，通常有：斜墙式、斜墙带水平铺盖式、垂直防渗墙式、帷幕灌浆式等。

4．导流建筑物的水力计算

（1）计算目的

1）拟定泄水建筑物尺寸；

2）确定围堰高程及高度；

3）为计算导流方案工程量提供依据。

（2）束窄段前水位壅高值 z

原河床由于围堰的存在，束窄了水流的面积，会使水流流经上游围堰处产生一个壅高，这个壅高是决定上游围堰高度的一个重要因素，其取值可按以下公式计算。

1）束窄段前水位壅高值 z：

$Z = V_c^2 / 2g \varepsilon^2 - V_0^2 / 2g$

式中：z—水位壅高值，m

ε—流速系数，随围堰的平面布置形式而定，当平面为矩形时 ε=0.75 ~ 0.85，为梯形时 ε=0.80 ~ 0.85，有导流墙时 ε=0.85 ~ 0.90；

Vc—束窄段河床的平均流速，m/s；

V0—行进流速，m/s

g—重力加速度，g=9.81m/s。

2）束窄段河床的平均流速 Vc：

Vc=Q/ε（A1-A2）

式中：Q—导流设计流量，m³/s；

ε—侧收缩系数，单侧收缩时采用 0.95，两侧收缩时采用 0.90；

A1—原河床的过水面积，m²；

A2—围堰和基坑所占的面积，m²。

3）行进流速 V0：

V0=Q/Au

Hu=hd+z

式中：Au—水位壅高后上游过水面积，m²；

hd—下游水位值，m；

z—上游水位壅高值；m。

5．围堰的平面布置与堰顶高程

（1）围堰的平面布置

围堰的平面布置是一个很重要的问题，如果平面布置不当，围护基坑的面积过大，会增加排水设备容量；过小则会妨碍主体过程施工，影响工期；更有甚者，会造成水流宣泄不顺畅，冲刷围堰及其基础，影响主体工程安全施工。

围堰的平面布置一般应按导流方案、主体工程轮廓和对围堰提出的要求而定。采用分段围堰法，上、下游横向围堰布置成与河床中心线有一定的夹角，即不与河床中心线垂直，平面布置成梯形。

（2）下游围堰的堰顶高程及堰高

堰顶高程取决于导流设计流量及围堰的工作条件，下游围堰的堰顶高程可由下式决定：

Hd=hd+ha+β

式中：Hd—下游围堰堰顶高程，m；

hd—下游水位高程，m；

ha—波浪爬高，与吹程有关，一般取 ha=0.5m ~ 1.0m；

β—围堰安全超高。

（3）上游围堰的堰顶高程及堰高

上游围堰的堰顶高程可由下游围堰加上游水位壅高而得出，见下式：

Hu=Hd+Z

式中：Hu—上游围堰堰顶高程，m；

Hd—下游围堰堰顶高程，m；

Z—上游水位壅高值，m。

（4）纵向围堰的堰顶高程

纵向围堰的堰顶高程，要与束窄河段宣泄导流设计流量时的水面线相适应。因此，纵向围堰的顶面往往做成阶形或倾斜状，其上游和下游分别于上游围堰和下游围堰堰顶同高。

第三章　施工导流

第一节　施工导流

一、施工导流概述

（一）施工导流概念

水工建筑物一般都在河床上施工，为避免河水对施工的不利影响，创造干地施工条件,,需要修建围堰围护基坑，并将原河道中各个时期的水流按预定方式加以控制，并将部分或者全部水流导向下游。这种工作就叫施工导流。

（二）施工导流的意义

施工导流是水利工程建设中必须妥善解决的重要问题。主要表现是：

1.直接关系到工程的施工进度和完成期限；

2.直接影响工程施工方法的选择；

3.直接影响施工场地的布置；

4.直接影响到工程的造价；

5.与水工建筑物的形式和布置密切相关。

因此，合理的导流方式，可以加快施工进度，缩短工期，降低造价，考虑不周，不仅达不到目的，有可能造成很大危害。例如：选择导流流量过小，汛期可能导致围堰失事，轻则使建筑物、基坑、施工场地受淹，影响施工正常进行，重则主体建筑物可能遭到破坏，威胁下游居民生命和财产安全；选择流量过大，必然增加导流建筑物的费用，提高工程造价，造成浪费。

（三）影响施工导流的因素

影响因素比较多，如：水文、地质、地形特点；所在河流施工期间的灌溉、贡税、通航、过木等要求；水工建筑物的组成和布置；施工方法与施工布置；当地材料供应条件等。

（四）施工导流的设计任务

综合分析研究上述因素，在保证满足施工要求和用水要求的前提下，正确选择导流标准，合理确定导流方案，进行临时结构物设计，正确进行建筑物的基坑排水。

（五）施工导流的基本方法

1. 基本方法有两种

（1）全段围堰导流法：即用围堰拦断河床，全部水流通过事先修好的导流泄水建筑物流走。

（2）分段围堰导流法：即水流通过河床外的束窄河床下泄，后期通过坝体预留缺口、底孔或其他泄水建筑物下泄。

2. 施工导流的全段围堰法

（1）基本概念

首先利用围堰拦断河床，将河水逼向在河床以外临时修建的泄水建筑物，并流往下游。因此，该法也叫河床外导流法。

（2）基本做法

全段围堰法是在河床主体工程的上、下游一定距离的地方分别各建一道拦河围堰，使河水经河床以外的临时或者永久性泄水道下泄，主体工程就可以在排干的基坑中施工，待主体工程建成或者接近建成时，再将临时泄水道封堵。该法一般应用在河床狭窄、流量较小的中小河道上。在大流量的河道上，只有地形、地质条件受限，明显采用分段围堰法不利时才采用此法导流。

（3）主要优点

施工现场的工作面比较大，主体工程在一次性围堰的围护下就可以建成。如果在枢纽工程中，能够利用永久泄水建筑物结合施工导流时，采用此法往往比较经济。

（4）导流方法

导流方法一般根据导流泄水建筑物的类型区分：如明渠导流，隧洞导流，涵管导流，还有的用渡槽导流等。

1）明渠导流

①概念

河流拦断后，河道的水流从河岸上的人工渠道下泄的导流方式叫明渠导流。

②适宜条件

它多选在岸坡平缓、有较宽广的滩地，或者岸坡上有溪沟可以利用的地方。当渠道轴线上是软土，特别是当河流弯曲，可以用渠道裁弯取直时，采用此法，比较经济，更为有利。在山区建坝，有时由于地质条件不好，或者施工条件不足，开挖隧洞比较困难，往往也可以采用明渠导流。

③施工顺序

一般在坝头岸上挖渠，然后截断河流，使河水由明渠下泄，待主体工程建成以后，拦断导流明渠，使河水按预定的位置下泄。

④导流明渠布置要求

A 开挖容易，挖方量小：有条件时，充分利用山垭、洼地旧河槽，使渠线最短，开挖量最小。

B 水流通畅，泄水能力强：渠道进出口水流与河道主流的夹角不大于 30 度为好，渠道的转弯半径要大于 5 倍渠道底部的宽度。

C 泄水时应该安全：渠道的进出口与上、下游围堰要保持一定的距离，一般上游为 30 ～ 50 米，下游为 50 ～ 100 米。导流明渠的水边到基坑内的水边最短距离，一般要大于 2.5 ～ 3.0H，H 为导流明渠水面与基坑水面的高差。

D 运用方便：一般将明渠布置在一岸，避免两岸布置，否则，泄水时，会产生水流干扰，也影响基坑与岸上的交通运输。

E 导流明渠断面：一般为梯形断面，只有在岩石完整，渠道不深时，才采用矩形断面。渠道的断面面积应满足防冲和保证通过设计施工流量的要求。渠道过水断面面积可以按下式计算：

$$\omega = Q/V$$

式中：

ω—渠道过水断面面积，（平方米）；

Q—设计施工流量（立方米 / 秒）；

V—导流明渠允许平均流速（米 / 秒）。可查阅有关渠道设计手册或者资料。

2）隧洞导流

①方案原则

在河谷狭窄的山区，岩石往往比较坚实，多采用隧洞导流由于隧洞开挖与衬砌费用较大，施工困难，因此，要尽可能将导流隧洞与永久性隧洞结合考虑布置，当结合确有困难时，才考虑设置专用导流隧洞，在导流完毕后，应立即堵塞。

②布置说明

在水工建筑物中，对隧洞选线、工程布置、衬砌布置等都做了详细介绍，只不过，导流隧洞是临时性建筑物，运用时间不长，设计级别比较低，其考虑问题的思路和方法是相同的，有关内容知识可以互相补充。

③线路选择

因影响因素很多，重点考虑地质和水力条件。

④地质条件

一般要避免隧洞穿过断层、破碎带，无法避免时，要尽量使隧洞轴线与断层和破碎带的交角要大一些。为使隧洞结构稳定，洞顶岩石厚度至少要大于洞径的 2 ～ 3 倍。

⑤水力条件

为使水流顺畅，隧洞最好直线布置，必须转弯时，进口处要设直线段，并且直线段的长度应大于 10 倍的洞径或者洞宽，转弯半径应大于 5 倍的洞径或者洞宽，转角一般控制在 60 度，隧洞进口轴线与河道主流的夹角一般在 30 度以内。同时，进出口与上下游围堰之间要有适当的距离，一般大于 50 米，以防止进出口水流冲刷围堰堰体。隧洞进出口高程，从截流要求看，越低越好，但是，从洞身施工的出渣、排水、土石方开挖等方面考虑，则高一些为好。因此，对这些问题，应看具体条件，综合考虑解决。

⑥断面选择

隧洞的断面常用形式有圆形、马蹄形、城门洞形，从过水。受力、施工等方面各有特点，选择时可参考水工课介绍的有关方法进行。

⑦衬砌和糙率

由于导流洞的临时性，故其衬砌的要求比一般永久性隧洞低，但是，考虑方法是相同的。当岩石比较完整，节理裂隙不发育的，一般不衬砌。当岩石局部节理发育，但是，裂隙是闭和的，没有充填物和严重的相互切割现象，同时岩层走向与隧洞轴线的交角比较大时，也可以不衬砌，或者只进行顶部衬砌。如果岩石破碎，地下水又比较丰富的要考虑全断面衬砌。为了降低隧洞的糙率，开挖时最好采用光面爆破。

3）涵管导流

在土石坝枢纽工程中，采用涵管进行导流施工的比较多。涵管一般布置在枯水位以上的河岸的岩基上。多在枯水期先修建导流涵管，然后再修建上下游围堰，河道的水经过涵管下泄。涵管过水能力低，一般只能担负小流量的施工导流。如果能与永久性涵管结合布置，往往是比较好的方案。涵管与坝体或者防渗体的结合部位，容易产生集中渗漏，一般要设截流环，并控制好土料的填筑质量。

3. 施工导流的分段围堰法

（1）基本概念

分段围堰法施工导流，就是利用围堰将河床分期分段围护起来，让河水从缩窄后的河床中下泄的导流方法。分期，就是从时间上将导流划分成若干个时间段，分段，就是用围堰将河床围成若干个地段。一般分为两期两段。

（2）适宜条件

一般适用于河道比较宽阔，流量比较大，工程施工时间比较长的工程，在通航的河道上，往往不允许出现河道断流，这时，分段围堰法就是唯一的施工导流方法。

（3）围堰修筑顺序

一般情况下，总是先在第一期围堰的保护下修建泄水建筑物，或者建造期限比较长的复杂建筑物，例如水电站厂房等，并预留低孔、缺口，以备宣泄第二期的导流流量。第一期围堰一般先选在河床浅滩一岸进行施工，此时，对原河床主流部分的泄流影响不大，第一期的工程量也小。第二期的部分纵向围堰可以在第一期围堰的保护下修建。拆除第一期围堰后，修建第二期围堰进行截流，再进行第二期工程施工，河水从第一期安排好了的地方下泄。

（4）围堰布置应考虑的几个问题

1）河床缩窄度

河床缩窄程度通常用下式表示：

$K=(\omega 1/\omega) \times 100\%$

式中：

$\omega 1$—第一期围堰和基坑占据的过水面积 m²；

ω—原河床的过水面积 m²；

K—百分数，一般受下列条件影响：

2）导流过水要求

布置一期围堰时，缩窄后的河床既要满足一期导流过水的需要，也要保证二期围堰截流后的过水要求。若一期围的太小，基坑内布置不下二期围堰截流后的泄水建筑物，则二期过水的要求就得不到保证，反之，一期围的太多，则剩下的河床就不能保证一期泄水的需要。

3）河床不被严重冲刷

河床被缩窄后，过水断面减小，围堰上游水位壅高缩窄处的河段流速加大，河床就可能被冲刷。因此要求：被缩窄的河床段的流速不得超过允许流速。

4）地形影响

如果有合适的河心岛屿，可以作为天然的纵向围堰，特别作为一期纵向围堰，对经济效益、加快进度、保证施工安全都是有利的。

5）航运要求

河床缩窄，增大后的流速应满足航运部门的要求，一般航运的允许流速 [V] 分别是：一般民船：1.8 ~ 2.0m/s；木筏：2.0 ~ 3.0m/s；大客轮或者拖轮：不超过 2.6m/s。具体数据应由航运部门确定。被缩窄后的河床平均流速为：

$Vc=Qd/\varepsilon(\omega - \omega 1)$

式中：

Qd—第一期导流设计流量；

ε—侧收缩系数，一侧收缩取 0.95；两侧取 0.90；ω、$\omega 1$—同前。

6）施工布局合理

围的范围，各个导流期内的各项主体工程施工强度比较均衡，能够适应人力、财力、设备等的供应情况，各期施工的工作面大小能够满足施工要求。

①纵向围堰长度确定：在确定了河床缩窄度 K 值以后，还需要确定合理的纵向围堰的长度。一般计算式为：

L 纵 =L 基 +2（L 挖 +L 间）+L 上 +L 下 +L 上 1+L 下 1

式中：

L纵—围堰纵向计算长度；

L基—基坑顺水流方向长度，其值应大于或者等于建筑物上下游开挖坡脚线间的最大距离；

L挖—开挖边坡的水平投影长度；

L间—围堰内坡脚到开挖外边线的最大距离，一般取 5 ~ 10 米；

L上—上游横向围堰内外坡脚的最大距离；

L下—下游横向围堰内外坡脚的最大距离；

L上1—上游横向围堰外坡脚到纵向上下端头的防冲安全距离，一般取 10 ~ 15 米，重要工程由试验确定；

L下1—上游横向围堰外坡脚到纵向上下端头的防冲安全距离，一般取 10 ~ 15 米，重要工程由试验确定。

②防冲平面布置措施

在平面布置中，防冲措施一般有：

A 围堰转角处布置成流线型；

B 纵向围堰上下游设导水堤；

C 上游转角处设透水堤，以便对进口处河床的流速作适当削减。

D 当冲刷严重时，可以对围堰采取防冲加固措施。

二、围堰工程

（一）围堰概述

1.主要作用

它是临时挡水建筑物，用来围护主体建筑物的基坑，保证在干地上顺利施工。

2.基本要求

它完成导流任务后，若对永久性建筑物的运行有妨碍，还需要拆除。因此围堰除满足水工建筑物稳定、不透水、抗冲刷的要求外，工程量要小，结构简单，施工方便，有利于拆除等。如果能将围堰作为永久性建筑物的一部分，对节约材料，降低造价，缩短工期无疑更为有利。

（二）基本类型及构造

按相对位置不同，分纵向围堰和横向围堰；按构造材料分为土围堰、土石围堰、草土围堰、混凝土围堰、板桩围堰，木笼围堰等多种形式。下面介绍几种常用类型。

1.土围堰

土围堰与土坝布置内容、设计方法、基本要求、优缺点大体相同，但因其临时性，故在满足导流要求的情况下，力求简单，施工方便。

2. 土石围堰

这是一种石料作支撑体，黏土作防渗体，中间设反滤层的土石混合结构。抗冲能力比土围堰大，但是拆除比土围堰困难。

3. 草土围堰

这是一种草土混合结构。该法是将麦秸、稻草、芦苇、柳枝等柴草绑成捆，修围堰时，铺一层草捆，铺一层土料，如此筑起围堰。该法就地取材，施工简单，速度快，造价低，拆除方便，具有一定的抗渗、抗冲能力，容重小，特别适宜软土地基。但是不宜用于拦挡高水头，一般限于水深不超过 6 米，流速不超过 3 ~ 4 米/秒，使用期不超过 2 年的情况。该法过去在灌溉工程中，现在在防汛工程中采用比较多。

4. 混凝土围堰

混凝土围堰常用于在岩基土修建的水利枢纽工程，这种围堰的特点是挡水水头高，底宽小 1 抗冲能力大，堰顶可溢流，尤其是在分段围堰法导流施工中，用混凝土浇筑的纵向围堰可以两面挡水，而且可与永久建筑物相结合作为坝体或闸室体的一部。混凝土纵向或横向围堰多为重力式，为减小工程量，狭窄河床的上游围堰也常采用拱形结构。混凝土围堰抗冲防渗性能好，占地范围小，既适用于挡水围堰，更适用于过水围堰，因此，虽造价较土石围堰相对较高，仍为众多工程所采用。混凝土围堰一般需在低水土石围堰保护下干地施工，但也可创造条件在水下浇筑混凝土或预填骨料灌浆，中型工程常采用浆砌块石围堰。混凝土围堰按其结构型式有重力式、空腹式、支墩式、拱式、圆筒式等。按其施工方法有干地浇筑、水下浇筑、预填骨料灌浆、碾压式混凝土及装配式等。常用的形式是干地浇筑的重力式及拱形围堰。此外还有浆砌石围堰，一般采用重力式居多。混凝土围堰具有抗冲、防渗性能好、底宽小、易于与永久建筑物结合，必要时还允许堰顶过水，安全可靠等优点，因此，虽造价较高，但在国内外仍得到较广泛的应用。例如三峡、丹江口、三门峡、潘家口、石泉等工程的纵向围堰都采用了混凝土重力式围堰，其下游段与永久导墙相结合，刘家峡、乌江渡、紧水滩、安康等工程也均采用了拱形混凝土围堰。

混凝土围堰一般需在低水土石围堰围护下施工，也有采用水下浇筑方式的。前者质量容易保证，后者也有许多成功的经验。

5. 钢板桩围堰

钢板桩围堰是最常用的一种板桩围堰。钢板桩是带有锁口的一种型钢，其截面有直板形、槽形及 Z 形等，有各种大小尺寸及连锁形式。常见的有拉尔森式，拉克万纳式等。

其优点为：强度高，容易打入坚硬土层；可在深水中施工，必要时加斜支撑成为一个围笼。防水性能好；能按需要组成各种外形的围堰，并可多次重复使用，因此，它的用途广泛。

在桥梁施工中常用于沉井顶的围堰，它的用途广泛。管柱基础、桩基础及明挖基础的围堰等。这些围堰多采用单壁封闭式，围堰内有纵横向支撑，必要时加斜支撑成为一个围笼。

如中国南京长江桥的管柱基础，曾使用钢板桩圆形围堰，其直径21.9米，钢板桩长36米，有各种大小尺寸及连锁形式。待水下混凝土封底达到强度要求后，抽水筑承台及墩身，抽水设计深度达20米。

在水工建筑中，一般施工面积很大，则常用以做成构体围堰。它系由许多互相连接的单体所构成，每个单体又由许多钢板桩组成，单体中间用土填实。围堰所围护的范围很大，不能用支撑支持堰壁，因此每个单体都能独自抵抗倾覆、滑动和防止连锁处的拉裂。常用的有圆形及隔壁形等形式。

（1）围堰高度应高出施工期间可能出现的最高水位（包括浪高）0.5m ～ 0.7m。

（2）围堰外形一般有圆形、圆端形、矩形、带三角的矩形等。围堰外形还应考虑水域的水深，以及流速增大引起水流对围堰、河床的集中冲刷，对航道、导流的影响。

（3）堰内平面尺寸应满足基础施工的需要。

（4）围堰要求防水严密，减少渗漏。

（5）堰体外坡面有受冲刷危险时，应在外坡面设置防冲刷设施。

（6）有大漂石及坚硬岩石的河床不宜使用钢板桩围堰。

（7）钢板桩的机械性能和尺寸应符合规定要求。

（8）施打钢板桩前，应在围堰上下游及两岸设测量观测点，控制围堰长、短边方向的施打定位。施打时，必须备有导向设备，以保证钢板桩的正确位置。

（9）施打前，应对钢板桩锁口用防水材料捻缝，以防漏水。

（10）施打顺序从上游向下游合龙。

（11）钢板桩可用捶击、振动、射水等方法下沉，但黏土中不宜使用射水下沉办法。

（12）经过整修或焊接后钢板桩应用同类型的钢板桩进行锁口试验、检查。接长的钢板桩，其相邻两钢板桩的接头位置应上下错开。

（13）施打过程中，应随时检查桩的位置是否正确、桩身是否垂直，否则应立即纠正或拔出重打。

6．过水围堰

过水围堰（overflowcofferdam）是指在一定条件下允许堰顶过水的围堰。过水围堰既担负挡水任务，又能在汛期泄洪，适用于洪枯流量比值大，水位变幅显著的河流。其优点是减小施工导流泄水建筑物规模，但过流时基坑内不能施工。

根据水文特性及工程重要性，提出枯水期5% ～ 10%频率的几个流量值，通过分析论证，力争在枯水年能全年施工。中国新安江水电站施工期，选用枯水期5%频率的挡水设计流量4650m³/s，实现了全年施工。对于可能出现枯水期有洪水而汛期又有枯水的河流上施工时，可通过施工强度和导流总费用（包括导流建筑物和淹没基坑的费用总和）的技术经济比较，选用合理的挡水设计流量。为了保证堰体在过水条件下的稳定性，还需要通过计算或试验确定过水条件下的最不利流量，作为过水设计流量。

水围堰类型：通常有土石过水围堰、混凝土过水围堰、木笼过水围堰3种。后者由于用木材多，施工、拆除都较复杂，现已少用。

（1）土石过水围堰

1）形式

土石过水围堰堰体是散粒体，围堰过水时，水流对堰体的破坏作用有两种：一是过堰水流沿围堰下游坡面宣泄的动能不断增大，冲刷堰体溢流表面；二是过堰水流渗入堰体所产生的渗透压力，引起围堰下游坡连同堰体一起滑动而导致溃堰。因此，对土石过水围堰溢流面及下游坡脚基础进行可靠的防冲保护，是确保围堰安全运行的必要条件。土石过水围堰型式按堰体溢流面防冲保护使用的材料，可分为混凝土面板溢流堰、混凝土楔形体护面板溢流堰、块石笼护面溢流堰、块石加钢筋网护面溢流堰及沥青混凝土面板溢流堰等。按过流消能防冲方式为镇墩挑流式溢流堰及顺坡护底式溢流堰。通常，可按有无镇墩区分土石过水围堰型式。

①设镇墩的土石过水围堰

在过水围堰下游坡脚处设混凝土镇墩，其镇墩建基在岩基上，堰体溢流面可视过流单宽流量及溢流面流速的大小，采用混凝土板护面或其他防冲材料护面。若溢流护面采用混凝土板，围堰溢流防冲结构可靠，整体性好，抗冲性能强，可宣泄较大的单宽流量。但镇墩混凝土施工需在基坑积水抽干，覆盖层开挖至基岩后进行，混凝土达到一定强度后才允许回填堰体块石料，对围堰施工干扰大，不仅延误围堰施工工期，且存在一定的风险性。

②无镇墩的土石过水围堰

围堰下游坡脚处无镇墩堰体溢流面可采用混凝土板护面或其他防冲材料护面，过流护面向下游延伸至坡脚处，围堰坡脚覆盖层用混凝土块、钢筋石笼或其他防冲材料保护，其顺流向保护长度可视覆盖层厚度及冲刷深度而定，防冲结构应适应坍塌变形，以保护围堰坡脚处覆盖层不被淘刷。这种形式的过水围堰防冲结构较简单，避免了镇墩施工的干扰，有利于加快过水围堰施工，争取工期。

2）形式选择

①设镇墩的土石过水围堰适用于围堰下游坡脚处覆盖层较浅，且过水围堰高度较高的上游过水围堰。若围堰过水单宽流量及溢流面流速较大，堰体溢流面宜采用混凝土板护面。若围堰过水单宽流量及溢流面流速较小，可采用钢筋网块石护面。

单宽流量及溢流面流速较大，堰体溢流面采用混凝土板护面，围堰坡脚覆盖层宜采用混凝土块柔性排或钢丝石笼、

②无镇墩的土石过水围堰适用于围堰下游坡脚处覆盖层较厚、且过水围堰高度较低的下游过水围堰。若围堰过水大块石体等适应坍塌变形的防冲结构。若围堰过水单宽流量及溢流面流速较小，堰体溢流面可采用钢筋网块石保护，堰脚覆盖层采用抛块石保护。

（2）混凝土版

1）形式

常用的为混凝土重力式过水围堰和混凝土拱形过水围堰。

2）选择

①混凝土重力式过水围堰

混凝土重力式过水围堰通常要求建基在岩基上，对两岸堰基地质条件要求较拱形围堰低。但堰体混凝土量较拱形围堰多。因此，混凝土重力式过水围堰适应于坝址河床较宽、堰基岩体较差的工程。

②混凝土拱形过水围堰。混凝土拱形过水围堰较混凝土重力式过水围堰混凝土量减少，但对两岸拱座基础的地质条件要求较高，若拱座基础岩体变形，对拱圈应力影响较大。因此，混凝土拱形过水围堰适用于两岸陡峻的峡谷河床，且两岸基础岩体稳定，岩石完整坚硬的工程。通常以 L/H 代表地形特征（L 为围堰顶的河谷宽度，H 为围堰最大高度），判别采用何种拱形较为经济。一般 L/H≤1.5～2.0 时，适用于拱形；L/H≤3.0～3.5 时，适用于重力拱形；L/H>3.5 时，不宜采用拱形围堰。拱形围堰也有修建混凝土重力墩作为拱座；也有一端支承于岸坡，另一端支承于坝体或其他建筑物上。因此，拱形过水围堰不仅用于一次断流围堰，也有用于分期围堰，如安康水电站二期上游过水围堰，采用混凝土拱形过水围堰。

（3）结构设计

1）混凝土过水围堰过流消能

混凝土过水围堰过流消能形式为挑流、面流、底流消能，常用的为挑流消能和面流消能形式。对大型水利工程混凝土过水围堰的消能形式，尚需经水工模型试验研究比较后确定。

2）混凝土过水围堰结构断面设计

混凝土重力式过水围堰结构断面设计计算，可参照混凝土重力式围堰设计；混凝土拱形过水围堰结构断面设计，可参照混凝土拱形围堰设计。在围堰稳定和堰体应力分析时，应计算围堰过流工况。围堰堰顶形状应考虑过流及消能要求。

7. 纵向围堰

平行于水流方向的围堰为纵向围堰。

围堰作为临时性建筑物，其特点为：

（1）施工期短，一般要求在一个枯水期内完成，并在当年汛期挡水。

（2）一般需进行水下施工，而水下作业质量往往不易保证。

（3）围堰常需拆除，尤其是下游围堰。

因此，除应满足一般挡水建筑物的基本要求外，围堰还应满足：

（1）具有足够的稳定性、防渗性、抗冲性和一定的强度要求，在布置上应力求水流顺畅，不发生严重的局部冲刷。

（2）围堰基础及其与岸坡连接的防渗处理措施要安全可靠，不致产生严重集中渗漏和破坏。

（3）围堰结构宜简单，工程量小，便于修建和拆除，便于抢进度。

（4）围堰型式选择要尽量利用当地材料，降低造价，缩短工期。

围堰虽是一种临时性的挡水建筑物，但对工程施工的作用很重要，必须按照设计要求进行修筑。否则，轻则渗水量大，增加基坑排水设备容量和费用；重则可能造成溃堰的严重后果，拖延工期，增加造价。这种严重的教训，以往也曾发生过，应引起足够的重视。

8. 横向围堰

拦断河流的围堰或在分期导流施工中围堰轴线基本与流向垂直，且与纵向围堰连接的上下游围堰。

三、导流标准选择

1. 导流标准的作用

导流标准是选定的导流设计流量，导流设计流量是确定导流方案和对导流建筑物进行设计的依据。标准太高，导流建筑物规模大，投资大，标准太低，可能危及建筑物安全。因此，导流标准的确定必须根据实际情况进行。

2. 导流标准确定方法

一般用频率法，也就是，根据工程的等级，确定导流建筑物的级别，根据导流建筑物的级别，确定相应的洪水重现期，作为计算导流设计流量的标准。

3. 标准使用注意问题

确定导流设计标准，不能没有标准而凭主观臆断；但是，由于影响导流设计的因素十分复杂，也不能将规定看成固定的，一成不变而套用到整个施工过程中去。因此在导流设计中，一方面要依据所列的数据，更重要的是，具体分析工程所在河流的水文特性，工程的特点，导流建筑物的特点等，经过不同方案的比较论证，才能确定出比较合理的导流标准。

四、导流时段的选择

1. 导流时段的概念

它是按照施工导流的各个阶段划分的时段。

2. 时段划分的类型

一般根据河流的水文特性划分为：枯水期、中水期、洪水期。

3. 时段划分的目的

因为导流是为主体工程安全、方便、快速施工服务的，它服务的时间越短，标准可以定的越低，工程建设越经济。若尽可能地安排导流建筑物只在枯水期工作，围堰可以避免拦挡汛期洪水，就可以做得比较矮，投资就少；但是，片面追求导流建筑物的经济，可能影响主体工程施工，因此，要对导流时段进行合理划分。

4. 时段划分的意义

导流时段划分，实质上就是解决主体工程在全部建成的整个施工过程中，枯水期、中水期、洪水期的水流控制问题。也就是确定工程施工顺序、施工期间不同时段宣泄不同导流流量的方式，以及与之相适应的导流建筑物的高程和尺寸，因此，导流时段的确定，与主体建筑物的形式、导流的方式、施工的进度有关。

5. 土石坝的导流时段

土石坝施工过程不允许过水，若不能在一个枯水期建成拦洪，导流时段就要以全年为标准，导流设计流量就应以全年最大洪水的一定频率进行设计。若能让土石坝在汛期到来之前填筑到临时拦洪高程，就可以缩短安全度汛围堰使用期限，在降低围堰的高度，减少围堰工程量的同时，又可以达经济合理、快速施工的目的。这种情况下，导流时段的标准可以不包括汛期的施工时段，那么，导流的设计流量即为该时段按某导流标准的设计频率计算的最大流量。

6. 砼和浆砌石坝的导流时段

这类坝体允许过水，因此，在洪峰到来时，让未建成的主体工程过水，部分或者全部停止施工，待洪水过后再继续施工。这样，虽然减少了一年中的施工时间，但是，由于可以采用较小的导流设计流量，因而节约了导流费用，减少了导流建筑物的工期，可能还是经济的。

7. 导流时段确定注意问题

允许基坑淹没时，导流设计流量确定是一个必须认真对待的问题。因为，不同的导流设计流量，就有不同的年淹没次数，就有不同的年有效施工时间。每淹没一次，就要做一次围堰检修、基坑排水处理、机械设备撤退和复工返回等工作。这些都要花费一定的时间和费用。当选择的标准比较高时，围堰做的高，工程量大，但是，淹没次数少，年有效施工时间长，淹没损失费用少；反之，当选择的标准比较低时，围堰可以做的低，工程量小，但是，淹没的次数多，年有效施工时间短，淹没损失费用多。由此可见，正确选择围堰的设计施工流量，有一个技术经济比较问题，还有一个国家规定的完建期限，更是一个必须考虑的重要因素。

第二节 截 流

一、截流概述

（一）截流

截流工程是指在泄水建筑物接近完工时，即以进占方式自两岸或一岸建筑戗堤（作为围堰的一部分）形成龙口，并将龙口防护起来，待曳水建筑物完工以后，在有利时机，全力以最短时间将龙口堵住，截断河流。接着在围堰迎水面投抛防渗材料闭气，水即全部经泄水道下泄。与闭气同时，为使围堰能挡住当时可能出现的洪水，必须立即加高培厚围堰，使之迅速达到相应设计水位的高程以上。

截流工程是整个水利枢纽施工的关键，它的成败直接影响工程进度。如失败了，就可能使进度推迟一年。截流工程的难易程度取决于：河道流量、泄水条件；龙口的落差、流速、地形地质条件；材料供应情况及施工方法、施工设备等因素。因此事先必须经过充分的分析研究，采取适当措施，才能保证截流施工中争取主动，顺利完成截流任务。

河道截流工程在我国已有千年以上的历史。在黄河防汛、海塘工程和灌溉工程上积累了丰富的经验，如利用捆厢帚、柴石枕、柴土枕、杩杈、排桩填帚截流，不仅施工方便速度快，而且就地取材，因地制宜经济适用。新中国成立后，我国水利建设发展很快，江淮平原和黄河流域的不少截流堵口、导流堰工程多是采用这些传统方法完成的。此外，还广泛采用了高度机械化投块料截流的方法。

最早研究有关流水中石块运动的是杜布阿特（Dubaut1786）。1885 年艾里（Airy）证明，水流将砂粒沿河底推动的输移能力为水流流速 6 次方的函数，亨利（Henry）曾进行立方体的冲动实验，证实了艾里的论断。1896 年胡克（Hooker）又通过球体试块证实艾里的理论。自 1932 ~ 1936 年伊兹巴什（Isbach）在这基础上发展了流水中抛石筑坝的理论，提出了水流中抛石的稳定系数；1949 年又对平堵截流提出了有指导意义的设计理论和计算方法。这个时期的特点是大多以平堵完成截流。投抛料由普通的块石发展到使用 20t ~ 30t 重的混凝土四面体、六面体、导形体和构架等。

从 20 世纪 50 年代开始，由于水利建设逐步转到大河流，山区峡谷落差大（4 ~ 10cm）、流量大，加上重型施工机械的发展，立堵截流开始有了发展；与之相应，世界上对立堵水力学的研究也普遍开展。所以 20 世纪 60 年代以来，立堵截流在世界各国河道截流中已成为主要方式。截流落差大 5m 为常见，更高有达 10m 的由于高落差下进行立堵截流，于是就出现了双俄堤三俄堤宽俄堤的截流方法以后立堵不仅用于岩石河床而且也向可冲刷基床推广。如法国塞纳河截流（1963 年），流量 9000 ~ 10000m³/s，落差 1.6m，是在粗沙基床上立堵成功的例子，对于落差较大的可冲河床截流，可用平堵先垫高龙口或护底，或用多俄堤分和龙口落差，借以减轻大流量高落差下可冲刷河床上立堵的难度。

我国在继承了传统的立堵截流经验的基础上，根据我国实际情况，绝大多数河道截流工程都是用立堵法完成的。

我国在海河、射阳、新洋港等潮汐口修建断流坝时，采用柴石枕护底，继而用梢捆进占压束河床至 100 ~ 200m，再在平潮时用船投重型柴石枕加厚护底，抬高潜堤高度，最后用捆帚进占合龙，在软基帚工截流上用平立堵结合方法取得了成功的经验。

（二）截流的重要性

截流若不能按时完成，整个围堰内的主体工程都不能按时开工。若一旦截流失败，造成的影响更大。所以，截流在施工导流中占有十分重要的地位。施工中，一般把截流作为施工过程的关键问题和施工进度中的控制项目。

（三）截流的基本要求

1. 河道截流是大中型水利工程施工中的一个重要环节。截流的成败直接关系到工程的进度和造价，设计方案必须稳妥可靠，保证截流成功。

2. 选择截流方式应充分分析水利学参数、施工条件和难度、抛投物数量和性质，并进行技术经济比较。

①单戗立堵截流简单易行，辅助设备少，较经济，使用于截流落差不超过 3.5m。但龙口水流能量相对较大，流速较高，需制备重大抛投物料相对较多。

②双戗和双戗立堵截流，可分担总落差，改善截流难度，使用于落差大于 3.5m。

③建造浮桥或栈桥平堵截流，水力学条件相对较好，但造价高，技术复杂，一般不常选用。

④定向爆破、建闸等方式只有在条件特殊、充分论证后方宜选用。

（3）河道截流前，泄水道内围堰或其他障碍物应予清除；因水下部分障碍物不易清除干净，会影响泄流能力增大截流难度，设计中宜留有余地。

（4）戗堤轴线应根据河床和两岸地形、地质、交通条件、主流流向、通航、过分要求等因素综合分析选定，戗堤宜为围堰堰体组成部分。

（5）确定胧口宽度及位置应考虑：

①龙口工程量小，应保证预进占段裹头不招致冲刷破坏。

②河床水深较浅、覆盖层较薄或基岩部位，有利于截流工程施工。

（6）若龙口段河床覆盖层抗冲能力低，可预先在龙口抛石或抛铅丝笼护底，增大糙率为抗冲能力，减少合龙工作量，降低截流难度。护底范围通过水工模型试验或参照类似工程经验拟定。一般立堵截流的护底长度与龙口水跃特性有关，轴线下游护底长度可按水深的 3 ~ 4 倍取值，轴线以上可按最大水深的两倍取值。护底顶面高程在分析水力学条件、流速、能量等参数。以及护底材料后确定护底度根据最大可能冲刷宽度加一定富裕值确定。

（7）截流抛投材料选择原则

①预进占段填料尽可能利用开挖渣料和当地天然料。

②龙口段抛投的大块石、石串或混凝土四面体等人工制备材料数量应慎重研究确定。

③截流备料总量应根据截流料物堆存、运输条件、可能流失量及戗堤沉陷等因素综合分析，并留适当备用量。

④戗堤抛投物应具有较强的透水能力，且易于起吊运输。

（8）重要截流工程的截流设计应通过水工模型试验验证，并提出截流期间相应的观测设施。

（四）截流的相关概念和过程

1. 进占：截流一般是先从河床的一侧或者两侧向河中填筑截流戗堤，这种向水中筑堤的工作叫进占；

2. 龙口：戗堤填筑到一定程度，河床渐渐被缩窄，接近最后时，便形成一个流速较大的临时的过水缺口，这个缺口叫作龙口；

3. 合龙（截流）：封堵龙口的工作叫作合龙，也称截流；

4. 裹头：在合龙开始之前，为了防止龙口处的河床或者戗堤两端被高速水流冲毁，要在龙口处和戗堤端头增设防冲设施予以加固，这项工作称为裹头；

5. 闭气：合龙以后，戗堤本身是漏水的，因此，要在迎水面设置防渗设施，在戗堤全线设置防渗设施的工作就叫闭气。

6 截流过程：从上述相关概念可以看出：整个截流过程就是抢筑戗堤，先后过程包括戗堤的进占、裹头、合龙、闭气四个步骤。

二、截流材料

截流时用什么样的材料，取决于截流时可能发生的流速大小，工地上起重和运输能力的大小。过去，在施工截流中，在堤坝溃决抢堵时，常用梢料、麻袋、草包、抛石、石笼、竹笼等，近年来，国内外在大江大河的截流中，抛石是基本的材料合法法，此外，当截流水力条件比较差时，采用混凝土预制的六面体、四面体、四脚体，预制钢筋混凝土构架等。在截流中，合理选择截流材料的尺寸、重量，对于截流的成败和截流费用的大小，都将产生很大的影响。材料的尺寸和重量主要取决于截流合龙时的流速。

三、截流方法

（一）投抛块料截流施工方法

投抛块料截流是目前国内外最常用的截流方法，适用于各种情况，特别适用于大流量、大落差的河道上的截流。该法是在龙口投抛石块或人工块体（混凝土方块、混凝土四面体、铅丝笼、竹笼、柳石枕、串石等）堵截水流，迫使河水经导流建筑物下泄。采用投抛块料截流，按不同的投抛合龙方法，截流可分为平堵、立堵、混合堵三种方法。

1. 平堵

先在龙口建造浮桥或栈桥，由自卸汽车或其他运输工具运来块料，沿龙口前沿投抛，先下小料，随着流速增加，逐渐投抛大块料，使堆筑戗堤均匀地在水下上升，直至高出水面。一般说来，平堵比立堵法的单宽流量为小，最大流速也小，水流条件较好，可以减小对龙口基床的冲刷。所以特别适用于易冲刷的地基上截流。由于平堵架设浮桥及栈桥，对机械化施工有利，因而投抛强度大，容易截流施工；但在深水高速的情况下架设浮桥、建造栈桥是比较困难的，因此限制了它的采用。

2. 立堵

用自卸汽车或其他运输工具运来块料，以端进法投抛（从龙口两端或一端下料）进占戗堤，直至截断河床。一般说，立堵在截流过程中所发生的最大流速，单宽流量都较大，加以所生成的楔形水流和下游形成的立轴漩涡，对龙口及龙口下游河床将产生严重冲刷，因此不适用于地质不好的河道上截流，否则需要对河床作妥善防护。由于端进法施工的工作前线短，限制了投抛强度。有时为了施工交通要求特意加大戗堤顶宽，这又大大增加了投抛材料的消耗。但是立堵法截流，无须架设浮桥或栈桥，简化了截流准备工作，因而赢得了时间，节约了投资，所以我国黄河上许多水利工程（岩质河床）都采用了这个方法截流。

3. 混合堵

这是采用立堵结合平堵的方法。有先平堵后立堵和先立堵后平堵两种。用得比较多的是首先从龙口两端下料保护戗堤头部，同时进行护底工程并抬高龙口底槛高程到一定高度，最后立堵截断河流。平抛可以采用船抛，然后用汽车立堵截流。新洋港（土质河床）就是采用这种方法截流的。

（二）爆破截流施工方法

（1）定向爆破截流

如果坝址处于峡谷地区，而且岩石坚硬，交通不便，岸坡陡峻，缺乏运输设备时，可利用定向爆破截流。我国碧口水电站的截流就利用左岸陡峻岸坡设计设置了三个药包，一次定向爆破成功，堆筑方量 $6800m^3$，堆积高度平均 $10m$，封堵了预留的 $20m$ 宽龙口，有效抛掷率为 68%。

（2）预制混凝土爆破体截流。为了在合龙关键时刻，瞬间抛入龙口大量材料封闭龙口，除了用定向爆破岩石外，还可在河床上预先浇筑巨大的混凝土块体合龙时将其支撑体用爆破法炸断，使块体落入水中，将龙口封闭。我国三门峡神门岛泄水道的合龙就曾利用此法抛投 $45.6m^3$ 大型混凝土块。原苏联的哥洛夫电站瞬时抛投 $750m^3$ 的混凝土墙。刚果的构达枢纽，曾考虑爆破重达 2.8 万 t 混凝土块，尺寸为 $45m \times 21.5m \times 18m$，形状与岩石河床断面相适应。

应当指出，采用爆破截流，虽然可以利用瞬时的巨大抛投强度截断水流，但因瞬间抛投强度很大，材料入水时会产生很大的挤压波，巨大的波浪可能使已修好的戗堤遭到破坏，并会造成下游河道瞬时断流。除此外，定向爆破岩石时，还需校核个别飞石距离，空气冲击波和地震的安全影响距离。

（三）下闸截流施工方法

人工泄水道的截流，常在泄水道中预先修建闸墩，最后采用下闸截流。天然河道中，有条件时也可设截流闸，最后下闸截流，三门峡鬼门河泄流道就曾采用这种方式，下闸时最大落差达 7.08m，历时 30 余小时；神门岛泄水道也曾考虑下闸截流，但闸墩在汛期被冲倒，后来改为管柱拦石栅截流。

除以上方法外，还有一些特殊的截流合龙方法。如木笼、钢板桩、草土、杩槎堰截流、埽工截流、水力冲填法截流等。

综上所述，截流方式虽多，但通常多采用立堵、平堵或综合截流方式。截流设计中，应充分考虑影响截流方式选择的条件，拟定几种可行的截流方式，通过水文气象条件、地形地质条件、综合利用条件、设备供应条件、经济指标等全面分析，进行技术比较，从中选定最优方案。

四、截流工程施工设计

（一）截流时间和设计流量的确定

1. 截流时间的选择

截流时间应根据枢纽工程施工控制性进度计划或总进度计划决定，至于时段选择，一般应考虑以下原则，经过全面分析比较而定。（1）尽可能在较小流量时截流，但必须全面考虑河道水文特性和截流应完成的各项控制工程量，合理使用枯水期。（2）对于具有通航、灌溉、供水、过木等特殊要求的河道，应全面兼顾这些要求，尽量使截流对河道的综合利用的影响最小。（3）有冰冻河流，一般不在流冰期截流，避免截流和闭气工作复杂化，如特殊情况必须在流冰期截流时应有充分论证，并有周密的安全措施。

2. 截流设计流量的确定

一般设计流量按频率法确定，根据已选定截流时段，采用该时段内一定频率的流量作为设计流量，截流设计标准按本章第一节"四"中的规定选用。

除了频率法以外，也有不少工程采用实测资料分析法，当水文资料系列较长，河道水文特性稳定时，这种方法可应用。至于预报法，因当前的可靠预报期较短，一般不能在初设中应用，但在截流前夕有可能根据预报流量适当修改设计。

在大型工程截流设计中，通常多以选取一个流量为主，再考虑较大、较小流量出现的可能性，用几个流量进行截流计算和模型试验研究。对于有深槽和浅滩的河道，如分流建筑物布置在浅滩上，对截流的不利条件，要特别进行研究。

（二）截流戗堤轴线和龙口位置的选择方法

1. 戗堤轴线位置选择

通常截流戗堤是土石横向围堰的一部分，应结合围堰结构和围堰布置统一考虑。单戗截流的戗堤可布置在上游围堰或下游围堰中非防渗体的位置。如果戗堤靠近防渗体，在二者之间应留足闭气料或过渡带的厚度，同时应防止合龙时的流失料进入防渗体部位，以免在防渗体底部形成集中漏水通道。为了在合龙后能迅速闭气并进行基坑抽水，一般情况下将单戗堤布置在上游围堰内。

当采用双戗多戗截流时，戗堤间距满足一定要求，才能发挥每条戗堤分担落差的作用。如果围堰底宽不太大，上、下游围堰间距也不太大时，可将两条戗堤分别布置在上、下游围堰内，大多数双戗截流工程都是这样做的。如果围堰底宽很大，上、下游间距也很大，可考虑将双戗布置在一个围堰内。当采用多戗时，一个围堰内通常也需布置两条戗堤，此时，两戗堤间均应有适当间距。

在采用土石围堰的一般情况下，均将截戗堤布置在围堰范围内。但是也有戗堤不与围堰相结合的，戗堤轴线位置选择应与龙口位置相一致。如果围堰所在处的地质、地形条件不利于布置戗堤和龙口，而戗堤工程量又很小，则可能将截流戗堤布置在围堰以外。龚嘴工程的截流戗就布置在上、下游围堰之间，而不与围堰相结合。由于这种戗堤多数均需拆除，因此，采用这种布置时应有专门论证。平堵截流戗堤轴线的位置，应考虑便于抛石桥的架设。

2. 龙口位置选择

选择龙口位置时，应着重考虑地质、地形条件及水力条件。从地质条件来看，龙口应尽量选在河床抗冲刷能力强的地方，如岩基裸露或覆盖层较薄处，这样可避免合龙过程中的过大冲刷，防止戗堤突然塌方失事。从地形条件来看，龙口河底不宜有顺流流向陡坡和深坑。如果龙口能选在底部基岩面粗糙、参差不齐的地方，则有利于抛投料的稳定。另外，龙口周围应有比较宽阔的场地，离料场和特殊截流材料堆场的距离近，便于布置交通道路和组织高强度施工，这一点也是十分重要的。从水力条件来看，对于有通航要求的河流，预留龙口一般均布置在深槽主航道处，有利于合龙前的通航，至于对龙口的上下游水流条件的要求，以往的工程设计中有两种不同的见解：一种是认为龙口应布置在浅滩，并尽量造成水流进出龙口折冲和碰撞，以增大附加壅水作用；另一种见解是认为进出龙口的水流应平直顺畅，因此可将龙口设在深槽中。实际上，这两种布置各有利弊，前者进口处的强烈侧向水流对戗堤端部抛投料的稳定不利，由龙口下泄的折冲水流易对下游河床和河岸造成冲刷。后者的主要问题是合龙段戗堤高度大，进占速度慢，而且深槽中水流集中，不易创造较好的分流条件。

3. 龙口宽度

龙口宽度主要根据水力计算而定，对于通航河流，决定龙口宽度时应着重考虑通航要求，对于无通航要求的河流，主要考虑戗堤预进占所使用的材料及合龙工程量的大小。形成预留龙口前，通常均使用一般石渣进占，根据其抗冲流速可计算出相应的龙口宽度。另一方面，合龙是高强度施工，一般合龙时间不宜过长，工程量不宜过大。当此要求与预进占材料允许的束窄度有矛盾时，也可考虑提前使用部分大石块，或者尽量提前分流。

4. 龙口护底

对于非岩基河床，当覆盖层较深，抗冲能力小，截流过程中为防止覆盖层被冲刷，一般在整个龙口部位或困难区段进行平抛护底，防止截流料物流失量过大。对于岩基河床，有时为了减轻截流难度，增大河床糙率，也抛投一些料物护底并形成拦石坎。计算最大块体时应按护底条件选择稳定系数 K。以葛洲坝工程为例，预先对龙口进行护底，保护河床覆盖层免受冲刷，减少合龙工程量。护底的作用还可增大糙率，改善抛投的稳定条件，减少龙口水深。根据水工模型试验，经护底后，25t 混凝土四面体，有 97% 稳定在戗堤轴线上游，如不护底，则仅有 62% 稳定。此外，通过护底还可以增加戗堤端部下游坡脚的稳定，防止塌坡等事故的发生。对护底的结构形式，曾比较了块石护底，块石与混凝土块组合护底及混凝土块拦石坎护底三个方案。块石护底主要用粒径 0.4m ~ 1.0m 的块石，模型试验表明，此方案护底下面的覆盖层有掏刷，护底结构本身也不稳定，组合护底是由 0.4m ~ 0.7m 的块石和 15t 混凝土四面体组成，这种组合结构是稳定的，但水下抛投工程量大。拦石坎护底是在龙口困难区段一定范围内预抛大型块体形成潜坝，从而起到拦阻截流抛投料物流失的作用。拦石坎护底，工程量较小而效果显著，影响航运较少，且施工简单，经比较选用钢架石笼与混凝土预制块石的拦石坎护底。在龙口 120m 困难段范围内，以 17t 混凝土五面体在龙口上侧形成拦石坎，然后用石笼抛投下游侧形成压脚坎，用以保护拦石坎。龙口护底长度视截流方式而定对平堵截流，一般经验认为紊流段均需防护，护底长度可取相应于最大流速时最大水深的 3 倍。

对于立堵截流护底长度主要视水跃特性而定。根据原苏联经验，在水深 20m 以内戗堤线以下护底长度一般可取最大水深的 3 ~ 4 倍，轴线以上可取 2 倍，即总护底长度可取最大水深的 5 ~ 6 倍。葛洲坝工程上下游护底长度各为 25m，约相当于 2.5 倍的最大水深，即总长度约相当于 5 倍最大水深。

龙口护底是一种保护覆盖层免受冲刷，降低截流难度，提高抛投料稳定性及防止戗堤头部坍塌的行之有效的措施。

（三）截流泄水道的设计

截流泄水道是指在戗堤合龙时水流通过的地方，例如束窄河槽、明渠、涵洞、隧洞、底孔和坝顶缺口等均为泄水道。截流泄水道的过水条件与截流难度关系很大，应该尽量创造良好的泄水条件，减少截流难度，平面布置应平顺，控制断面尽量避免过大的侧收缩、回流。弯道半径亦需适当，减少不必要的损失。泄水道的泄水能力、尺寸、高度应与截流难度进行综合比较选定。在截流有充分把握的条件下尽量减少泄水道工程量，降低造价。在截流条件不利、难度大的情况下，可加大泄水道尺寸或降低高程，以减少截流难度。泄水道计算中应考虑沿程损失、弯道损失、局部损失。弯道损失可单独计算，亦可纳入综合糙率内。如泄水道为隧洞，截流时其流态以明渠为宜，应避免出现半压力流态。在截流难度大或条件较复杂的泄水道，则应通过模型试验核定截流水头。

泄水道内围堰应拆除干净，少留阻水埂子。如估计来不及或无法拆除干净时，应考虑其对截流水头的影响。如截流过程中，由于冲刷因素有可能使下游水位降低，增加截流水头时，则在计算和试验时应予考虑。

五、截流工程施工作业

（一）截流材料和备料量

截流材料的选择，主要取决于截流时可能发生的流速及工地开挖、起重、运输设备的能力，一般应尽可能就地取材。在黄河，长期以来用梢料、麻袋、草包、石料、土料等作为堤防溃口的截流堵口材料。在南方，如四川都江堰，则常用卵石竹笼、砾石和杩搓等作为截流堵河分流的主要材料。国内外大江大河截流的实践证明，块石是截流的最基本材料。此外，当截流水力条件差时还须使用人工块体，如混凝土六面体、四面体四脚体及钢筋混凝土构架等。

为确保截流既安全顺利，又经济合理，正确计算截流材料的备料量是十分必要的。备料量通常按设计的戗堤体积再增加一定裕度，主要是考虑到堆存、运输中的损失，水流冲失，戗堤沉陷以及可能发生比设计更坏的水力条件而预留的备用量等。但是据不完全统计，国内外许多程的截流材料备料量均超过实用量，少者多余50%，多则达400%，尤其是人工块体大量多余。

造成截流材料备料量过大的原因，主要是：①截流模型试验的推荐值本身就包含了一定安全裕度，截流设计提出的备料量又增加了一定富裕，而施工单位在备料时往往在此基础上又留有余地；②水下地形不太准确，在计算戗堤体积时，常从安全角度考虑取偏大值；③设计截流流量通常大于实际出现的流量等。如此层层加码，处处考虑安全富裕，所以即使像青铜峡工程的截流流量，实际大于设计，仍然出现备料量比实际用量多78.6%的情况。因此，如何正确估计截流材料的备用量，是一个很重要的课题。当然，备料恰如其分，不大可能。需留有余地。但对剩余材料，应预作筹划，安排好用处，特别像四面体等人工材料，大量弃置，既浪费，又影响环境，可考虑用于护岸或其他河道整治工程。

（二）截流水力计算方法

截流水力计算的目的是确定龙口诸水力参数的变化规律。它主要解决两个问题：一是确定截流过程中龙口各水力参数，如单宽流量 q、落差 z 及流速 u 的变化规律；二是由此确定截流材料的尺寸或重量及相应的数量等。这样，在截流前可以有计划有目的地准备各种尺寸或重量的截流材料及其数量，规划截流现场的场地布置，选择起重、运输设备；在截流时，能预先估计不同龙口宽度的截流参数，何时何处抛投何种尺寸或重量的截流材料及其方量等。在截流过程中，上游来水量，也就是截流设计流量，将分别经由龙口、分水建筑物及戗堤的渗漏下泄，并有一部分拦蓄在水库中。截流过程中，若库容不大，拦蓄在水库中的水量可以忽略不计。对于立堵截流，作为安全因素，也可忽略经由戗堤渗漏的水量。这样截流时的水量平衡方程为

Q0=Q1+Q2：

式中 Q0——截流设计流量，m³/s；

Q1——分水建筑物的泄流量，m³/s；Q2——龙口的泄流量可按宽顶堰计算，m³/s

随着截流戗堤的进占，龙口逐渐被束窄，因此经分水建筑物和龙口的泄流量是变化的，但二者之和恒等于截流设计流量。其变化规律是：截流开始时，大部分截流设计流量经由龙口泄流，随着截流戗堤的进占，龙口断面不断缩小，上游水位不断上升，经由龙口的泄流量越来越小，而经由分水建筑物的泄流量则越来越大。龙口合龙闭气以后，截流设计流量全部经由分水建筑物泄流。

为了方便计算，可采用图解法。图解时，先绘制上游水位 H。与分水建筑物泄流量 Q1 的关系曲线和上游水位与不同龙口宽度 B 的泄流量关系曲线。在绘制曲线时，下游水位视为常量，可根据截流设计流量由下游水位流量关系曲线上查得。这样在同一水位情况下，当分水建筑物泄流量与某宽度龙口泄流量之和为 Q。时，即可分别得到。Q1 和 Q2 根据胀法可同时求得不同龙口宽度时上游水位 Hu、和 Q1、Q2 值，由此再通过水力学计算即可求得截流过程中龙口诸水力参数的变化规律。

在截流中，合理地选择截流材料的尺寸或重量，对于截流的成败和截流费用的节省具有很大意义。截流材料的尺寸或重量取决于龙口的流速。各种不同材料的适用流速，即抵抗水流冲动的经验流速列于表 3-2-1 中。

表 3-2-1 抵抗水流冲动的经验流速

截 流 材 料	适用流速 (m/s)	截流材料	适流流速 (m/s)
土料	0.5～0.7	3t 重大块石或钢筋石笼	3.5
20～30kg 重石块	0.8～1.0	4.5t 重混凝土六面体	4.5
50～70kg 重石块	1.2～1.3	5t 重大块石大 石串或钢筋石笼	4.5～5.5
麻袋装土 (0.7m×0.4m×0.2m)	1.5		
φ0.5m×2m 装石竹笼	2.0	12～15t 重混凝土四面体	7.2
φ0.6m×4m 装石竹笼	2.5～3.0	20t 重混凝土四面体	7.5
φ0.8m×6m 装石竹笼	3.5～4.0	φ1.0m×15m 柴石枕	约7～8

立堵截流材料抵抗水流冲动速度，可按下式估算

$$\upsilon = K\sqrt{2g\frac{\gamma_1 - \gamma}{\gamma}D}$$

式中 υ ——水流流速，m/s；K——稳定系数①；g——重力加速度，m/s^2；γ_1——石块容重，t/m³；γ——不容重，t/m³；D——石块折算成球体的化引直径，m。

由上式，某一龙口宽度的 υ 值，再选定 K 值，就可得出抛投体的化引直径 D。

平堵截流水力计算的方法，与立堵相类似。

根据苏联依兹巴士对抛石平堵截流的研究，认为抛石平堵截流所形成的戗堤断面在开始阶段为等边三角形，此时使石块发生移动所需要的最小流速为：

$$\upsilon_{min} = K_1\sqrt{2g\frac{\gamma_1 - \gamma}{\gamma}D}$$

①据国内有些试验研究，认为：采用块石截流量，在平底上 K=0.9，边坡上 K=1.02；采用混凝土立方体，平底上 K=0.57 — 0.59（当河床 n≤0.03 时），边坡上 K=1.08；采用混凝土四面体，平底上 k=0.53（当河床 n≤0.03 时），k=0.68 — 0.70，（当河床 n＞0.035 时），块坡上 K=1.05。

当龙口流速增加，石块发生移动之后，戗堤断面逐渐变成梯形，此时石块不致发生滚动的最大流速为：

$$\upsilon_{max} = K_2\sqrt{2g\frac{\gamma_1 - \gamma}{\gamma}D}$$

式中 Kl——石块在石堆上的抗滑稳定系数，采用 0.9；

K2——石块在石堆上的抗滚动稳定系数，采用 1.2；

其他符号意义同前。应该指出，平堵、立堵截流的水力条件非常复杂，尤其是立堵截流，上述计算只能作为初步依据。在大、中型水利工程中，截流工程必须进行模型试验。但模型试验时对抛投体的稳定也只能做出定性分析，还不能满足定量要求。故在试验的基础上，还必须考虑类似工程的截流经验，作为修改截流设计的依据。

（三）截流日期与设计流量的选定

截流日期的选择，不仅影响到截流本身能否顺利进行，而且直接影响到工程施工布局。

截流应选在枯水期进行，因为此时流量小，不仅断流容易，耗材少而且有利于围堰的加高培厚。至于截流选在枯水期的什么时段，首先要保证截流以后全年挡水围堰能在汛前修建到拦洪水位以上，若是作用一个枯水期的围堰，应保证基坑内的主体工程在汛期到来以前，修建到拦洪水位以上（土坝）或常水位以上（混凝土坝等可以过水的建筑物）。因此，应尽量安排在枯水期的前期，使截流以后有足够时间来完成基坑内的工作。对于北方河道，截流还应避开冰凌时期，因冰凌会阻塞龙口，影响截流进行；而且截流后，上游大量冰块堆积也将严重影响闭气工作。一般来说南方河流最好不迟于 12 月底，北方河流最

好不迟于 1 月底。截流前必须充分及时地做好准备工作。如泄水建筑物建成可以过水，准备好了截流材料，充分及其他截流设施等。不能贸然从事，使截流工作陷于被动。

截流流量是截流设计的依据，选择不当，或使截流规模（龙口尺寸、投抛料尺寸或数量等等）过大造成浪费；或规模过小，造成被动，甚至功亏一篑，最后拖延工期，影响整个施工布局。所以在选择截流流量时，应该慎重。

截流设计流量的选择应根据截流计算任务而定。对于确定龙口尺寸，及截流闭气后围堰应该立即修建到挡水高程，一般采用该月 5% 频率最大瞬时流量为设计流量。对于决定截流材料尺寸、确定截流各项水力参数（水位 H、流速 υ、落差 z，龙口单宽流量 q）的设计流量，由于合龙的时间较短，截流时间又可在规定的时限内，根据流量变化情况，进行适当调整，所以不必采用过高的标准，一般采用 5%～10% 频率的月或旬平均流量。这种方法对于大江河（如长江、黄河）是正确的，因为这些河道流域面积大，因降雨引起的流量变化不大。而中小河道，枯水期的降雨有时也会引起涨水，流量加大，但洪峰历时短，我们可以避开这个时段。因此，采用月或旬平均流量（包含了涨水的情况）作为设计流量就偏大了。在此情况下可以采用下述方法确定设计流量。先选定几个流量值，然后在历年实测水文资料中（10～20 年），统计出在截流期中小于此流量的持续天数等于或大于截流工期的出现次数。当选用大流量，统计出的出现次数就多，截流可靠性大；反之，出现次数少，截流可靠性差。所以可以根据资料的可靠程度、截流的安全要求及经济上的合理，从中选出一个流量作为截流设计流量。

截流时间选得不同，截流设计流量也不同，如果截流时间选在落水期（汛后），流量可以选得小些，如果是涨水期（汛前），流量要选得大一些。

总之截流流量应根据截流的具体情况，充分分析该河道的水文特性来进行选择。

（四）截流最大块体选择

截流块体重量小流失多，重量大流失小，要综合考虑截流可靠性与经济性两方面的因素来选定。如利用开挖石渣废料及少量大石，流失量大，但有把握截流，而且比较经济，又不需特大型汽车；如截流难度大，利用石渣及少量一般大石没有把握，可加大块石尺寸和数量，或用混凝土块，其重量大小既要考虑流失量又要考虑利用已有汽车载重能力。截流最大块体计算方法如下：

$$D = \left[\frac{\upsilon_{\max}}{K\sqrt{2g\dfrac{\gamma_1 - \gamma}{\gamma}}} \right]$$

$$G = \frac{\pi}{6}D^3\gamma_1$$

式中 υ_{man}——龙口最大流速，m / s；K——稳定系数（主要与抛投料形状及所处边界条件有关）；

g—重力加速度，m/s＾2—混凝土、块石容重，N/m³；r—水的容重（取 1.0），N/m³；D—混凝土块体折合圆球直径，m；G—块体重量，t。

块体重量大小计算，当稳定系数 K 值无专门试验资料时，可参考工程实例选用。根据试验研究，对平堵截流块石的抗滑稳定系数取 0.84，抗滚动稳定系数取 1.2；对立堵截流，不同的抛投方式及抛投材料，其稳定系数是不同的，混凝土块体 K=0.68 ~ 0.70，块石 K＝0.86，边坡上 K=1.02 ~ 1.08。一般选用平均 K 值计算，计算得出的块体重量再乘以安全系数 1.5，就成为设计采用的块体重量。

1. 截流难度指标的分析

国内外对河道截流，一般常以流量 Q、落差 z、流速 v、单宽流量 q 和单宽水流能量 N 作为截流的难度指标，也就是说 Q、z、v、q 或 N 值越大，截流合龙越困难。

Q 值大小，不仅直接决定截流工程的规模，而且直接决定龙口的水力条件对堆石潜堤稳定的明显影响。所以当泄水条件相同时流量越大，截流越困难。决定堆石溢流潜堤土石块稳定的主要水力指标是流速 v，v 越大所需石块尺寸越大。但是根据水力计算，只能知道潜堤顶部的平均流速，而水流越过堆石潜堤顶以后，在自由式溢流时流速有可能继续增大，直至在溢流坡面上达到石块临界稳定流速为止。所以对于自由式溢流，不能单用潜堤顶部为衡量难度的指标。落差 z 对淹没式溢流决定了潜堤顶部流的大小。对自由式溢流，密集断面截流时，溢流面下游段最大流速（除考虑局部能量损耗）仍可以认为与上下游落差有关。但是，在自由式溢流扩展断面截流时，下游溢流面的流速主要决定于堆石的稳定坡度，也就是取决于石块尺寸的大小，而落差却转化为与扩展的坡面长度有密切的关系。有外国专家认为在平堵时，截流的难度应单宽水流能量指标来衡量，因为单宽水流能量表示了水流越过截流潜堤所具有的活动能力。但根据上述越过堆石潜堤的水流特性分析，可以知道，越过潜堤的水流能量只有一部分在越过潜堤时损耗了，另一部分则以水流动能（其大小等于 $\gamma Q \dfrac{v^2}{2g}$）形式流向下游（其中一部分成为冲刷下游河床的能量），所以以单宽水流能量不能作为正确反映截流难度的指标。我们认为应该根据具体水流特性和潜堤稳定条件来决定衡量堵口难度的指标，即在淹没溢流时，以潜堤顶部流速 u 为衡量难度指标。在自由溢流时，以潜堤断面的扩展指标 $p = q^{\frac{1}{3}}(z - z_0)$ 为难度指标。实际上，截流堵口工程中，丧失堆石潜堤的稳定性多在自由溢流时，所以我们建议用 $q^{\frac{1}{3}}(z - z_0)$ 作为衡量难度指标，比较切合实际，能够正确反映堆石溢流堤最危险的水流条件和它的出现时刻。

2. 减少截流难度的措施

根据以上分析和水力计算结果得知，减少截流难度可以采用以下措施。

（1）加大分流量，改善分流条件

分流条件好坏直接影响到截流过程中龙口的流量、落差和流速，分流条件好，截流就容易，反之就困难。改善分流条件的措施有：

1）合理确定导流建筑物尺寸，断面形式和底高程，也就是说导流建筑物不只是要求满足导流要求，而且应该满足截流要求。很明显由于导流建筑物的泄水能力曲线不同，截流过程中所遇到的水力条件和最困难的水力指标是不一样的。

我国多数中型河流，洪枯流量差别较大，导流建筑物要满足泄洪要求，尺寸比较大，这就很有利于截流。例如富春江水电站，截流时由于有 5 个设在厂房段的泄水孔分流，落差只有 30cm，截流几乎没有遇到什么困难。

2）重视泄水建筑物上下游引渠开挖和上下游围堰拆除的质量，是改善分流条件的关键环节，不然泄水建筑物虽然尺寸很大，但分流却受上下游引渠或上下游围堰残留部分控制，泄水能力很小，势必增加截流工作的困难。国内外不少工程实践证明，由于水下开挖的困难，常使上下游引渠尺寸不足，或是残留围堰的壅水作用，使截流落差大大增加，工作遇到不少困难。

3）在永久泄水建筑物尺寸不足的情况下，可以专门修建截流分水闸或其他形式泄水道帮助分流，待截流完成以后，借助于闸门封堵泄水闸，最后完成截流任务。我国三门峡截流时，在鬼门就设置了专门泄水闸分流。

4）增大截流建筑物的泄水能力。例如法国朗斯潮汐电站，在 3.3m 落差下进行截流，在龙口安放了 19 个 9m 直径的钢筋混凝土沉箱形成闸孔，然后下闸板截流。当采用木笼、钢板桩格式围堰时，也可以间隔一定距离安放木笼或钢板桩格体，在其中间孔口宣泄河水，然后以闸板截断中间孔口，完成截流任务。另外也可以在进占戗堤中埋设泄水管帮助泄水，或者采用投抛构架块体增大戗堤的渗流量等办法减少龙口溢流量和溢流落差，从而减轻截流的困难程度。

3. 改善龙口水力条件

目前国内外的截流水平，落差在 3m 以内，一般问题不大。当落差 4m 以上用单戗堤截流，大多是在流量较小的情况下完成的；如果流量很大，采用单戗堤截流难度就大了，所以多数工程采用双戗堤三戗堤或宽戗堤来分散落差改善龙口水力条件完成截流任务

1）双戗堤截流。采取上下游二道戗堤，同时进行截流，以分散落差。双戗堤截流，若上戗用立堵，下戗用平堵，总落差不能由双戗堤均摊，且来自上戗龙口的集中水流还可能将下戗已建成部分潜堤冲垮，故不宜采用。若上戗用平堵，下抢用立堵，或上、下戗都用平堵，虽然落差可以均摊，但施工组织复杂，尤其双戗平堵，需在两戗线架桥，造价高，且易受航运、水文（如流水）、场地布置等条件限制，故除可冲刷土基河床外，一般不宜采用。从国内外工程实践来看，双戗截流以采取上下戗都立堵较为普遍，落差均摊容易控制，施工方便，也较经济。从力学观点看，河床在上下戗之间应为缓坡；下戗突出的长度要超出上戗回流边线以外，否则就难以起到分担落差的效益；双戗进占以能均匀分担落差为宜。当戗堤间距较近时，若上戗偶尔超前，水流可能突过下戗龙口，全部落差由上戗单独承担，下戗几乎不起作用。常见的进占方式有上下戗轮换进占、双戗固定进占和以上两种进占方式混合使用。也有以上戗进占为主，由下戗配合进占一定距离，局部有壅高上戗下游水位，减少上戗进占的龙口落差和流速。在可冲刷地基上采用立堵法截流，为了不使过分冲刷地

基，也有在落差不太大时采用双戗进占截流的。如上所述，双戗进占，可以起到分摊落差、减轻截流难度，便于就地取材，避免使用或少使用大块料、人工块料的好处。但二线施工，施工组织较单戗截流复杂；二戗堤进度要求严格，指挥不易；软基截流，若双线进占龙口均要求护底，则大大增加了护底的工程量；在通航河道，船只要经过两个龙口，困难较多。

2）三戗截流。三戗截流所考虑的问题基本上和双戗堤截流是一样的，只是程度不同。由于有第三戗堤分担落差，所以可以在更大的落差下用来完成截流任务。第三戗的任务可以是辅戗，也可以是主抢，非洲莫桑比克的赞比亚河上的卡搏拉巴萨水电站施工，采用戗堤立堵进占，结果以 400km 以下的石块，在流量 1600m³/s（设计流量 2000m³/s）、落差 7m（2000m/s 时为 9m）的情况下，顺利完成任务，成为目前世界上截流成功比较突出的一个例子。我国龙羊峡水电站地处峡谷，截流流量为 1000m³/s，落差 9m，设计也采用三戗堤立堵截流。

3）宽戗截流。增大戗堤宽度，工程量也大为增加，和上述扩展断面一样可以分散水流落差，从而改善龙口水流条件。但是进占前线宽，要求投抛强度大，所以只有当戗堤可以作为坝体（土石坝）的一部分时，才宜采用，否则用料太多，过于浪费。美国奥阿希土坝（1958 年）在落差 7.5 ~ 8.5m 时，采用宽戗截流。戗宽为 182m，在龙口束窄至 38m 后，因下雨，流量由 198m³/s 增至 249m³/s，为提前在流量进一步增大之前断流，采用大量施工机械，将戗宽增大为 273m，提前 12h 完成了截流任务。苏联哥洛夫尼（1962 年）工程亦用宽戗截流，戗堤宽 18m 扩大为 30m，也有效地控制了投抛料流失，最终落差为 2.08m。除了用双戗、三戗、宽戗来改善龙口的水流条件以外，在立堵进占中还应注意采用不同的进占方式来改善进占抛石面上的流态。这种进占方式水流为大块料所形成的上挑角挑离进占面，使得有可能用较小块料在进占面投抛进占。

（2）增大投抛料的稳定性，减少块料流失

主要措施有采用葡萄串石、大型构架和异型人工投抛体；或投抛钢构架和比重大的矿石或用矿石为骨料做成的混凝土块体等来提高投抛体的本身稳定；也有在龙口下游平行于戗堤轴线设置一排拦石坎来保证投抛料的稳定防止块料的流失。拦石坎可以是特大的块石、人工块体，或是伸到基础中的拦石桩。加大截流施工强度，加快施工速度施工速度加快，一方面可以增大上游河床的拦蓄，从而减少龙口的流量和落差，起到降低截流难度的作用；另一方面，可以减少投抛料的流失，这就有可能采用较小块料来完成截流任务。定向爆破截流和炸倒预制体截流就包含有这一优点。

第三节　基坑排水

一、基坑排水概述

1.排水目的

在围堰合龙闭气以后，排除基坑内的存水和不断流入基坑的各种渗水，以便使基坑保持干燥状态，为基坑开挖、地基处理、主体工程正常施工创造有利条件。

2.排水分类及水的来源

按排水的时间和性质不同，一般分两种排水：

（1）初期排水

围堰合龙闭气后接着进行的排水，水的来源是：修建围堰时基坑内的积水、渗水、雨天的降水。

（2）经常排水

在基坑开挖和主体工程施工过程中经常进行的排水工作，水的来源是：基坑内的渗水、雨天的降水，主体工程施工的废水等。

（3）排水的基本方法

基坑排水的方法有两种：明式排水法（明沟排水法）、暗式排水法（人工降低地下水位法）。

二、初期排水

1.排水能力估算

选择排水设备，主要根据需要排水的能力，而排水能力的大小又要考虑排水时间安排的长短和施工条件等因素。通常按下式估算：

$Q=KV/T$

式中：

Q—排水设备的排水能力，秒立方米；

K—积水体积系数，大中型工程用 4～10，

小型工程用 2～3；

V—基坑内的积水体积，立方米；

T—初期排水时间，秒。

2.排水时间选择

排水时间的选择受水面下降速度的限制，而水面下降允许速度要考虑围堰的形式、基

坑土壤的特性，基坑内的水深等情况，水面下降慢，影响基坑开挖的开工时间；水面下降快，围堰或者基坑的边坡中的水压力变化大，容易引起塌坡。因此水面下降速度一般限制在每昼夜 0.5 ~ 1.0 米的范围内。当基坑内的水深已知，水面下降速度选择好的情况下，初期排水所需要的时间也就确定了。

3. 排水设备和排水方式

根据初期排水要求的能力，可以确定所需要的排水设备的容量。排水设备一般用普通的离心水泵或者潜水泵。为了便于组合，方便运转，一般选择容量不同的水泵。排水泵站一般分固定式和浮动式两种，浮动式泵站可以随着水位的变化而改变高程，比较灵活，若采用固定式，当基坑内的水深比较大的时候，可以采取，将水泵逐级下放到基坑内，不同高程的各个平台上，进行抽水。

三、经常性排水

主体工程在围堰内正常施工的情况下，围堰内外水位差很大，外面的水会向基坑内渗透，雨天的雨水，施工用的废水，都需要及时排除，否则会影响主体工程的正常施工。因此经常性排水是不可缺少的工作内容。经常性排水一般采取明式排水或者暗式排水法（人工降低地下水位的方法）。

（一）明式排水法

1. 明式排水的概念

指在基坑开挖和建筑物施工过程中，在基坑内布设排水明沟、设置集水井，抽水泵站，而形成的一套排水系统。

2. 排水系统的布置：这种排水系统有两种情况

（1）基坑开挖排水系统

该系统的布置原则是：不能妨碍开挖和运输，一般布置方法是：为了两侧出土方便，在基坑的中线部位布置排水干沟，而且要随着基坑开挖进度，逐渐加深排水沟，干沟深度一般保持 1 ~ 1.5 米，支沟 0.3 ~ 0.5 米，集水井的底部要低于干沟的沟底。

（2）建筑物施工排水系统

排水系统一般布置在基坑的四周，排水沟布置在建筑物轮廓线的外侧，为了不影响基坑边坡稳定，排水沟离开基坑边坡坡脚 0.3 ~ 0.5 米。

（3）排水沟布置

内容包括断面尺寸的大小，水沟边坡的陡缓、水沟底坡的大小等，主要根据排水量的大小来决定。

（4）集水井布置

一般布置在建筑物轮廓线以外比较低的地方，集水井、干沟与建筑物之间也应保持适当距离，原则是不能影响建筑物施工和施工过程中材料的堆放、运输等。

3．渗透流量估算

（1）估算目的

为选择排水设备的能力提供依据。估算内容包括围堰的渗透流量、基坑的渗透流量。

（2）围堰渗透流量

一般按有限透水地基上土坝的渗透计算方法进行。公式为：

$$Q = K \frac{(H+T)^2 - (T-y)^2}{2L}$$

式中：

Q—每米长围堰渗入基坑的渗透流量，m³/（dm）；

K—围堰与透水层的平均渗透系数，m/d；

H—上游水深，m；

T—透水层厚度，m；

y—排水沟水面到沟顶的距离，m；

L—等于 L0 － 0.5Mh ＋ 1，m；

l—下游坡脚到排水沟边沿的距离，m。

（3）基坑渗透流量：

按无压完整井公式计算，

$$Q = 1.366K \frac{H^2 - h^2}{\lg \dfrac{R}{r}}$$

式中：

Q—基坑的渗透流量，m³/d；

H—含水层厚度，m；

h—基坑内的水深，m；

R—地下水位下降曲线的影响半径，m；

r—化引半径 m；把非圆形基坑化成假想的相当圆井的

1）对形状不规则的基坑：$r = \sqrt{\dfrac{F}{\pi}}$

2）对于矩形基坑：$r = \eta \dfrac{L+B}{4}$

式中：

F—基坑平面面积，m² 各井中心连线围成的面积；

π—常数；

L—基坑长度，m；

B—基坑宽度，m；

η—基坑形状系数，根据 B/L 的比值选择。

（4）说明

地下水位下降曲线的影响半径 R 和地基渗透系数 K 等资料，最好由测试获得，估算时一般按经验取值。

1）对地下水位下降曲线的影响半径R：细砂R=100m ~ 200m；中砂R=250m ~ 500m；粗纱R=700m ~ 1000m。

2）对于渗透流量：当基坑在透水地基上时，可按 1.0 米水头作用下单位基坑面积的渗透流量经验数据来估算总的渗透流量。

3）降雨一般按不超过 200 毫米的暴雨考虑，施工废水，可忽然不计。

（二）暗式排水法（人工降低地下水位法）

1. 基本概念

在基坑开挖之前，在基坑周围钻设滤水管或滤水井，在基坑开挖和建筑物施工过程中，从井管中不断抽水，以使基坑内的土壤始终保持干燥状态的做法叫暗式排水法。

2. 暗式排水的意义

在细砂、粉沙、亚砂土地基上开挖基坑，若地下水位比较高时，随着基坑底面的下降，渗透水位差会越来越大，渗透压力也必然越来越大，因此容易产生流沙现象，一边开挖基坑，一边冒出流沙，开挖非常困难，严重时，会出现滑坡，甚至危及临近结构物的安全和施工的安全。因此，人工降低地下水位是必要的。常用的暗式排水法分管井法和井点法两种。

3. 管井排水法

（1）基本原理

在基坑的周围钻造一些管井，管井的内径一般一般20 ~ 40 厘米，地下水在重力作用下，流入井中，然后，用水泵进行抽排。抽水泵有普通离心泵、潜水泵、深井泵等，可根据水泵的不同性能和井管的具体情况选择。

（2）管井布置

管井一般布置在基坑的外围或者基坑边坡的中部，管井的间距应视土层渗透系数的大小，渗透系数小的，间距小一些，渗透系数大的，间距大一些，一般为15 ~ 25 米。

（3）管井组成

管井施工方法就是农村打机井的方法。管井包括井管、外围滤料、封底填料三部分。井管无疑是最重要的组成部分，它对井的出水量和可靠性影响很大，要求它，过水能力大，进入泥沙少，应有足够的强度和耐久性。因此一般用无砂混凝土预制管，也有的用钢制管。

（4）管井施工

管井施工多用钻井法和射水法。钻井法先下套管，再下井管，然后一边填滤料，一边拔出套管。射水法是用专门的水枪冲孔，井管随着冲孔下沉。这种方法主要是注意根据不同的土壤性质选择不同的射水压力。

（5）井点排水法

　　井点排水法分为轻型井点、喷射井点、电渗井点三种类型，它们都适用雨渗透系数比较小的土层排水，其渗透系数都在 0.1 ~ 50 米 / 天。但是它们的组成比较复杂，如轻型井点就有井点管、集水总管、普通离心式水泵、真空泵、集水箱等设备组成。当基坑比较深，地下水位比较高时，还要采用多级井点，因此需要设备多，工期长，基坑开挖量大，一般不经济。

第四章 爆破工程

在水利水电工程施工中。通常采用爆破来开挖基坑和地下建筑物所需要的空间。开采石料以及完成某特定的施工任务。如定向爆破筑坝、开渠、截流。水下爆破和周边控制爆破等。认真探索爆破的机理。正确掌握各种爆破技术。对加快工程进度。提高工程质量。降低工程成本具有十分重要的意义。

第一节 概 述

从 20 世纪 60 年代起，一些国家开始研究核爆破装置并进行试验，认为核爆破装置可构成巨大的炸坑障碍，摧毁大型的坚固目标（桥梁、隧道、堤坝、工业建筑物等），或在隘路地段实施阻绝破坏作业。但由于核爆炸伴生的放射性回降物将威胁己方军队和居民的安全，因而使用范围受到一定限制。

中国爆破技术主要是在中华人民共和国成立后发展起来的。50 年代初，在公路和铁路建设中开始大量使用爆破技术。到 60 年代初，爆破技术在矿山建设和水利建设中也得到了广泛的应用和发展。60 年代和 70 年代中，由于工程实践和科学研究相结合，中国爆破技术得到了稳步的发展和提高。中国已进行过千吨级到万吨级的矿山爆破和千吨级的难度较大的定向爆破，并达到较先进的经济技术指标。此外，光面爆破、预裂爆破、农田爆破、控制爆破等技术在中国也得到了相应的发展和应用。在西方工业发达国家，爆破技术主要应用于巷道掘进和采矿；在苏联，爆破技术较广泛地应用于矿山建设和水利建设等部门，而且研究工作颇有成就。

一、分类

根据爆破对象和爆破作业环境的不同，爆破工程可以分为以下几类：

（1）岩土爆破。岩土爆破是指以破碎和抛掷岩土为目的的爆破作业，如矿山开采爆破、路基开挖爆破、巷（隧）道掘进爆破等。岩土爆破是最普通的爆破技术。

（2）拆除爆破。拆除爆破是指采取控制有害效应的措施，以拆除地面和地下建筑物、构筑物为目的的爆破作业，如爆破拆除混凝土基础，烟囱、水塔等高耸构筑物，楼房、厂房等建筑物等。拆除爆破的特点是爆区环境复杂，爆破对象复杂，起爆技术复杂。要求爆破作业必须有效地控制有害效应，有效地控制被拆建（构）筑物的坍塌方向、堆积范围、破坏范围和破碎程度等。

（3）金属爆破。金属爆破是指爆破破碎、切割金属的爆破作业。与岩石相比，金属具有密度大、波阻抗高、抗拉强度高等特点，给爆破作业带来很大的困难和危险因素，因此金属爆破必须具备更可靠的安全条件。

（4）爆炸加工。爆炸加工是指利用炸药爆炸的瞬态高温和高压作用，使物料高速变形、切断、相互复合（焊接）或物质结构相变的加工方法，包括爆炸成型、焊接、复合、合成金刚石、硬化与强化、烧结、消除焊接残余应力、爆炸切割金属等。

（5）地震勘探爆破。地震勘探爆破是利用埋在地下的炸药爆炸释放出的能量，在地壳中产生的地震波来探测地质构造和矿产资源的一种物探方法。炸药在地下爆炸后在地壳中产生地震波，当地震波在岩石中传播过程中遇到岩层的分界面时便产生反射波或折射波，利用仪器将返回地面的地震波记录下来，根据波的传播路线和时间，确定发生反射波或折射波的岩层界面的埋藏深度和产状，从而分析地质构造及矿产资源情况。

（6）油气井爆破。钻完井后，经过测井，确定地下含油气层的准确深度和厚度，在井中下钢套管，将水泥注入套管与井壁之间的环形空间，使环形空间全部封堵死，防止井壁坍塌，不同的油气层和水层之间也不会互相窜流。为了使地层中油气流到井中，在套管、水泥环及地层之间形成通道，需要进行射孔爆破。一般条件下应用聚能射孔弹进行射孔，起爆时，金属壳在锥形中轴线上形成高速金属粒子流，速度可达 6000 ~ 7000m/s，具有强大的穿透力，能将套管、水泥环射透并射进地层一定深度，形成通道，使地层中的油气流到井中。

（7）高温爆破。高温爆破是指高温热凝结构爆破，在金属冶炼作业中，由于某种原因，常常会在炉壁或底部产生炉瘤和凝结物，如果不及时清理，将会大大缩小炉膛的容积，影响冶炼正常生产。用爆破法处理高温热凝结构时，由于冶炼停火后热凝结构温度依然很高，可达 800℃ ~ 1000℃，必须采用耐高温的爆破材料，采用普通爆破材料时，必须做好隔热和降温措施。爆破时还应保护炉体等，对爆破产生的振动、空气冲击波和飞散物进行有效控制。

（8）水下爆破。凡爆源置于水域制约区内与水体介质相互作用的爆破统称为水下爆破，包括近水面爆破、浅水爆破、深水爆破、水底裸露爆破、水底钻孔爆破、水下硐室爆破及挡水体爆破等。由于水下爆破的水介质特性和水域环境与地面爆破条件不同，因此爆破作用特性、爆破物理现象、爆破安全条件和爆破施工方法等与地面爆破有很大差异。水下爆破技术广泛用于航道疏通、港口建设、水利建设等诸多领域。

（9）其他爆破。其他爆破包括农林爆破、人体内结石爆破、森林灭火爆破等。

二、爆破的过程

爆破这种快速现象有明确的发展过程。最简单的是单个集中药包的土石抛掷爆破，其发展过程大致可分为应力波扩展阶段、鼓包运动阶段和抛掷回落阶段。

应力波扩展阶段在高压爆炸产物的作用下，介质受到压缩，在其中产生向外传播的应力波。同时，药室中爆炸气体向四周膨胀，形成爆炸空腔。空腔周围的介质在强高压的作用下被压实或破碎，进而形成裂缝。介质的压实或破碎程度随距离的增大而减轻。应力波在传播过程中逐渐衰减，爆炸空腔中爆炸气体压力随爆炸空腔的增大也逐渐降低。应力波传到一定距离时就变成一般的塑性波，即介质只发生塑性变形，一般不再发生断裂破坏。应力波进一步衰变成弹性波，相应区域内的介质只发生弹性变形。从爆心起直到这个区域，称为爆破作用范围，再往外是爆破引起的地震作用范围。

鼓包运动阶段如药包的埋设位置同地表距离不太大，应力波传到地表时尚有足够的强度，发生反射后，就会造成地表附近介质的破坏，产生裂缝。此后，应力波在地表和爆炸空腔间进行多次复杂的反射和折射，会使由空腔向外发展的裂缝区和由地表向里发展的裂缝区彼此连通，形成一个逐渐扩大的破坏区。在裂缝形成过程中，爆炸产物会渗入裂缝，加强裂缝的发展，影响这一破坏区内介质的运动状态。如果破坏区内的介质尚有较大的运动速度，或爆炸空腔中尚有较大的剩余压力，则介质会不断向外运动，地表面不断鼓出，形成所谓鼓包。由各瞬时鼓包升起的高度可求出鼓包运动的速度。

抛掷回落阶段在鼓包运动过程中，尽管鼓包体内介质已破碎，裂缝很多，但裂缝之间尚未充分连通，仍可把介质看作是连续体。随着过程的发展，裂缝之间逐步连通并终于贯通直到地表。于是，鼓包体内的介质便分块作弹道运动，飞散出去并在重力作用下回落。鼓包体内介质被抛出后，地面形成一个爆坑。

三、安全措施

（1）进入施工现场的所有人员必须戴好安全帽。

（2）人工打炮眼的施工安全措施。

①打眼前应对周围松动的土石进行清理，若用支撑加固时，应检查支撑是否牢固。

②打眼人员必须精力集中，锤击要稳、准，并击入钎中心，严禁互相面对面打锤。

③随时检查锤头与柄连接是否牢固，严禁使用木质松软，有节疤、裂缝的木柄，铁柄和锤平整，不得有毛边。

（3）机械打炮眼的安全措施。

①操作中必须精力集中，发现不正常的声音或振动，应立即停机进行检查，并及时排除故障，才准继续作业。

②换钎、检查风钻加油时，应先关闭风门，才准进行。在操作中不得碰触风门，以免

发生伤亡事故。

③钻眼机具要扶稳，钻杆与钻孔中心必须在一条直线上。

④钻机运转过程中，严禁用身体支撑风钻的转动部分。

⑤经常检查风钻有无裂纹，螺栓孔有无松动，长套和弹簧有无松动、是否完整，确认无误后才可使用，工作时必须戴好风镜、口罩和安全帽。

四、常见事故

在爆破工程中，早爆、拒爆与迟爆是最为常见的事故。

（一）早爆

早爆是人员未完全撤出工作面时发生的爆炸。这类事故很可能造成人员伤亡，发生的主要原因是：器材、操作问题，发爆器管理不严，爆破信号不明确，雷电和杂散电流的影响。

早爆防治措施：

（1）选用质量好的雷管。保证质量，安全第一。

（2）及时处理拒爆。不要从炮眼中取出原放置的引药，或从引药中拉雷管，以免爆炸。

（3）严格检查发爆器，尤其对使用已久的发爆器进行检查，发现问题及时维修或更换。加以警戒，待人员全部撤离危险区后才能开始充电。

（4）采取措施防止雷电、杂散电流。

（二）拒爆

爆破网络连接后，按程序进行起爆，有部分或全部雷管及炸药的爆破器材未发生爆炸的现象叫作拒爆。

防止拒爆的措施：

（1）检查雷管、炸药、导爆管、电线的质量，凡不合格的一律报废。在常用的串联网路中，应用电阻相近的电雷管使他们的点燃起始能数值比较接近，以免由于起始能相差过大而不能全爆。

（2）用能力足够的发爆器并保持其性能完好。领取发爆器要认真检查性能，防止摔打，及时更换电池。

（3）按规定装药。装药时用木或竹制炮棍轻轻将药推入，防止损伤和折断雷管脚线。

（三）迟爆

导火索从点火到爆炸的时间大于导火索长度与燃速的乘积，称为延迟爆炸。导火索延迟爆炸的事故时有发生，危害很大。

防止迟爆的措施有：

（1）加强导火索、火雷管的选购、管理和检验，建立健全入库和使用前的检验制度，不用断药、细药的导火索。

（2）操作中避免导火索过度弯曲或折断。

（3）用数炮器数炮或专人听炮响声进行数炮，发现或怀疑有拒爆时，加倍延长进入爆破区的时间。

（4）必须加强爆破器材的检验。不合格的器材不能用于爆破工程，特别是起爆药包和起爆雷管，应经过检验后方可使用。

第二节　爆破的基本原理

炸药爆炸属于化学爆炸。炸药在某种起爆能的作用下。瞬时（约十万分之一秒）内发生化学分解。产生高温（几千℃）、高压（几百亿帕。约几十万个大气压）的气体。对相邻的介质产生极大的冲击压力。以波的形式向四周传播。若传播介质为空气。称为空气冲击波为岩土则称为地震波即固体冲击波。

一、无限均匀介质中的爆破作用

工程中的介质总是有限和不均匀的。为了研究方便起见。假设爆破作用的介质是无限和均匀的。在这种理想介质中的爆破作用。冲击波以药包中心为球心。呈同心球向四周传播。距球心越近。作用于介质的压力越大。距球心越远。由于介质的阻尼。使作用于介质的压力波逐渐衰减。直至全部消逝。若沿此球心切割一平面。

（1）压缩圈（粉碎圈）：紧邻药包的部分介质，若为塑性体将受到压缩形成一空腔，若为脆性体将遭到粉碎形成粉碎圈。

（2）抛掷圈：压缩圈外具有抛掷势能的介质。这部分介质当具有逸出的临空面，将发生抛掷。这个范围称为抛掷圈。

（3）松动圈：抛掷圈外围的一部分介质。爆破作用只能使其破裂松动。这一范围称为松动圈。

（4）震动圈：松动圈以外的介质，随着冲击波的进一步衰减。只能使这部分介质产生震动。称为震动圈。

由药包中心向外。相应各圈的半径叫压缩半径 R，抛掷半径 R，松动半径 R，Q 震动半径。各圈半径的大小与炸药的特性、药包结构、爆破方式以及介质的特性密切相关。

二、有限介质中的爆破作用

爆破作用受到临空面的影响。亦即爆破作用半径能到达临空面的爆破。称为有限介质中的爆破作用。工程爆破多属于这类爆破。冲击波从岩石介质到空气介质。越过临空面必然产生反射。形成拉力波。当拉力波形成的拉应力与由药包传来的压力波的压应力之差超过岩石的瞬时抗拉强度时、便从临空面向药包反射。引起弧状裂缝。与此同时。压力波在岩石中传播其波阵面产生切向拉应力从而引起径向裂缝。于是。由弧状和径向裂缝将岩石切割成碎块。但由于天然岩石本身存在不规则的节理和裂缝。加之与药包距离不等，能量分布不均，实际被爆破的岩石是形状各异、大小不等的块体。

不因爆破使临空面产生破坏的爆破。称为隐藏式爆破。这种爆破只在介质内部引起破坏。故又称内部爆破。可用于炸胀药壶。相应于以上各类爆破的药包称为标准抛掷药包加强抛掷药包、减弱抛掷药包、松动药包和炸胀药包。

抛掷爆破将部分介质抛出。其中部分介质又回落到爆破漏斗坑中。回落后坑的可见深度 P，称为可见漏斗深度，可按下式计算：

P=CW（2n－1）

式中 C —介质系数，对于岩石 C=0.33，对黏土 C=0.4。

三、爆后检查

（一）爆后检查等待时间

1.露天浅孔爆破，爆后应超过 5min，方准许检查人员进入爆破作业地点；如不能确认有无盲炮，应经 15min 后才能进入爆区检查。

2.露天深孔及药壶蛇穴爆破，爆后应超过 15min，方准检查人员进入爆区。

3.露天爆破经检查确认爆破点安全后，经当班爆破班长同意，方准许作业人员进入爆区。

4.地下矿山和大型地下开挖工程爆破后，经通风吹散炮烟、检查确认井下空气合格后、等待时间超过 15min，方准许作业人员进入爆破作业地点。

5.拆除爆破爆后应等待倒塌建（构）筑物和保留建筑物稳定之后，方准许检查人员进入现场检查。

6.硐室爆破、水下深孔爆破及本标准未规定的其他爆破作业，爆后的等待时间，由设计确定。

（二）爆后检查内容

1.一般岩土爆破应检查的内容有：

1）确认有无盲炮；

2）露天爆破爆堆是否稳定，有无危坡、危石；

3）地下爆破有无冒顶、危岩，支撑是否破坏，炮烟是否排除。

2.硐室爆破、拆除爆破及其他有特殊要求的爆破作业，爆后检查应按第 5 章中的有关规定执行。

（三）处理

1. 检查人员发现盲炮及其他险情，应及时上报或处理；处理前应在现场设立危险标志，并采取相应的安全措施，无关人员不应接近。

2. 发现残余爆破器材应收集上缴，集中销毁。

（四）盲炮处理

1. 一般规定

（1）处理盲炮前应由爆破领导人定出警戒范围，并在该区域边界设置警戒，处理盲炮时无关人员不准许进入警戒区。

（2）应派有经验的爆破员处理盲炮，确室爆破的盲炮处理应由爆破工程技术人员提出方案并经单位主要负责人批准

（3）电力起爆发生盲炮时，应立即切断电源，及时将盲炮电路短路。

（4）导爆索和导爆管起爆网路发生盲炮时，应首先检查导爆管是否有破损或断裂，发现有破损或断裂的应修复后重新起爆。

（5）不应拉出或掏出炮孔和药壶中的起爆药包。

（6）盲炮处理后，应仔细检查爆堆，将残余的爆破器材收集起来销毁；在不能确认爆堆无残留的爆破器材之前，应采取预防措施。

（7）盲炮处理后应由处理者填写登记卡片或提交报告，说明产生盲炮的原因、处理的方法和结果、预防措施。

2. 裸露爆破的盲炮处理

（1）处理裸露爆破的盲炮，可去掉部分封泥，安置新的起爆药包，加上封泥起爆；如发现炸药受潮变质，则应将变质炸药取出销毁，重新敷药起爆。

（2）处理水下裸露爆破和破冰爆破的盲炮，可在盲炮附近另投入裸露药包诱爆，也可将药包回收销毁。

3. 浅孔爆破的盲炮处理

（1）经检查确认起爆网路完好时，可重新起爆。

（2）可打平行孔装药爆破，平行孔距盲炮不应小于0.3m；对于浅孔药壶法，平行孔距盲炮药壶边缘不应小于0.5m。为确定平行炮孔的方向，可从盲炮孔口掏出部分填塞物。

（3）可用木、竹或其他不产生火花的材料制成的工具，轻轻地将炮孔内填塞物掏出，用药包诱爆。

（4）可在安全地点外用远距离操纵的风水喷管吹出盲炮填塞物及炸药，但应采取措施回收雷管。

（5）处理非抗水硝铵炸药的盲炮，可将填塞物掏出，再向孔内注水，使其失效，但应回收雷管。

（6）盲炮应在当班处理，当班不能处理或未处理完毕，应将盲炮情况（盲炮数目、炮孔方向、装药数量和起爆药包位置，处理方法和处理意见）在现场交接清楚，由下一班继续处理。

4. 深孔爆破的盲炮处理

（1）爆破网路未受破坏，且最小抵抗线无变化者，可重新连线起爆；最小抵抗线有变化者，应验算安全距离，并加大警戒范围后，再连线起爆。

（2）可在距盲炮孔口不少于 10 倍炮孔直径处另打平行孔装药起爆。爆破参数由爆破工程技术人员确定并经爆破领导人批准。

（3）所用炸药为非抗水硝铵类炸药，且孔壁完好时，可取出部分填塞物向孔内灌水使之失效，然后做进一步处理。

5. 硐室爆破的盲炮处理

（1）如能找出起爆网路的电线、导爆索或导爆管，经检查正常仍能起爆者，应重新测量最小抵抗线，重划警戒范围，连线起爆。

（2）可沿竖井或平酮清除填塞物并重新敷设网路连线起爆，或取出炸药和起爆体。

第三节　起爆方法及材料

利用外能使药包爆炸的过程称为起爆。导爆索起爆。导爆管起爆和联合起爆。导爆索、导爆管等。常用的起爆方法有：火雷管起爆，常用的起爆材料有导火索、火雷管电雷管起、电雷管。

一、火雷管起爆法

这是利用点燃的导火索产生的火焰，使火雷管爆炸进而引起药包爆炸的方法。

1. 火雷管

由管壳、起爆炸药、加强帽三部分组成。管壳常用铜、铝、纸、塑料等制成。可以起保护起爆炸药和保证爆轰以及防潮的作用。管壳一端开口。以便插入导火索。另一端压成凹形穴。起聚能作用。可使指向后方的爆炸冲击波能量集中。加强对雷管后方炸药的引爆作用。加强帽是中心有小孔的金属帽。既可保护起爆炸药安全、防潮。又可让导火索的火焰穿过，引爆起爆炸药。起爆炸药分为正、副两部分。正起爆炸药在前。多采用对火花和热敏感度很高的雷汞、氮化铅、二硝基重氮酚等炸药：副起爆炸药在后。多采用敏感度亦较高的高威力的黑索金、特屈儿、梯恩梯等烈性炸药。早期的雷管起爆炸药以雷汞为主。"雷管"即因此得名。火雷管按副起爆炸药的多少分为十个序号。号数大的药量多，起爆能力大。工程中常用 6 号和 8 号雷管。雷管遇撞击、挤压、摩擦、加热和火花都易爆炸。

所以运输、保管和使用中应特别注意。另外还要注意防潮。以免降低敏感度。特别潮湿的工作面上不得使用纸雷管或装有雷汞的火雷管。以免拒爆：在有瓦斯矿尘爆炸危险的坑道中。不得使用铝壳雷管。以免爆炸飞出的炽热铝片引起瓦斯矿尘爆炸。

2. 导火索

导火索是以黑火药为药芯。以棉线、塑料布、沥青等材料卷成的圆形索。导火索借其药芯的燃烧传递火焰引爆火雷管。导火索不得受潮、浸油、折断。燃速应在 100 ~ 125s/m 以内。燃烧中不得有断火、透火、外壳燃烧、速燃、缓燃或爆燃等现象发生。导火索须借助点火器材点燃。

火雷管起爆法操作简便。成本较低。在小型、分散的浅孔及裸露药包爆破中广泛应用。缺点是：工人直接在爆破工作面点炮。安全性差。控制起爆顺序不准确。难以达到良好的爆破效果：在起爆前无法用仪表检查准备工作的质量。出现瞎炮（拒爆）的可能性大，因此不宜用于重要的、大型的爆破工程中。

二、电雷管起爆法

电雷管起爆法是利用电雷管通电起爆产生的爆炸能引爆药包的方法。

1. 电雷管

电雷管按起爆时间的不同。分为即发电雷管和延发电雷管。延发电雷管又分为秒延发雷管和毫秒延发雷管。后者又称为微差雷管。

（1）即发电雷管：是通电后瞬即爆炸的电雷管。电雷管装药部分与火雷管相同。不同之处在于管内前段装有电点火装置。该装置由脚线、电桥丝及引火药组成。为了固定脚线和封住管口。在管口段灌以硫黄或装置塑料塞。外面再涂以防水密封胶。当接通电源后。电流通过康铜丝或镍铬丝做成的电桥丝。发热而点燃引火剂后将火花直接传给正起爆炸药，引起爆炸。即发电雷管也分为十个序号。

（2）秒延发电雷管：通电后能延迟一段时间管称为延发电雷管。延发时间较长，以秒为单位计量的称为秒延发电雷管，延发时间较短。以毫秒为单位计量的称为毫秒延发电雷管。秒延发电雷管与即发电雷管的区别。仅在于引火头与正起爆炸药之间安置了缓燃物质。通常是用一小段精制的导火索作为延发物。缓燃、燃速准确。改变导火索的长度。可以做成延发期不同的秒延发电雷管。我国秒延发电雷管系列分为 7 段。延发期从 1 段的不大于 0.1s，2 段的 1.0a + 0.5s 到 7 段的 7.0 + 1.0 不等，可根据爆破工程的需要选用。秒延发电雷管虽能解决分批起爆的问题，但因延发时间过长，爆破效果并不十分理想。为了满足近代微差爆破技术的需要，已逐步以毫秒电雷管取代。特别是在有瓦斯和矿尘爆炸危险的地下爆破中，不准使用秒延发电雷管必须用毫秒电雷管。

2. 电爆网路

将各电雷管用导线连接起来。使之成为一个整体。即为电爆网路。它能将电源供给的电流分配到每一个电雷管。使之具有足够的准爆电流。通电后。能使雷管全部起爆。最小准爆电流指的是能使雷管引火头在规定时间内引燃的最低限度电流强度值。单发电雷管起爆时。康铜桥丝雷管为 0.5 ~ 0.8A，镍铬桥丝雷管为 0.4 ~ 0.5A；成组电雷管起爆时。直流电为 2A。交流电为 2.5A，大爆破时。应保证达到 4 ~ 5A 以上。由于联结方式不同。可以构成型式不同的电爆网路。电爆网路包括电雷管、脚线、端线、连接线、区域线和主线等部分。

三、导爆索起爆法

导爆索起爆法是利用雷管引爆导爆索。再由导爆索网路引爆炸药。它主要用于深孔和洞室爆破。

导爆索是以黑索金、泰安等单质炸药为药芯。以棉、麻等纤维为被覆材料。能传递爆轰的索状起爆器材。为与导火索区别。表面染成红色。它的端部用雷管起爆后。即可利用自身的爆炸性能直接引爆整个网路的药包。不需再在药包中加设雷管。导爆索的抗水性很好。可在水下引爆。导爆索的爆速在 6500m/s 以上。因此。由导爆索网路引爆的各药包几乎是齐爆的。如有延期起爆要求。可以在网络内连入不带电点火装置的特殊延发雷管——继爆管。

导爆索可用火雷管或电雷管引爆。雷管的聚能穴应朝向传爆方向。导爆索网路的联结方式可以分为分段并联和并串联。

分段并联是在深孔或药室外敷设一条主干索然后将炮孔或药室中引出的枝干索分别绑在主干索上。这种联结方法起爆可靠。导爆索消耗量小。

并串联是将所有深孔或药室中引出的枝干索联成一捆或数捆。然后与主干索相联结。这种方法消耗导爆索多。故只适用于药包（深孔）隐蔽集中的场合。

导爆索的爆炸能量足以引爆任何炸药。故没有网路计算的问题：导爆索起爆法操作技术简单。安全可靠：可以使成组深孔和药室同时起爆：不受水和散杂电流（采用表面涂消焰剂的安全导爆索）的干扰。可以在有水和杂电的场合使用。缺点是导爆索价格昂贵。也不能用仪表检查网路敷设质量。

四、导爆管起爆法

导爆管起爆法是一种新型非电起爆方法。它使用的主要起爆材料导爆管是一根外径 3mm、内壁涂有薄层单质炸药的薄塑料软管。导爆管用火或撞击均不能引爆。须用起爆枪或雷管才能起爆。导爆管起爆后。爆轰波以 2000m/s，的速度通过软管。但软管并不被破坏。导爆管只能传递爆轰波。其爆炸能量不足以引爆药包。一般其末端须与普通雷管或非电毫秒雷管配合。才能使药包起爆。

使用导爆管起爆药包时。起爆雷管通过塑料塞用机械卡口方法与导爆管连接。然后安置在药包内。导爆管的另一端则自炮孔孔口引出插入由硬塑料压制成的连接块中。连接块的作用是把导爆管联结成爆破网路。同时。又可通过连接块中的低威力传爆雷管把爆轰波传播下去。而不衰减。进行网路联结时。应将各导爆管单元的导爆管末端对折后插入相邻导爆管单元的连接块中。这种联结方式简单可靠。网路联结完毕后。将导爆管的起爆端封口（以火柴的火焰将导爆管熔化黏合）。然后绑上击发雷管其聚能穴朝向导爆管传爆方向。

导爆管起爆法安全方便。不怕水。不怕杂散电流与静电。费用较低。是一种迅速发展的起爆方法。

五、联合起爆法

在大量炸药爆破时为了确保爆破安全可靠避免发生拒爆事故起爆的可靠性。提高起爆可靠性的措施。一种是采用双重起爆网路。能量：另一种是加大起爆炸药包的起爆能力，使之准确起爆。具体地讲首要的问题是要保分别提供两套起爆前者可采用两套相互独立的电爆网路或用少量高感度炸药去引爆大量低威力炸药。后者是用相当于总药量 10% 左右的较高感度的铰梯炸药，和成束雷管或起爆索装入木箱，或塑料袋中制成起爆体去起爆洞室内的由低感度铰油炸药组成的大药包。

第四节 节爆破方法

一、浅孔爆破

炮孔深度小于 5m，孔径小于 75mm 的炮孔爆破。

（一）露天浅孔爆破

炮孔布置的主要技术参数为：

1. 最小抵抗线（Wp）

浅孔爆破的最小抵抗线 Wp 通常根据钻孔直径和岩石性质来确定，即 Wp=Kwd；

式中 Wp——最小抵抗线（m），通常取药包中心到临空面的最短距离；

Kw——系数，一般采用 15 ~ 30。对于坚硬岩石取较小值，中等坚硬岩石取较大值；

D——钻孔最大直径（cm）。

2. 台阶爆破中的台阶高度（H）

H=（1.2 ~ 2.0）Wp

3. 炮孔深度（h）

在坚硬岩石中 h=（1.1 ~ 1.15）H

在松软岩石中 h=（0.85 ~ 0.95）H

在中硬岩石中 h=H

4．炮孔间距（a）及排距（b）

火雷管起爆时 a=（1.2 ~ 2.0）Wp

电雷管起爆时 a=（0.8 ~ 2.0）Wp 排距一般采用：b=（0.8 ~ 1.2）Wp

装药及起爆：

药量计算公式：Q=0.33Kabh

炮孔装药长度通常相当于孔深的 1/3 ~ 1/2 当装填散装药时，需用木棍捣实，增大装药密度以提高爆破效果。装药卷时，将雷管装入一个药卷中，制成起爆药卷，放在装药全长的 1/3 ~ 1/2 处（由上部算起），浅孔爆破中，堵塞长度不能小于最小抵抗线。

二、深孔爆破

孔深大于 5m，孔径大于 75mm 的钻孔爆破叫作深孔爆破

深孔爆破炮孔布置的主要技术参数：

1．计算抵抗线 Wp（m）

Wp=HDnd/150

式中 H——阶梯高度（m）

D——岩石硬度系数，一般取 0.46 ~ 0.56

n——阶梯高度影响系数，

H（m）	10	12	15	17	20	22	25	27	30
n 值	1	0.85	0.74	0.67	0.6	0.56	0.52	0.47	0.42

2．超钻深度 ΔH（m）

ΔH=（0.12 ~ 0.3）H 或 ΔH=（0.15 ~ 0.35）Wp

岩石越坚硬超钻深度越大

3．炮孔间距 a

a=（0.7 ~ 1.4）Wp 或 a=mWp（对于宽孔距爆破 m=2 ~ 5）

4．炮孔排距 b

b=asin60=0.87a

5. 药包重量 Q（kg）

Q=0.33KHWpa

6. 堵塞长度

L=（0.5 ~ 0.7）H 或 L=（20 ~ 30）D

A 梯段爆破炸药单耗表

f	0.8 ~ 2	3 ~ 4	5	6	8	10	12	14	16	20
g（kg/m³）	0.4	0.43	0.46	0.5	0.53	0.56	0.6	0.64	0.67	0.7

三、孔眼爆破

根据孔径的大小和孔眼的深度可分为浅孔爆破法和深孔爆破法。前者孔径小于75mm，孔深小于5m；后者孔径大于75mm，孔深大于5m。前者适用于各种地形条件和工作面的情况，有利于控制开挖面的形状和规格，使用的钻孔机具较简单，操作方便，但生产效率低，孔耗大，不适合大规模的爆破工程。而后者恰好弥补了前者的缺点，适用于料场和基坑的规模大、强度高的采挖工作。

（一）炮孔布置原则

无论是浅孔还是深孔爆破，施工中均须形成台阶状以合理布置炮孔，充分利用天然临空面或创造更多的临空面。这样不仅有利于提高爆破效果，降低成本，也便于组织钻孔、装药、爆破和出碴的平行流水作业，避免干扰，加快进度。布孔时，宜使炮孔与岩石层面和节理面正交，不宜穿过与地面贯穿的裂缝，以防漏气，影响爆破效果。深孔作业布孔，尚应考虑不同性能挖掘机对掌子面的要求。

（二）改善深孔爆破的效果的技术措施

一般开挖爆破要求岩块均匀，大块率低；形成的台阶面平整，不留残埂；较高的钻孔延米爆落量和较低的炸药单耗。改善深孔爆破效果的主要措施有以下几个方面。

1. 合理利用或创造人工自由面。实践证明，充分利用多面临空的地形，或人工创造多面临空的自由面，有利于降低爆破单位耗药量。适当增加梯段高度或采用斜孔爆破，均有利于提高爆破效率。平行坡面的斜孔爆破，由于爆破时沿坡面的阻抗大体相等，且反射拉力波的作用范围增大，通常可较竖孔的能量利用率提高50%。斜孔爆破后边坡稳定，块度均匀，还有利于提高装渣效率。

2. 改善装药结构。深孔爆破多采用单一炸药的连续装药，且药包往往处于底部、孔口不装药段较长，导致大块的产生。采用分段装药虽增加了一定施工难度，但可有效降低大块率；采用混合装药方式，即在孔底装高威力炸药、上部装普通炸药，有利于减少超钻深度；在国内外矿山部门采用的空气间隔装药爆破技术也证明是一种改善爆破破碎效果、提高爆炸能量利用率的有效方法。

3. 优化起爆网路。优化起爆网路对提高爆破效果，减轻爆破震动危害起着十分重要的作用。选择合理的起爆顺序和微差间隔时间对于增加药包爆破自由面，促使爆破岩块相互撞击以减小块度，防止爆破公害具有十分重要的作用。

4. 采用微差挤压爆破。微差挤压爆破是指爆破工作面前留有渣堆的微差爆破。由于留有渣堆，从而促使爆岩在运动过程中相互碰撞，前后挤压，获得进一步破碎，改善了爆破效果。微差挤压爆破可用于料场开挖及工作面小、开挖区狭长的场合如溢洪道、渠道开挖等。它可以使钻孔和出渣作业互不干扰，平行连续作业，从而提高工作效率。

5. 保证堵塞长度和堵塞质量。实践证明，当其他条件相同时，堵塞良好的爆破效果及能量利用率较堵塞不良的场合可以大幅提高。

四、光面爆破和预裂爆破

20 世纪 50 年代末期，由于钻孔机械的发展，出现了一种密集钻孔小装药量的爆破新技术。在露天堑壕、基坑和地下工程的开挖中，使边坡形成比较陡峻的表面；使地下开挖的坑道面形成预计的断面轮廓线，避免超挖或欠挖，并能保持围岩的稳定。

实现光面爆破的技术措施有两种：一是开挖至边坡线或轮廓线时，预留一层厚度为炮孔间距 1.2 倍左右的岩层，在炮孔中装入低威力的小药卷，使药卷与孔壁间保持一定的空隙，爆破后能在孔壁面上留下半个炮孔痕迹；另一种方法是先在边坡线或轮廓线上钻凿与壁面平行的密集炮孔，首先起爆以形成一个沿炮孔中心线的破裂面，以阻隔主体爆破时地震波的传播，还能隔断应力波对保留面岩体的破坏作用，通常称预裂爆破。这种爆破的效果，无论在形成光面或保护围岩稳定，均比光面爆破好，是隧道和地下厂房以及路堑和基坑开挖工程中常用的爆破技术。

五、定向爆破

20 世纪 50 年代末和 60 年代初期，在中国推行过定向爆破筑坝，3 年左右时间内用定向爆破技术筑成了 20 多座水坝，其中广东韶关南水大坝（1960），一次装药 1394.3 吨，爆破 226 万米 3，填成平均高为 62.5 米的大坝，技术上达到了国际先进水平。

定向爆破是利用最小抵抗线在爆破作用中的方向性这个特点，设计时利用天然地形或人工改造后的地形，使最小抵抗线指向需要填筑的目标。这种技术已广泛地应用在水利筑坝、矿山尾矿坝和填筑路堤等工程上。它的突出优点是在极短时期内，通过一次爆破完成土石方工程挖、装、运、填等多道工序，节约大量的机械和人力，费用省，工效高；缺点是后续工程难于跟上，而且受到某些地形条件的限制。

六、控制爆破

不同于一般的工程爆破，对由爆破作用引起的危害有更加严格的要求，多用于城市或人口稠密、附近建筑物群集的地区拆除房屋、烟囱、水塔、桥梁以及厂房内部各种构筑物基座的爆破，因此，又称拆除爆破或城市爆破。

控制爆破所要求控制的内容是：

①控制爆破破坏的范围，只爆破建筑物需要拆除的部位，保留其余部分的完整性；

②控制爆破后建筑物的倾倒方向和坍塌范围；

③控制爆破时产生的碎块飞出距离，空气冲击波强度和音响的强度；

④控制爆破所引起的建筑物地基震动及其对附近建筑物的震动影响，也称爆破地震效应。

爆破飞石、滚石控制产生爆破飞石的主要原因是对地质条件调查不充分、炸药单耗太大或偏小造成冲炮、炮孔偏斜抵抗线太小、防护不够充分、毫秒起爆网路安排特别是排间毫秒延迟时间安排不合理造成冲炮等。监理工程师会同施工单位爆破工程师，现场严格要求施工人员按爆破施工工艺要求进行爆破施工，并考虑采取以下措施：

①严格监督对爆破飞石、滚石的防护和安全警戒工作，认真检查防护排架、保护物体近体防护和爆区表面覆盖防护是否达到设计要求，人员、机械的安全警戒距离是否达到了规程的要求等。

②对爆破施工进行信息化管理，不断总结爆破经验、教训，针对具体的岩体地质条件，确定合理的爆破参数。严格按设计和具体地质条件选择单位炸药消耗量，保证堵塞长度和质量。

③爆破最小抵抗线方向应尽量避开保护物。

④确定合理的起爆模式和延迟起爆时间，尽量使每个炮孔有侧向自由面，防止因前排带炮（岳冲）而造成后排最小抵抗线大小和方向失控。

⑤钻孔施工时，如发现节理、裂隙发育等特殊地质构造，应积极会同施工单位调整钻孔位置、爆破参数等；爆破装药前验孔，特别要注意前排炮孔是否有裂缝、节理、裂隙发育，如果存在特殊地质构造，应调整装药参数或采用间隔装药形式、增加堵塞长度等措施；装药过程中发现装药量与装药高度不符时，应说明该炮孔可能存在裂缝并及时检查原因，采取相应措施。

⑥在靠近建（构）筑物、居民区及社会道路较近的地方实施爆破作业，必须根据爆破区域周围环境条件，采取有效的防护措施。常用的飞石、滚石安全防护方法有：立面防护。在坡脚、山体与建筑物或公路等被保护物间搭设足够高度的防护排架进行遮挡防护。在坡脚砌筑防滚石堤或挖防滚石沟；保护物近体防护。在被保护物表面或附近空间用竹排、沙袋或铁丝网等进行防护；爆区表面覆盖防护。根据爆区距离保护物的远近，可采用特种覆盖防护、加强覆盖防护、一般防护等。

七、松动爆破

松动爆破技术是指充分利用爆破能量，使爆破对象成为裂隙发育体，不产生抛掷现象的一种爆破技术。它的装药量只有标准抛掷爆破的 40% ~ 50%。松动爆破又分普通松动及加强松动爆破。松动爆破后岩石只呈现破裂和松动状态，可以形成松动爆破漏斗，爆破作用指数 n≤0.75。该项技术已广泛应用于各类工程爆破之中，并取得了显著的经济效益。在煤炭开采中，松动爆破为多种采煤方法的应用起助采作用，属于助采工艺，特别是在煤层中含有夹研带的开采中。因此，研究松动爆破技术对于提高煤炭开采效果具有重要意义。

松动爆破（looseningblasting）是炸药爆炸时，岩体被破碎松动但不抛掷。它的装药量只有标准抛掷爆破的 40% ~ 50%。松动爆破的爆堆比较集中，对爆区周围未爆部分的破坏范围较小。

（一）爆破机理

1. 煤岩体松动爆破的机理

由钻孔爆破学可知，钻孔中的药卷（包）起爆后，爆轰波就以一定的速度向各个方向传播。爆轰后的瞬间，爆炸气体就已充满整个钻孔。爆炸气体的超压同时作用在孔壁上，压力将达几千到几万 MPa。爆源附近的煤岩体因受高温高压的作用而压实。强大的压力作用结果，使爆破孔周围形成压应力场。压应力的作用使周围煤体产生压缩变形，使压应力场内的煤岩体产生径向位移，在切向方向上将受到拉应力作用，产生拉伸变形。由于煤岩的抗拉伸能力远远低于抗压能力，故当拉应变超过破坏应变值时，就会首先在径向方向上产生裂隙。在径向方向上，由于质点位移不同，其阻力也不同，因此，必然产生剪应力。如果剪应力超过煤岩的抗剪强度，则产生剪切破坏，产生径向剪切裂隙。此外，爆炸是一个高温高压的过程，随着温度的降低，原来由压缩作用而引起的单元径向位移，必然在冷却作用下使该单元产生向心运动，于是单元径向呈拉伸状态，产生拉应力。当拉应力大于煤岩体的抗拉强度时，煤岩体将呈现拉伸破坏，从而在切向方向上形成拉伸裂隙，钻孔附近形成了破碎带和裂隙带。

另外，由于钻孔附近的破碎带和裂隙带的影响，破坏了煤岩体的整体性，使周围的煤岩体由原来的三向受力状态变为双向受力状态，靠近工作时又变为单向受力状态，从而使煤岩体的抗压强度大为降低，在顶板超前支承压力作用下，增大了煤岩的破碎程度，采煤机的切割阻力减小，加快了割煤速度，从而起到了松动煤体的作用。

2. 不耦合装药的机理

利用不祸合装药（即药包和孔壁间有环状空隙），空隙的存在削减了作用在孔壁上的爆压峰值，并为孔间提供了聚能的临空而。削减后的爆压峰值不致使孔壁产生明显的压缩破坏，只切向拉力使炮孔四周产生径向裂纹，加之临空而聚能作用使孔间连线产生应力集中，孔间裂纹发展，而滞后的高压气体沿缝产生"气刀"劈裂作用，使周边孔间连线上裂纹全部贯通。

（二）安全要求

1．凿岩

（1）凿岩前清除石方顶上的余渣，按设计位置清出炮孔位；

（2）凿岩人员应戴好安全帽，穿好胶鞋；

（3）凿岩应按本方案设计，对掏槽眼（辅助眼）、周边眼应根据孔距、排距、孔眼深和孔眼倾斜角进行操作；

（4）孔眼钻凿完毕后，应清除岩浆，并用堵塞物临时封口，以防碎石等杂物掉入孔内。

2．装药

（1）采用乳化装药，各单孔采用非电毫秒微差雷管，集中后由微差电雷管引爆；

（2）单孔药量和分药量，分段情况应按本设计方案进行，装药后应认真做好堵塞工作，留足堵塞长度，保证堵塞质量。

3．起爆

（1）各单孔内分段和各单孔间分段应严格按设计施工，严禁混装和乱装；

（2）孔外电雷管均为串联连接，电雷管应使用同厂同批产品，连接前应用爆破欧姆表量测每只电雷管电阻值，并保证在 ±0.2 的偏差内；

（3）起爆电雷管应用胶布扎紧，并将其短路后置于孔边，待覆盖完成后再次导通，并进行全网连接；

（4）网络连接后，应测出网路总电阻，并与计算值相比较，若差值不相符合，应查明原因，排除故障，防止错接、漏接；

（5）起爆电源若为直流电，则通过每只电雷管的电流不得小于2.5A，若为交流电则不少于4A；

（6）起爆前，网络连接好的爆破组线应短路并派专人看管，待警戒好后指挥起爆人员下达命令后方可接上起爆电源，下达起爆指令后方可充电起爆。若发生拒爆，应立即切断电源，并将组线短路；若使用延期雷管，应在短路不少于15分钟方可进入现场，待查出原因，排除故障后再次起爆。

4．警戒

做好安全警戒工作是保证安全生产的重要措施，所有警戒人员应听从警戒指导小组下达的指令，做好各警点的警戒工作。

具体的安全警戒措施如下：

（1）做好安民告示，向周围单位和居民送发爆破通知书，说明爆破及有关注意事项，并在明显地段张贴公安局、业主、施工单位联合发布的《爆破通知》；

（2）当爆破作业开始警戒时：应吹哨，各警戒人员各就各位，通知工地所有人员撤离到爆破现场以外安全区；

（3）当起爆指挥员接到警戒员已做好警戒工作的通知，起爆员接到指令，应为吹三声长哨，开始充电，后再次吹三声短哨起爆；

（4）起爆后，应过5分钟后，爆破作业员方可进入爆区检查爆破情况确认安全起爆无险情后，吹一声长哨解除警戒放行。

八、硐室爆破

硐室爆破是指将大量炸药集中装填于设计开挖成的药室内，达成一次起爆大量炸药、完成大量土石方开挖或抛填任务的爆破技术。硐室爆破的主要特点是效率高，但对周围环境和地质环境要求较高。通过形成缓冲垫层处理采空区的硐室爆破实践，将单层单排几个硐室爆破方案改进为双层双排层硐室群爆破方案，并拓展采用了纵向立体错位、同向诱导崩塌的硐室群爆破技术，同时改进硐室工程布置和填塞形式，形成了条形药包准空腔装药结构。

（一）技术方案

1. 最小废石缓冲垫层厚度的确定

当采空区上部的岩体发生冒落时，冒落体的势能转化为对空区内部空气压缩做功和对采空区下部结构体的冲击做功。在采空区的底部保留一定厚度的废石缓冲垫层，可以起到消减风速风压和吸收冲击能的作用。

从消减风速风压和吸收冲击能两种角度分别进行了废石缓冲垫层厚度的理论计算，结合矿山900m中段以上的空区实际，最终确定废石缓冲垫层厚度最小值为20m。

2. 硐室爆破方案

根据采空区的形状和位置，基于强制诱导崩落的思路，提出了以空区本身作为自由面，采用硐室爆破崩落上盘围岩使空区顶板处于拉应力状态的技术方案。工程实施中将整个硐室由中心向两翼集中爆破分次完成，先形成散体中心垫层，以防止在空区最大拉应力处产生的零星冒落冲击下部采场顶柱。同时按照拱形冒落原理，选取980m水平、950m中段作为诱导空区冒落的主要水平，采用双层单排混合方式布置硐室。

（二）方案评述

1. 相邻两侧硐室堵塞和清除任务繁重以首次3个硐室爆破为例，其爆区相邻两侧的2个硐室均位于爆破的地震波破坏范围内，为避免破坏，爆破前必须将其堵塞；而下次爆破前又需将其堵塞料清除，然后再装药、堵塞，如此，加重了堵塞和清除任务。

2. 缓冲垫层形成厚度不均，增加了矿石的贫化损失矿柱回收是在按自然安息角堆积成锥体形状废石缓冲垫层下进行的，采用单层单排几个硐室爆破时，间柱和底柱上部缓冲垫层存在着厚度和块度不均的情形。按照放矿规律，在回收这部分矿石时，同厚度均匀但高差相对较小的台体缓冲垫层相比，锥体形状废石缓冲垫层中块度较小的废石容易首先获得能量向放矿口移动，造成矿石贫化；当矿石贫化到一定程度后放出的矿石品位小于截止放矿品位，导致放矿结束，这样不仅降低了矿石的回收率，也增加了矿石的损失。

3.施工组织频繁，缓冲垫层形成进度缓慢因硐室爆破使用炸药量较大，为确保爆破成功，从运药、装药、堵塞、模拟试验、安保、警戒等环节安全要求极高；但由于空区处理工作的紧迫性，必须频繁组织实施爆破，势必会与矿山正常生产相互干扰；此外，由于单层单排几个硐室一次爆破时形成的缓冲垫层废石量较小，必将延长了缓冲垫层形成的进度。

正是因为以上不足，需要在后期的爆破实践中对硐室爆破方案进行改进。

（三）方案改进

1.将几个硐室爆破方案改进为硐室群爆破方案

（1）采用群药包的联合微差爆破，进一步加强应力波的叠加作用，提高缓冲垫层形成的质量采用硐室群的爆破可充分利用微差爆破的原理，相邻、上下药包是在先爆药包的应力波尚未完全消失时起爆的，几组硐室的爆炸应力波相互叠加，形成了极高的复杂应力场，有利于岩石破裂并形成了很强的抛掷能力；同时，岩块在空中相遇，相互碰撞作用加强，产生补充破碎作用。正是上述两种作用，岩石得到充分破碎，可改善爆破效果，降低岩石大块率，提高缓冲垫层形成的质量。

（2）减少爆破次数，实现平行作业，加快缓冲垫层形成进度和前期的单层单排几个硐室爆破方案相比，双层单排硐室群集中爆破时，可减少爆破次数，不需对相邻的硐室进行频繁的堵塞和清除，能有效地降低作业强度；同时，由于双层单排硐室群存在两个独立通道，可实现两个水平的运药和填塞工序平行作业。这样，不仅加快了整体缓冲垫层形成进度，而且有效促进矿山下部开采安全环境的形成。

2.采用纵向立体错位、同向诱导崩塌的硐室群爆破技术

硐室群爆破时，尽可能使爆破的硐室在纵向上形成立体错位，从而实现同一自由面方向上围岩的诱导崩塌，达到有效增加爆破散体岩量、提高横向上缓冲垫层厚度均匀分布的目的。

（1）能充分发挥药包连心线上裂纹的产生和扩展作用，有利于增加爆破散体岩量。正是在以上分析的基础上，和纵向上下对应的硐室群布置方式相比，采用纵向立体错位的硐室群布置方式，裂纹沿药包连心线开裂和扩展的空间更大，裂纹作用发挥得更充分，有利于增加爆破散体岩量。

（2）有利于增加新的自由面，充分实现硐室群间围岩的诱导崩塌，增加爆破散体岩量由于硐室工程设计时，考虑充分利用地下已有采矿工程和新实施硐室工程的排渣、通风、掘进等因素，选取的两层硐室工程高程相差为30m，最小抵抗线为15m～19m，但由于硐室剖面形态各异，无法实现两层药包的上下破裂半径方向上相切贯通，导致爆破岩量不能大幅度增加。但分析几个错位对应的硐室剖面，由于其破裂半径之间相互叠加，可利用上层硐室爆破后新形成的爆破漏斗侧边及漏斗体外的裂纹来增加下层后爆硐室的自由面，从而增加爆破散体岩量；此外，由于爆破应力波和爆生气体的作用，错位对应的硐室群间围岩已形成了不同程度的贯穿裂纹，随着时间的推移，这部分围岩已被诱导将会产生失稳冒落，也必然会增加散体岩量。

（3）可提高缓冲垫层横向上厚度分布的均匀性，为覆岩下矿柱的回收创造良好条件

由于高程的不同，相同药量条件下，上层硐室群比下层硐室群爆破后岩石抛掷距离远，这将对于缓冲垫层在空区上、下盘间的形成十分有利。但由于硐室间隔的存在和岩石按自然安息角形态堆积的影响，在空区横向上会存在缓冲垫层厚度不连续的情形，而采用纵向立体错位布置硐室群恰好弥补了这一缺陷，可提高缓冲垫层在横向上厚度分布的均匀性，满足放矿时对覆盖层的要求，为矿柱的回收创造良好条件。

3. 改进硐室工程布置和填塞形式，形成条形药包准空腔装药结构

条形药包因具有爆破方量多，能量分布均匀，相对地减少矿岩大块率和过粉碎等特点被广泛采用。由于硐室布置在空区的上盘，为保证施工安全和堵塞方便，无法采用标准的条形药包布置形式。通过改进硐室工程布置，将爆破硐室平行于平巷设计，在横巷和硐室间增加联络道，并将前期的"T"形堵塞改进为"L"形堵塞，可达到有效减少填塞工作量的目的；同时通过控制堵塞长度，达到条形药包的最优空腔比，即硐室体积与药室体积之比达到 4 ~ 5 之间（相当于不耦合系数为 2 ~ 2.24），这样便形成了条形药包准空腔装药结构。改进后的条形药包准空腔装药结构在爆破作用过程中，一方面降低了爆炸冲击波的峰值压力，避免了对围岩的过破碎；另一方面延长了应力作用时间，由于冲击波往返的多次作用，使得应力场增强的同时，获得了更大的爆破冲量，提高了爆破有效能量利用率；同时在爆炸作用过程中产生二次和后续系列应力波，使岩体裂隙得到进一步扩展。因此，采用条形药包准空腔装药结构能使岩石块度更加均匀，为进一步提高缓冲垫层质量创造了有利条件。

（四）效果分析

（1）硐室爆破自实施以来，按照"精心设计、严格施工、精细化管理"的要求，没有发生任何事故，爆破有害效应得到了严格的控制。

（2）根据爆破实际散体量统计，900m 中段以上已形成了约 26m 厚的缓冲垫层，大于设计厚度 20m。分析散体岩量增大的原因主要有两点：一是爆破后应力重新分布造成围岩零星冒落。爆破后，由于硐室群药包的作用，距离炸药作用较远区域的围岩会产生部分未完全扩展到围岩断裂的微裂隙，随着时间推移，围岩应力重新分布达到新的平衡，在此过程中，这部分围岩会在重力作用下，产生零星冒落，从而增大散体岩量。二是硐室群空腔布药推动其间围岩移动。炸药爆炸后，上下药室的高压气体独自膨胀，在一定的时间内，气腔膨胀有可能击穿其间的岩石迅速连通成整体气腔，继续推动错位布置硐室间岩石向空区方向做功、移动，不仅改善了爆破质量，还诱导增加了围岩的崩落量。这两点在现场 980m 水平 28 和 950m 中段 26、28 号硐室爆破，表现较为明显。

（3）改进后的硐室群爆破从 2012 年开始，经历了 3 次较大规模的爆破，目前整个工

程已基本完成。现场通过放矿统计，大块率基本控制在 7% ~ 10% 之间；缓冲垫层的堆积形状在横向、纵向和空区宽度方向上相对比较平整；900m 中段下盘穿脉口已被废石完全堵塞，这些技术要素均达到了构建空场开采安全工程体系的要求，也为消除空区灾害隐患，营造矿山下部开采安全环境奠定了良好的基础。

（五）总结

通过形成缓冲垫层处理采空区的硐室爆破实践，将单层单排几个硐室爆破方案改进为双层双排层硐室群爆破方案，并拓展采用了纵向立体错位、同向诱导崩塌的硐室群爆破技术，同时改进硐室工程布置和填塞形式，形成了条形药包准空腔装药结构。实践证明，这些技术改进不但改善了爆破效果，增加了围岩的崩落量，提高了缓冲垫层形成的质量，也丰富了硐室爆破技术体系，具有一定的推广价值。

九、毫秒爆破

利用毫秒雷管或其他毫秒延期引爆装置，实现装药按顺序起爆的方法称为毫秒爆破。毫秒爆破有以下主要优点：

1. 增强破碎作用，减小岩石爆破块度，扩大爆破参数，降低单位炸药消耗量。

2. 减小抛掷作用和抛掷距离，防止周围设备损坏，提高装岩效率。

3. 降低爆破产生的振动，防止对周围建筑物造成破坏。

4. 可以在地下有瓦斯的工作面内使用，实现全断面一次爆破，缩短爆破作业时间，提高掘进速度，并有利于工人健康。

十、水下爆破

水下爆破，指在水中、水底或临时介质中进行的爆破作业。水下爆破常用的方法有裸露爆破法、钻孔爆破法以及洞室爆破法等。水下爆破原理就是利用乳化炸药爆炸时产生的爆轰现象，主要由其中的冲击波能（冲击破坏）和高能量密度气体（能产生破坏力极强的气泡脉动效应）所产生的剧烈破坏作用将船体钢板，和结构破坏爆破工程的主要材料是炸药，炸药是易燃易爆物品，在特定条件下，其性能是稳定的，储存、运输、使用时也是安全的。进行爆破作业时，最重要的是怎样使效率提高、完全发生爆炸并且能安全进行操作。

水下爆破原理就是利用乳化炸药爆炸时产生的爆轰现象，主要由其中的冲击波能（冲击破坏）和高能量密度气体（能产生破坏力极强的气泡脉动效应）所产生的剧烈破坏作用将船体钢板和结构破坏，达到能清理沉船的目的。

爆破工程的主要材料是炸药，炸药是易燃易爆物品，在特定条件下，其性能是稳定的，储存、运输、使用时也是安全的。进行爆破作业时，最重要的是怎样使效率提高、完全发生爆炸并且能安全进行操作。参与爆破工程施工作业人员应当要掌握、熟悉所用炸药的性能，在适合的炸药中选择最便宜的炸药，熟悉掌握爆破技术的理论，用最合适的方法进行作业；参与爆破工程施工作业人员应当遵守法律所规定的安全规则，从而积极地按照实际情况进行安全操作。

任何工程，都是以安全第一为目标。所以在现场使用炸药和接触炸药的人员，在从事操作过程中首先必须事事考虑的是安全第一，尽量避免或杜绝爆炸事故的发生。

需要爆破的介质自由面位于水中的爆破技术。主要用于河床和港口的扩宽加深、清除暗礁，水下构筑物的拆除、水下修建隧洞的进水口（见岩塞爆破）等。水下爆破和陆地爆破的原理大致相同。但因水的不可压缩性以及压力、水深、流速的影响，它又具有许多特点，要求爆破器材具有良好的抗水性能，在水压作用下不失效，并不过分降低其原有性能；由于水的传爆能力较大，在爆破参数设计时要注意殉爆影响；施工方法上必须考虑水深、流速、风浪的影响，钻孔定位、操作、装药、连接爆破网路要做到准确可靠都较困难；水能提高裸露药包的破碎效果，但炸药的爆炸威力随水深、水压的增加而降低，爆破效果较差；在等量装药的情况下，水下爆破产生的地震波比陆地爆破要大，水中冲击波的危害较突出。

（一）水下爆破工程作业流程

水下爆破是一项复杂的工程，涉及的因素很多，诸如天气、海水能见度、海潮状况、水流状态、水下作业深度等，特别是爆炸物品均储放在作业船上，其安全性尤为重要。因此进行水下爆破作业时必须严格按照制定的安全规则、作业方案、海情状况进行爆破作业。

（二）水下爆破作业流程

1. 资质的审核

立项做水下爆破工程时，首先要对承接爆破作业单位和其工程技术人员的资格进行资质审核（该项工作需要工程甲方单位协助到当地公安部门进行审核），并办理水下爆破工程的相关手续，只有在当地公安部门（县、市级）批准的情况下，才能实施水下爆破工程；在通航的海域进行水下爆破时，一般应在三天之前由港监发布爆破施工通告。

2. 探摸

在实施水下爆破工程前，首先要了解需爆破清除船只的有关具体情况（沉船的结构参数、沉船姿态、所处水深、淤泥掩埋状况、沉船海域的海况等一系列相关情况）。

3. 制定爆破方案

根据潜水员的水下探摸情况及对清航的要求，制定出切实可行的爆破方案。方案中包括工程所需的爆破器材的需求量和品种、爆破指挥机构和作业人员的组成（包括在爆破技术专业人员指导下参与工作的甲方人员）及分工、安全作业规则等。

4. 采购爆炸器材

到当地公安部门批准的单位（指定的商业部门和工厂）预定或采购定制爆破器材（主要是根据水深定制生产相适合的炸药）；爆破器材到位后，应将所有的爆破器材按其功能和危险等级分别放置在作业船舶规定的安全区域内（炸药可以码放在甲板上，并用苫布苫盖好，起爆器材放到距离炸药安全距离外的专用船舱内的可锁铁皮柜子内）。炸药和起爆器材必须严格分离存放，其距离必须符合规定的安全距离之外。

5. 爆破作业前的准备工作

到达作业海域后，作业船舶应在有利于爆破作业（探摸和下炸药）的地方定位抛锚停泊。根据爆破方案准备爆破器材（甲方人员可以在爆破技术专业人员的指导下协助捆扎炸药条和其他的准备工作）；按爆破方案潜水员进行水下探摸及布设炸药前期的其他准备工作（如：对布放炸药线路上的船体钢板进行电焊打孔，安放捆扎固定炸药条的物品、安置布设炸药网络的标识物等）。

6. 布放炸药作业

在完成所有爆破作业前的准备工作后（尤其是要了解作业海域的天气是否能连续作业多天的可行性。因为一旦布放了炸药就要在最短的时间内进行爆破，炸药长时间在水下浸泡将影响炸药的性能甚至完全失效。这一点非常重要）。才能实施布放炸药的作业。布放炸药时，必须严格按照爆破专业技术人员制定的工艺要求进行布放；炸药布放完毕后，需指派有经验的潜水员对安放的炸药进行复查（主要检查炸药条是否按要求进行布放、捆绑；有无漏捆、断接的地方；炸药网络"T"字形处炸药的搭接方向是否一致等重要部位的情况）。在潜水员出水报告布放的炸药达到作业规定要求后，才能安放最终起爆装置（起爆头）实施爆破作业。

7. 点火起爆

作业母船驶离爆破作业点并在安全距离之外巡海等候，爆破现场只留执行爆破点火作业的小船，小船上只留有必要的作业人员。作业母船按照有关规定在爆破海域施放警报，瞭望巡视附近海面确无其他船只航行时，工程总指挥方能下令点火作业人员实施起爆作业。

8. 清除油污

爆破作业实施后，作业母船返回作业地点，如果作业海域有油污的话，则首先需进行油污清除工作。

9. 探摸爆炸效果

等作业海域的海况符合作业条件后（主要指海水能见度达到一定的清晰度），派潜水员下水对爆破效果进行探摸（爆破后沉船体将产生许多锋利破碎钢板，为确保潜水员的安全，严禁重潜人员下水探摸，探摸任务应由背气瓶的轻潜人员担任）。

10. 再次爆破的准备或收工撤场

根据潜水员的探摸情况，制定出下一步的方案：①需进行再次爆破，则需制定出下一步的爆破方案，进行下一轮的爆破准备工作；②已完成爆破工程任务则收工撤离现场返回基地港口。

（三）水下爆破的安全规则

炸药是易燃易爆物品，在特定条件下，其性能是稳定的，储存、运输、使用时也是安全的。由于水下爆破工程的特殊性，爆破器材一般集中存放在作业船上指定的安全区域（炸药和起爆器材必须严格分别放置在规定的安全距离之外），不排除意外的爆炸事件也会发生，所以安全工作特别重要。为确保作业人员和作业船舶的安全，在实施爆破工程过程中，必须严格按照有关的安全规则进行爆破作业。

1. 装载爆破器材的船舶的船头和船尾要按规定悬挂危险品标志，夜间和雾天要有红色安全灯。

2. 遇浓雾、大风、大浪无法作业驶回锚地时，停泊地点距其他船只和岸上建筑物不少于 250 ~ 500 米。

3. 从装药条开始至爆破警报解除的时间内，作业母船需要加强瞭望、注意过往船舶的航向，防止无关船只误入危险区；过往船只不得进入爆破危险区域或靠近爆破作业船。

4. 爆破器材必须按照其功能和危险等级分别存放，与爆破器材无关的杂物不得共同存放。在存放炸药的甲板区域，不得有尖锐的突出物。炸药必须码放整齐并用苫布苫盖，严禁任何人员在该区域抽烟和其他的明火作业；

5. 潜水爆破工程作业时，尤其是在海上作业，为确保作业安全，起爆装置必须采用非电起爆系统。起爆系统必须由专业人员制作，必须放置在离炸药安全距离之外的专用舱室内的可锁铁皮柜子内，由爆破技术专业人员保管；

6. 在水下布设炸药作业时、完成后，禁止进行电氧切割、电焊或其他与爆破无关的水下作业；

7. 必须使用锋利的刀具切割导火索、导爆索，严禁使用钝的刀具进行切割作业；

8. 起爆点火作业船上的人员，作业时必须穿好救生衣，禁止无关人员乘坐起爆点火作业船只；

9. 导火索必须使用暗火（如香烟）或专用点火器具进行点火作业；

10. 盲炮应及时处理，遇有难处理而又危及航行船舶安全的盲炮，应延长警戒时间，继续处理直至排除盲炮。

11. 炸药和起爆器材严禁重摔、拍砸；用于深水区域的爆破器材必须具有足够的抗压性能，或采取有效的抗压措施（起爆器材必须密封防水）；传爆网络的塑料导爆管严禁有打结、压扁、表皮划破、拉抻变细等现象；爆破工程完成后的剩余爆破器材，必须采用适当的方式进行销毁处理，炸药严禁带回作业船舶的基地港口。

十一、岩塞爆破

岩塞爆破形成的进水口常年在水下运行，需要有良好的运行条件。岩塞的位置和几何形状确定后，才能进行爆破设计。岩塞爆破一般有 2 类方法：铜室爆破法和钻孔爆破法。

其中铜室爆破法又分为集中药室铜室爆破法和条形药室铜室爆破法；而钻孔爆破法又包括大孔径深孔爆破法和小孔径炮眼爆破法；还有就是上述方法的组合。

岩塞爆破形成的进水口常年在水下运行，需要有良好的运行条件。岩塞的位置和几何形状确定后，才能进行爆破设计。岩塞爆破一般有 2 类方法：铜室爆破法和钻孔爆破法。其中铜室爆破法又分为集中药室铜室爆破法和条形药室铜室爆破法；而钻孔爆破法又包括大孔径深孔爆破法和小孔径炮眼爆破法；还有就是上述方法的组合。

1．岩塞位置的选择

对于岩塞的位置，既要水力学条件好，又要具有良好的爆破条件。因此岩塞位置要求选择在岩性单一、整体性好、构造简单、裂隙不大发育的地方，且岩面平顺，岸坡坡度在30 ~ 60 度宜。另外，还要考虑与已成建筑物的关系，尽可能远离已建成的建筑物。

2．岩塞形状

岩塞的形状有马蹄型、圆形、椭圆形、矩形等等，包括内口形状和外口形状，一般外端呈喇叭状，里端开口尺寸小于外端开口尺寸。岩塞的形状一般是根据隧洞的形状和功能选择，要求满足进水的流态要求。从理论上说，岩塞形状可以任意选择，但实际工程中的岩塞一般为圆形，岩塞轴线与岩塞外的水下地形基本垂直。国内外成功实施的岩塞爆破，也大部分选择圆形岩塞，针对圆形岩塞国内外进行了大量的模型试验和数值计算，属于比较成熟的岩塞体型。

3．岩塞倾角

岩塞的倾角有上倾角、水平和下倾角 3 种。3 种倾角的爆渣处理方式是不一样的：上倾角岩塞的爆渣一般以集渣或泄渣的方式进人隧洞；下倾角岩塞的爆渣以进入库区水中为主；水平岩塞的爆渣一般部分进入库区，部分进入隧洞。

由于水平岩塞和下倾角岩塞的爆渣要往库区中去，受水压的作用，实现起来有很多不确定因素，因此选择这 2 种岩塞倾角的工程实例不多，一般还是以上倾角岩塞为主。对于上倾角岩塞方案，上倾角度越陡，越有利于岩渣进入集渣坑，但角度越大，施工难度越大；而坡度越缓，则岩渣滑人集渣坑的难度就越大。

4．岩塞开口尺寸

岩塞开口尺寸要满足过水断面要求。对于聚渣方案，在岩塞段后方的过渡段断面要适当扩大，使聚渣坑满足积渣容积要求，且过渡平顺，以保证水流顺畅。在满足以上条件的情况下尽量减小岩塞尺寸，以减少爆破震动破坏和贯通难度。

5．岩塞厚度和体型

岩塞厚度的选定是确保施工安全与设计合理的主要影响因素。岩塞厚度的选取与地质条件、岩塞尺寸、上覆水深度等因素有关，岩层结构越稳定、越完整，则选择的岩塞厚度就可以适当减小。国内几个工程岩塞厚度 H 与岩塞直径（或跨度）D 之比在 1.0 ~ 1.4 之间，国外工程的比值一般也在 1.0 ~ 1.5 之间，个别的也有在 2.0 之上的。当岩塞采用药室爆破方案时，在塞体内开挖导洞和药室具有一定的危险性,为了施工安全,故所选的 H 值较大；

对于钻孔爆破的岩塞，施工相对安全，H值可以适当减小。

6. 集渣坑的设计

对于上倾角岩塞，岩塞体爆破后产生的石渣必随水冲流入隧洞，如果不能通过隧洞泄渣，为保证水流畅通和过水断面，必须在岩塞后方取水洞段挖一集渣坑。集渣坑的容积根据岩塞体体积计算确定，松散系数按1.6倍计算，集渣坑体积按松散体的2倍计算，同时还必须考虑岩塞外的松渣和岩塞爆破时的超挖因素。

7. 岩塞爆破的设计原则与要求

岩塞爆破形成的进水口常年在水下运行，需要有良好的运行条件。因此，岩塞爆破的设计原则与要求如下：

①必须一次爆破成型，不允许出现拒爆或爆破不完全；

②爆破后岩塞四周的围岩应当有一定的完整性和稳定性，不遗留可能发生滑坡坍塌等隐患；

③岩塞顶部和底部的开口应满足进水流态的要求，具有良好的水力学条件；

④岩塞爆破时必须确保周围保护物的安全；

⑤岩塞厚度应满足岩塞体在水压力作用下的稳定，保证爆破施工安全；

⑥泄渣时应尽力减轻岩渣对隧洞结构产生的磨损；

⑦岩塞体底部集渣坑的容积应满足爆落岩渣顺畅下泄，不允许岩渣在洞内发生瞬时堵塞事故。

8. 岩塞爆破方法的设计

岩塞的位置和几何形状确定后，才能进行爆破设计。岩塞爆破一般有2类方法：铜室爆破法和钻孔爆破法。其中铜室爆破法又分为集中药室铜室爆破法和条形药室铜室爆破法；而钻孔爆破法又包括大孔径深孔爆破法和小孔径炮眼爆破法；还有就是上述方法的组合。这里需要强调一点，岩塞不能采用水下裸露药包爆破，这种爆破办法是不能爆通岩塞的，充其量仅使岩塞体表面产生一些裂缝和零星破碎而已，原因是爆炸能量大部分转化为水中冲击波了。因此，只能将药包置于岩体内部去实现"爆通"和"成型"。

（1）铜室爆破法。在岩塞体内开挖铜室，装药爆破，根据装药的集中程度，分为集中药室铜室爆破法和条形药室铜室爆破法。铜室爆破的优点是装药集中，抛掷能力强，相应的计算公式也较多，起爆网路简单。缺点是开挖药室安全性差，爆破漏斗破裂线不易控制，爆破震动影响较大。铜室爆破适用于直径较大的岩塞工程，如国内211工程、310工程及250工程及汾河水库等岩塞爆破工程。

（2）钻孔爆破法。包括深孔和炮孔爆破法2种（孔径D）75mm、孔深h，4m的称为深孔，小于以上数值的称为炮孔）。钻孔爆破优点是：施工安全，机械操作施工方便，药量分散，爆破震动影响小，爆破的岩石块度均匀；同时，它还可以通过试探钻孔打穿岩塞，更清楚地确定岩塞真实厚度。但是钻孔爆破法的孔位布置、炮孔装药、网络连接等工作量较大，施工技术要求高。

（3）铜室和钻孔爆破相结合的方法。有的设计将岩塞体分为 2 部分，前部分用铜室爆破，后部分用钻孔爆破。有的很明确，以铜室爆破为主，钻孔装药仅作为辅助手段。

除了上述 3 种方法外，就铜室爆破而言，还有集中药室铜室爆破和条形药室铜室爆破的组合，钻孔爆破里面也有大孔径深孔爆破和小孔径炮眼爆破的组合。上述大部分方法在国内外工程中均有实施，在实际设计中应根据工程规模大小、施工设备条件和人员开挖经验等各种因素，经过综合比较确定具体的爆破方法。

十二、拆除爆破

拆除爆破是指将爆破技术应用于建筑物的拆解。与以岩石为工程对象的各种其他爆破技术相比，拆除爆破工程对象的结构与力学性质均有显著差异，工程的环境条件与要求，以及对爆破效果的要求，都会产生一定的变化。因此，从事拆除爆破，如何选择爆破的方法，科学制定爆破方案，合理选取爆破技术参数，都是需要学习和讨论的问题。

拆除爆破是一门跨学科的工程技术，它需要对爆炸力学、材料力学、结构力学和断裂力学等工程学科有深入了解，在设计施工中要同时解决好这对矛盾，拆除爆破必须要达到五项基本技术要素：

一是控制炸药用量、拆除爆破一般在城市复杂环境中进行，炸药释放的多余能量往往会对周围环境造成有害影响，因此拆除爆破尽可能少用炸药，将其能量集中于结构失稳，而充分利用剪切和挤压冲击力，使建（构）筑结构解体。

二是控制爆破界限。拆除爆破必须视具体工程要求进行设计与施工，例如对于需要部分保留、部分拆除的建筑物，则需要严格控制爆破的边界，既要达到拆除目的，同时又要确保被保留部分不受影响。

三是控制倒塌方向一拆除爆破一般环境比较复杂，周围空间有限，特别是对于高层建（构）筑物，如炯囱、水塔等，往往只能有一个方向的夺地可供倾倒。这就要求定向非常准确，因为发生侧偏或反向都将造成严重事故，因此准确定向是拆除爆破成功的前提。

四是控制堆渣范闸随着拆除建（构）筑物越来越高，体量越来越大，爆破解体后碎渣的堆积范围远大于建（构）筑物原先的占地面积，另外，高层建筑爆破后，重力作用下的挤压冲击力很大，其触地后的碎渣具有很大的能量，爆破解体后渣堆超出允许范围，将导致周边被保护的建（构）筑物、设施的严重破坏。

五是有害效应控制。上述关键技术要素，并非每一项拆除爆破都会碰到。要依据爆破的对象、环境、外部条件和保护要求逐一针对性地解决，但爆破本身对环境产生的影响，也称为"爆破的负效应"，即爆破产生的振动、飞石、噪声、冲击波和粉尘，以及建（构）筑物解体时的触地振动，却是每一个工程都会遇到的，必须加以严格控制。

1. 一般特点

拆除爆破的对象都是人工建构筑物。与岩体开挖爆破相比，拆除爆破的特点主要体现在两个方面：一是工程所处的环境；二是爆破对象物自身的结构与力学性质。前者对爆破安全提出了更高的要求，飞石和震动等爆破有害效应必须控制在可以接受的程度，而后者则对爆破方法及爆破技术参数的选取提出了要求。

2. 环境特点

与矿山爆破相比，拆除爆破的对象往往是位于城镇或工业厂区。在城镇或工业厂区内进行爆破作业，必须充分考虑爆破对周围环境内的人身财产安全的影响及可能对环境产生的消极影响，这些影响可包括：

（1）飞石。所谓飞石是指爆破可能产生的砖石和混凝土碎块在爆破作用下的飞散、抛散现象。飞石现象是爆破作业导致人身伤亡事故和设备设施、建构筑物破坏的首要因素。因此，拆除爆破，特别是在人口密集区，必须极力避免出现飞石现象，并在爆破时划定足够大的警戒区。除必要的爆破工程技术及相关人员外，其他人员须在爆破警戒期间疏散至警戒区外。

（2）爆破震动。爆破震动可对一定距离范围内的建构筑物造成某种程度的破坏，且这种震动效应可对周围人造成惊扰和不适。

特别是在邻近医院、学校和居民区等较敏感区域，爆破震动尤其容易引起人们的反感和抱怨。但是，一般无法彻底避免爆破震动。为避免或降低爆破震动使人（尤其是心脏病人等对突然的震动和声响敏感的人群）产生的不适，应在实施拆除爆破之前若干天将准确的爆破日期和时间书面通知相关单位，并予确认。必要时，须在实施爆破之前若干小时当面知会医院、学校、教堂等对突然的震动和声响敏感的人群。当然，这些工作并不能取代起爆前的鸣笛示警等其他安全警戒措施。

（3）噪声。噪声是拆除爆破时无法真正避免的另一有害效应。与震动类似，特别是在邻近医院、学校和居民区等较敏感区域，噪声也很容易引起人们的反感和抱怨。

（4）烟尘与有害气体。拆除爆破过程中一般很难避免烟尘与有害气体的产生，而烟尘和有害气体对周围环境都是有害的，会对周围一定范围内人们的工作和生活产生有害影响。因此，拆除爆破时也须尽量减少烟尘与有害气体的生成量，将其对周围环境的危害降低到最低程度。

（5）落地冲击效应。当待拆对象具有一定高度时，爆落物将在自重作用下落地，且伴有一定程度的水平向运动。爆落物落地瞬间将对地表产生一定的冲击力，若此时此处的地表以下有涵管、线缆等地下设施，即有可能对这些设施造成破坏。爆落物的水平向运动，则有可能使紧邻的建构筑物产生破坏。

总之，在拆除爆破工程实践中，准确全面地获取待拆对象一定距离范围内的地表与地下各种建筑与设施的相关信息和数据，对实现安全爆破和人性化爆破，具有极为重要的意义。

3. 结构特点

拆除爆破工程的对象一般是人造的墙、柱、梁、筒等结构体。与矿山爆破时的矿体和岩体相比，这些结构体的几何特征与力学性质一般都是可知的，这一点对拆除爆破十分重要，利于爆破技术方案的科学制定和技术参数的准确计算，利于实现对爆破效果的精确控制。换句话说，在拆除爆破工程实践中，准确全面地获取待拆对象本身的结构特点和物理力学性质，是科学进行爆破设计和严格控制爆破效果的重要前提。

4. 理论

各种建构筑物作为拆除爆破的对象，其结构的几何要素和材料的物理力学性质往往都是基本准确、具体、全面和可知的。因此，相对于岩体爆破，拆除爆破可以做到基本的准确量化，实现所谓的"精确爆破"，而在拆除爆破实践中真正实现精确爆破，需要在爆破设计与施工中科学运用以下原理。

（1）最小抵抗线原理

最小抵抗线是指药包中心到自由面的最小距离。最小抵抗线的方向则是该药包爆破时周围介质破碎后发生抛掷的主导方向。

在设计药包位置和确定药量大小时合理和充分地利用最小抵抗线的作用，其目的有两个：一是控制爆破破坏和抛掷的方向与范围；二是避免最小抵抗线指向需保护的目标，保证爆破安全。

（2）等能原理

在设计的爆破破坏范围内，炸药量的大小与实际需要相符，既能保证介质的破碎充分，同时尽量减小或避免飞石、震动、噪声、烟尘等有害效应。换言之，所谓的等能原理，是指药包爆炸产生的能量正好与药包抵抗线范围内介质破坏所需要的能量相等。

（3）分散化原理

所谓分散化，是指炸药在爆破范围内尽量分散，尽量"多钻孔，少装药"。且鉴于介质的均质性，均布药包和药量，使炸药能量的分布更为均匀。其作用有二：一是保证范围内介质的破碎均匀，破坏范围边界规整，利于实现精确爆破；二是利于减小飞石等有害效应。

（4）失稳原理

在建筑物的承重部位钻孔爆破，之后利用建筑物的自重使之失去原有的稳定性，在自重作用下倾倒坍塌，最终触地解体，达至拆除爆破的效果。

显然，在进行拆除爆破时，准确判定建筑物的承重部位，合理确定布孔范围，是确保获得预期爆破工程效果的重要根本。

（5）缓冲原理

拆除爆破，特别是具有一定高度的建构筑物的拆除爆破，其主要特征之一是建筑物本身在自重作用下以一定速度与地表发生碰撞冲击而发生一定程度的解体效应。当地表坚硬平整时，触地瞬间的冲击作用可极为强烈，从而可能引起若干块体的飞溅，导致触地震动和飞石两种现象的发生，不利于周围其他建构筑物、设备设施及人身的安全。因此，实践中一般需要在预定倾倒坍塌的范围内采取相应的缓冲措施，用以减弱塌落体与地表的碰撞冲击作用，降低震动和减弱块体飞溅，保证爆破安全。

5. 工序

拆除爆破工程包括以下程序：

（1）了解情况。了解工程内容、工期要求和安全要求；了解爆破可能影响的房屋、地下管线及构筑物、空中线路、线杆、道路、桥梁、设备、仪器、居民、学校、医院等情况；了解建筑物本身的结构、材料、完好程度、欠缺点、影响解体的内外部构造；了解当地公安部门对拆除爆破的有关规定和要求。

（2）可行性分析。合同签订之前，一定要对以下几点做到心里有数：1）拆除方案：用钻孔、水压还是其他爆破方式以及采用何种倒塌方式；2）工程量：预拆除工程量及钻孔与防护工程量；3）周围环境的难点问题；4）可能发生的意外及风险费用；5）工程等级；6）工程总价及工期。

（3）签署工程合同。与甲方商谈并签订工程合同。

（4）工程技术设计及上报。一般在工程技术设计之前应详细了解拆除对象的现状，有许多建筑物经多次改造其尺寸乃至形态与图纸不符，要现场绘制有关图纸，在详细勘察的基础上做出的设计才能保证设计质量，完成技术设计后，再做出施工组织设计。全部设计完成后，按《爆破安全规程》（GB6722）的规定和当地公安部门的要求报批。

（5）组织施工。组织施工主要包括钻孔和防护工程两大部分。

（6）爆破。应在现场指挥部领导下进行施工。主要内容包括：装药、堵塞、连接起爆网路、警戒、防护工程、起爆及爆后检查、解除警戒等。

第五节　水利工程中的特殊爆破

一、预裂爆破和光面爆破

为了保护设计边界以外的岩体不受破坏。并获得平整的开挖轮廓。国外 20 世纪 50 年代提出、国内 70 年代以来迅速发展了预裂爆破和光面爆破技术。将控制爆破技术提高到一个崭新的水平。水利工程中。预裂爆破主要用于深基坑及坝肩边线控制爆破。光面爆破主要用于隧洞或其他地下建筑物的边线控制爆破。

1. 预裂爆破

预裂爆破是在设计开挖线上布置加密、减弱装药的深孔药包。并先期同时起爆。形成一条沿炮孔中心线连线方向延伸的平整的预裂缝。再逐层爆破主体开挖区。该预裂缝即起到反射主爆冲击波的屏蔽作用保护设计轮廓外岩体不受破坏。

实现预裂爆破的关键在于泊密布孔、减弱装药和同时起爆。

在炮孔中采用不耦合龙：续装药（炮孔直径大于药卷直径的装药）或不耦合空气间隔

装药（药卷不连续的装药）。爆炸时。药包爆炸冲击波在炮孔空腔内由于空气的缓冲作用会有一定程度的衰减。作用于孔壁的压力会有所降低。当参数选择适当时。该压应力会低于孔壁岩石的动抗压强度（该值高于静抗压强度）。不致对孔壁岩石造成压碎破坏。但爆炸在孔壁形成的环向（切向）拉应力却可大于岩石的动抗拉强度而使孔壁产生放射状的径向裂隙。随着应力波的扩展。波头压力进一步衰减。径向裂隙在离开孔壁约几倍孔半径处即行停止。但如果孔距较近。并同时起爆。则在邻孔中心连线上相遇的切向拉应力将叠加而可大于岩石的动抗拉强度。使裂缝贯穿整个孔间而形成留有半圆形残孔的预裂缝面。与此同时。爆破高压气体将对缝面两侧岩体产生强大推力。从而形成有一定宽度的预裂缝。预裂缝需有足够的宽度才能对保留岩体起到充分的屏蔽作用。实践经验指出。裂缝在地表面上的宽度，对于松软岩，须大于 2cm，而较坚硬岩石，大于 0.6cm 即可。

2．定向爆破筑坝

（1）定向爆破筑坝的基本要求：利用陡峻的岸坡布药。定向抛掷岩石至预定位置。拦断河道。然后通过人工修整达到坝的设计轮廓。定向爆破筑坝。地形上要求河谷狭窄。岸坡陡峻（通常在 40° 以上）。山高山厚应为设计坝高的 2 倍以上：地质上要求爆破区岩性均匀、强度高、风化弱、构造简单、覆盖层薄、地下水位低、渗水量小：水工上对坝体有严格防渗要求的多采用斜墙防渗：对坝体防渗要求不甚严格的。可通过爆破控制粒度分布。抛成宽体堆石坝。不另筑防渗体。泄水和导流建筑物的进出口应在堆积范围以外并满足防止爆震的安全要求：施工上要求爆破前先完成导流建筑物、布药岸的交通道路、导洞药室的施工及引爆系统的敷设等。

（2）定向爆破筑坝的药包布置：可以采用一岸布药或两岸布药。当河谷对称，两岸地形、地质、施工条件较好，则应采用双岸爆破。有利于缩短抛距，节约炸药，增加爆堆方量，减少人工加高工程量。当一岸不具备以上条件或河谷特窄，一岸山体雄厚，爆落方量已能满足要求，则一岸爆破也是可行的。

定向爆破筑坝药包布置应是在保证安全的前提下。尽量提高抛掷上坝方量。减少人工加高培厚及善后处理工作量，从维护工程安全出发要求药包位于正常水位以上且大于垂直破坏半径。药包与坝肩的水平距离应大于水平破坏半径。药包布置应充分利用天然凹岸。在同一高程按坝轴线对称布置单排药包。当河段平直。则宜布置双排药包。利用前排的辅助药包创造人工临空面利用后排的主药包保证上坝堆积方量。

二、岩塞爆破

岩塞爆破系水下的一种控制爆破。在已成水库或天然湖泊内取水发电、灌溉、供水和泄洪时。为修建隧洞的取水口工程。避免在深水中建造围堰。采用岩塞爆破是一种经济而有效的方法。它的施工特点是先从引水隧洞出口开挖。直到掌子面到达库底或湖底邻近。然后预留一定厚度的岩塞。待隧洞和进口控制闸门井全部完建后。一次将岩塞炸除。使隧洞和水库连通。

岩塞的布置应根据隧洞的使用要求、地形、地质因素来确定。岩塞宜选择在覆盖层薄、岩石坚硬完整且层面与进口中线交角大的部位。特别应避开节理、裂隙、构造发育的部位。岩塞的开口尺寸应满足进水流量的要求。岩塞厚度应为开口直径的 1 ~ 1.5 倍，太厚，难于一次爆通，太薄则不安全。

岩塞爆落的石渣常用集渣和泄渣两种方式进行处理。前者是在正对岩塞的洞内挖一集渣坑，让爆落的大部分石渣抛入坑内，且运行期中，坑内石渣不被带走；后者只适用于灌溉、供水和防洪工程。而不适用于发电隧洞。岩塞爆破时让闸门开启。借助高速水流将石渣冲出洞口。为避免石渣瞬间拥塞。可设一个流线型缓冲坑。其容积相当于爆落石渣总量的 1/4 ~ 1/5。当洞径不大爆落渣量少时也可不设缓冲坑。

第六节　爆破安全控制

一、爆破安全保障措施

（一）技术措施

1.方案设计：严格依据《爆破安全规程》中的有关规定，精心设计、精确计算并反复校核，严格控制爆破震动和爆破飞石在爆破区域以外的传播范围和力度，使其恒低于被保护目标的安全允许值以下，确保安全；

2.施工组织：严格依据本设计方案中的各种设计计算参数进行施工，工程技术人员必须深入施工现场进行技术监督和指导，随时发现并解决施工中的各种安全技术问题，确保方案的贯彻和落实。

3.针对爆破震动和爆破飞石对铁路、高压线的影响，在施工中从北侧开始进行钻孔并向北 90 度钻孔，控制飞石的飞散方向；孔排距采用多打孔、少装药的方式进行布孔，控制单孔药量；填塞采用加强填塞方式，控制填塞长度；起爆方式采用单排逐段起爆方式，减小爆破震动；开挖减震沟，阻断地震波的传播。

（二）戒和防护措施

爆破飞石的大规模飞散，虽然可以通过技术设计进行有效控制，但个别飞石的窜出则难以避免，为防止个别飞石伤人毁物，将采取以下措施确保安全：

1.设定警戒范围

以爆破目标为中心，以 300m 为半径设置爆破警戒区，封锁警戒区域内所有路口，禁止车辆和行人通过（和交通管理部门进行协调，由交警进行临时道路封闭）。

2. 密切和业主之间的协调工作

划定统一的爆破时间，利用各个施工作业队中午休息的时间进行爆破施工，尽量排除爆破施工对其他施工队的影响。

3. 爆破安全警戒措施

1）爆破前所有人员和机械、车辆、器材一律撤至指定的安全地点。安全警戒半径，室内 200m，室外 300m。

2）爆破安全警戒人员，每个警戒点甲、乙双方各派一人负责。警戒人员除完成规定的警戒任务外，还要注意自身安全。

3）爆破的通信联络方式为对讲机双向联系。

4）爆破完毕后，爆破技术人员对现场检查，确认无险情后，方可解除警戒。

5）爆破提前通知，准时到位，不得擅自离岗和提前撤岗。

6）统一使用对讲机，开通指定频道，指挥联络。

7）各警戒点、清场队、爆破人员要准确清楚迅速报告情况，遇有紧急情况和疑难问题要及时请示报告。

8）各组人员要认真负责，服从命令听指挥，不得疏忽遗漏一个死角，确保万无一失，在执行任务中哪一个环节出了差错或不负责任引起后果，要追究责任，严肃处理。

4. 装药时的警戒

装药及警戒：装药时封锁爆破现场，无关人员不得进入。

装药警戒距离：距爆破现场周围 100 米，具体由爆破公司负责。

5. 警戒程序

表 4-6-1 警戒程序表

时间	任务	备注
起爆前 30 分钟	清理现场 由爆破公司负责清理爆破装药现场，并由爆破指挥部清理警戒区内人员、机械及车辆	-
起爆前 15 分钟	预告警报 各警戒人员到位，汇报情况，并进行第二次清理	-
起爆前 1 分钟	点火警报 总指挥确认警戒完毕后，下达允许点火的指令，发出"点火准备，五、四、三、二、一、起爆！"命令，起爆站点火起爆	-
爆后经检查无险情	解除警报 撤除警戒人员	-

6. 警戒信记号及联络方式

信记号：

预告信号，警报器一长一短声；

起爆信号，警报器连续短声；

解除信号，警报器连续长声。

7. 警戒要求

a 警戒人员应熟悉爆破程序和信记号，明确各自任务并按要求完成。

b 警戒人员头戴安全帽，站在通视好又便于隐蔽的地方。

c 起爆前，遇到紧急情况要按预定的联络方式向指挥部汇报。

d 爆破后，在未发出解除警报前，警戒人员不得离岗。

（三）组织指挥措施

爆破时的人员疏散和警戒工作难度大，为统一指挥和协调爆破时的安全工作，拟成立一个由建设单位、施工单位共同参加的现场临时指挥部，负责全面指挥爆破时的人员撤离、车辆疏散、警戒布置、相邻单位通知及意外情况处理等安全工作，指挥部的机构设置如下：

（四）炸药、火工品管理

1. 炸药、火工品运输

雷管、炸药等火工品均由当地民爆公司按当天施工需要配送至爆破现场。

2. 炸药、火工品保管

炸药等火工品运到爆破现场后，由两名保管员看管。装药开始后，由专人负责炸药、火工品的分发、登记，各组指定人员专门领取和退还炸药、火工品。分发处设立警戒标志。

由专人检查装药情况，专人统计爆炸物品实用数量和领用数量是否一致。

装药完毕，剩余雷管、炸药等火工品分类整理并由民爆公司配送返回仓库。

3. 炸药、火工品使用

（1）严格按照《爆破安全规程》管理部门要求和设计执行。

（2）各组由组长负责组织装药。

（3）现场加工药包，要保管好雷管、炸药，多余的火工品由专人退库。

（4）向孔内装填药包，用木质填塞棒将药包轻轻送入孔底，填土时先轻后重，力求填满捣实，防止损伤脚线。

二、事故应急预案

结合工程的施工特点，针对可能出现的安全生产事故和自然灾害制定施工安全生产应急预案。

（一）基本原则

1. 坚持"以人为本，预防为主"，针对施工过程中存在的危险源，通过强化日常安全管理，落实各项安全防范措施，查堵各种事故隐患，做到防患于未然。

2. 坚持统一领导，统一指挥，紧急处置，快速反应，分级负责，协调一致的原则，建立项目部、施工队、作业班组应急救援体系，确保施工过程中一旦出现重大事故，能够迅速、快捷、有效的启动应急系统。

（二）应急救援领导组职责

应急救援协调领导组是项目部的非常设机构。负责本标段施工范围内的重大事故应急救援的指挥、布置、实施和监督协调工作。及时向上级汇报事故情况，指挥、协调应急救援工作及善后处理，按照国家、行业和公司、指挥部等上级有关规定参与对事故的调查处理。

应急救援领导小组共设应急救援办公室、安全保卫组、事故救援组、医疗救援组、后勤保障组、专家技术组、善后处理组、事故调查处理组等八个专业处置组。

（三）突发事故报告

1. 事故报告与报警

施工中发生重特大安全事故后，施工队迅速启动应急预案和专业预案，并在第一时间内向项目经理部应急救援领导小组报告，火灾事故同时向 119 报警。报告内容包括：事故发生的单位、事故发生的时间、地点，初步判断事故发生的原因，采取了哪些措施及现场控制情况，所需的专业人员和抢险设备、器材、交通路线、联系电话、联系人姓名等。

2. 应急程序

（1）事故发生初期，现场人员采取积极自救、互救措施，防止事故扩大，指派专人负责引导指挥人员及各专业队伍进入事故现场。

（2）指挥人员到达现场后，立即了解现场情况及事故的性质，确定警戒区域和事故应急救援具体实施方案，布置各专业救援队任务。

（3）各专业咨询人员到达现场后，迅速对事故情况作出判断，提出处置实施办法和防范措施；事故得到控制后，参与事故调查及提出整改措施。

（4）救援队伍到达现场后，按照应急救援小组安排，采取必要的个人防护措施，按各自的分工开展抢险和救援工作。

（5）施工队严格保护事故现场，并迅速采取必要措施抢救人员和财产。因抢救伤员、防止事故扩大以及疏通交通等原因需要移动现场时，必须及时做出标志、摄影、拍照、详细记录和绘制事故现场图，并妥善保存现场重要痕迹、物证等。

（6）事故得到控制后，由项目经理部统一布置，组织相关专家，相关机构和人员开展事故调查工作。

（四）突发事故的应急处理预案

1. 非人身伤亡事故

（1）事故类型

根据本行业的特点以及对相关事故的统计，主要有以下几种：

1）漏联、漏爆，拒爆；

2）爆破震动损坏周围建筑物和有关管线；

3）爆破飞石损坏周围建筑物和有关管线；

（2）预防措施

1）严密设计，认真检查；

2）利用微差起爆技术降低爆破震动；

3）对爆破部位加强覆盖，合理选择堵塞长度；

4）爆破前，通过爆破危险区域的供电、供水和煤气线路必须停止供给30分钟，以防爆破震动引起供电线路短路，造成大面积停电或发生电器火灾，或供水、供气管道泄漏事故；

2. 应急措施

出现非人身伤亡事故，采取以下应急措施：

1）现场技术组及时将情况向爆破指挥部报告；

2）警戒组立即在事故外围设置警戒，阻止无关人员进入，防止事故现场遭到破坏，为现场实施急救排险创造条件；

3）现场急救排险组立即开始工作，在不破坏事故现场的情况下进行排险；

4）后勤组按既定方案进行物资和材料供应，将备用物资和材料及时运送到位，并安排好其他各项后勤工作；

5）判断事故严重程度以确定应急响应类别，超过本公司范围时应申请扩大应急，申请甲方、街道甚至区级支援，并与甲方、区级应急预案接口启动。

3. 人身伤亡事故

（1）事故类型

1）爆破飞石伤及人或物；

2）火工品加工、装填过程中，如不按规程操作，可能发生意外爆炸伤人事故；

（2）预防措施

1）进入施工现场的工作人员必须戴安全帽；

2）爆破施工前对工作人员进行安全教育，逐一指出施工现场的危险因素；

3）火工品现场加工现场拉警戒线，非施工人员不得靠近；

4）请求公安和有关部门配合爆破警戒、交通阻断工作，同时做好应对不测情况的安全保卫工作；

5）请求医疗急救中心配合爆破时的紧急救护工作。

4．应急措施

发生人身伤亡事故，立即报警戒、报告，同时展开援救工作：

1）现场技术立即报警，并向甲方、爆破公司报告，并由甲方和爆破公司逐级上报有关主管部门。

2）警戒组立即在事故外围设置警戒，阻止无关人员进入，防止事故现场遭到破坏，为现场实施急救排险创造条件；

3）现场急救排险组立即开始工作，在不破坏事故现场的情况下进行排险抢救，并与当地公安机关和医疗急救机构保持密切联系，将事故进行控制，防止事故进一步扩大。

5．预防火灾事故的应急处理预案

发生火灾时，先正确确定火源位置，火势大小，及时利用现场消防器材灭火，控制火势，组织人员撤出火区。同时拨打 119 火警电话和 120 抢救电话寻求帮助，并在最短时间内报告项目经理部值班室。

6．食物中毒应急救援措施

1）发现异常情况及时报告。

2）由项目副经理立即召集抢救小组，进入应急状态。

3）由卫生所长判明中毒性质，初步采取相应排毒救治措施。

4）经工地医生诊断后如需送医院救治，联络组与医院取得联系。

5）由项目副经理组织安排使用适宜的运输设备（含医院救护车）尽快将患者送至医院。

6）由项目副经理组织对现场进行必要的可行的保护。

7．突发传染病应急救援措施

1）发现疫情后，项目副经理等人立即封锁现场，及时报告项目经理和所在地区卫生防疫站。

2）项目经理召集救护组进入应急状态。

3）由卫生所长组织调查发病原因，查明发病人数。

4）项目经理部由项目副经理负责控制传染源，对病人采取隔离措施，并派专人管理，及时通知就近医院救治。

5）切断传播途径，工地医生对病人接触过的物品，要用 84 消毒液进行消毒，操作时要戴一次性口罩和手套，避免接触传染。

护易感染人群，发生传染病暴发流行时，生活区要采取封闭措施，禁止人员随便流动，防止疾病蔓延。

第五章 土石坝工程

土石坝亦称填筑坝和当地材料坝。按施工方法一般分为碾压式土石坝、抛填式堆石坝、定向爆破堆石坝和水力冲填坝等。国内外均以碾压式土石坝采用最多。碾压式土石坝按防渗体型式一般又可分为均质土坝、心墙土石坝、斜墙土石坝、面板堆石坝以及复合土工材料防渗土石坝等：碾压式土石坝防渗体材料常见有黏土防渗体、混凝土黏土防渗体、沥青混凝土防渗体、复合土工材料防渗体。土质心（斜）墙堆石坝、混凝土面板堆石坝、沥青混凝土防渗体堆石坝是当今土石坝的主导坝型。

土石坝具有鲜明的施工特点：

（1）筑坝所需土石可就地取材。还可以充分利用各种开挖料。与混凝土坝相比。土石坝所需钢材、水泥、木材比较少。可以减轻对外交通运输的工作量。是一种经济、安全、环保和工期短、适应性好、施工方便的坝型。由于岩土力学和试验技术的进步以及施工技术的发展。筑坝材料的品种范围还在逐步扩大。

（2）土石坝工程量大。施工强度高。当前机械化施工水平已经可以在合理工期内完成大量土石方开挖和填筑。机械设备和运输线路质量成为施工的关键因素。

（3）土石坝施工和自然条件关系极为密切。由于水文、地质、气象因素的不确定性和筑坝材料的千差万别。对土石坝的导流标准、拦洪度汛方式以及有效工作时间要进行充分细致的综合研究。做好坝料的室内外试验研究工作和施工设计。并根据条件变化。及时调整施工参数和修正施工方案。实施动态施工管理。

（4）实践经验甚为重要。由于自然环境的不同。每座土石坝都有其特殊性。因之土石坝是一门实践性很强的工程门类。重视积累施工经验和借鉴他人经验。是提高施工水平的重要环节。

（5）原型观测具有特殊地位。由于设计参数和计算方法的局限以及复杂多变的施工过程。原型观测对于检验设计合理性和监测施工质量及运行安全。具有特别重要的意义。

新时期土石坝施工技术的发展以重型土石方机械及振动碾等大型施工设备的成功实践为主要标志。使土质心墙堆石坝和混凝土面板堆石坝成为现代高土石坝的两种主导坝型。用振动碾薄层碾压可以得到密实而变形较少的堆石体。解决了传统的混凝土面板堆石坝因抛填堆石的大量变形而导致的面板断裂、接缝张开和大量渗漏的问题。从而使这种坝型重新兴起。同时。振动压实可使爆破开采的堆石料全部上坝。也使大粒径的沙砾（卵）石填筑大坝成为可能。对软岩料也可用提高压实密度的方法弥补岩块强度的不足。振动凸块碾、平板振动器等压实工具也逐步得到应用。不断拓宽着适用防渗料的范围。振动碾的使用提高了土石坝的安全性、经济性和适用性。高效率的汽车运输坝料逐渐取代有轨运输坝料方式。这种进步在 1976 年竣工的碧口土石坝上初现端倪。20 世纪 70 年代后期建设的石头河土石坝标志着我国土石坝施工技术进入了一个新阶段，80 年代中后期施工的鲁布革心墙坝在土石坝施工技术的发展中起着承前启后的作用。20 世纪最后几年建设的小浪底斜心墙坝、黑河心墙坝，极大地丰富了土石坝施工的实践经验，全面地提高了我国的土石坝施工技术水平。

第一节　料场规划

土石坝施工中，料场的合理规划和使用，是土石坝施工中的关键技术之一，它不仅关系到坝体的施工质量、工期和工程造价，甚至还会影响到周围的农林业生产。

施工前，应配合施工组织设计，对各类料场作进一步的勘探和总体规划、分期开采计划。使各种坝料有计划、有次序地开采出来，以满足坝体施工的要求。

选用料场材料的物理力学性质，应满足坝体设计施工质量要求，勘探中的可供开采量不少于设计需要量的 2 倍。在储量集中繁荣主要料区，布置大型开采设备，避免经常性的转移；保留一定的备用料场（为主要料场总储量的 20%～30%）和近料场，作为坝体合龙以及抢筑拦洪高程用。

在料场的使用时间及程序上，应考虑施工期河水位的变化及施工导流使上游水位抬高的影响。供料规划上要近料、上游易淹料先用；远料，下游不淹料后用。含水量高料场夏季用；含水量低料场雨季用。施工强度高时利用近料，强度低时利用远料，平衡运输强度，避免窝工。对料场高程与相应的填筑部位，应选择恰当，布置合理，有利于重车下坡。做到就近取料，低料低用，高料高用；避免上下游料过坝的交叉运输，减少干扰。

充分合理地利用开挖弃渣料，对降低工程造价和保证施工质量具有重要的意义。做到弃渣无隐患，不影响环保。在料场规划中应考虑到挖、填各种坝料的综合平衡，作好土石方的调度规划，合理用料。料场的覆盖剥离层薄，有效料层厚，便于开采，获得率高。减少料物堆存、倒运，作好料场的防洪、排水、防止料物污染和分离。不占或少占农业耕地，做到占地还地、占田还田。

总之，料场的规划和开采，考虑的因素很多而且又很灵活。对拟定的规划、供料方案，在施工中不合适的即使进行调整，以取得最佳的技术经济效果。

第二节 土石料开挖运输

土石坝施工中，从料场的开挖、运输，到坝面的平料和压实等各项工序，都可由互相配套的工程机械来完成，构成"一条龙"式的施工工艺流程，即综合机械化施工。在大中型土石坝，尤其在高土石坝中，实现综合机械化施工，对提高施工技术水平，加快土石坝工程建设速度，既有十分重要的意义。

坝料的开挖与运输，是保证土坝强度的重要环节之一。开挖运输方案，主要具坝体结构布置特点、坝料性质、填筑强度、料场特性、运距远近、可供选择的机械型号等多种因素，综合分析比较确定。土石坝施工中开挖运输方案主要有以下几种。

1. 正向铲开挖，自卸汽车运输上坝

正向铲开挖、装载，自卸汽车运输直接上坝，通常运距小于 10km。自卸汽车可运各种坝料，运输能力高，设备通用，能直接铺料，机动灵活，转弯半径小，爬坡能力较强，管理方便，设备易于获得，在国内外的高土石坝施工中，获得了广泛的应用，且挖运机械朝着大斗容量、大吨位方向发展。在施工布置上，正向铲一般都采用立面开挖，汽车运输道路可布置成循环路，装料时停在挖掘机一侧的同一平面上，既汽车鱼贯式地装料与行驶。这种布置形式，可避免或减少汽车的倒车时间，正向铲采用 60° ~ 90° 的转角侧向卸料，回转角度小，生产率高，能充分发挥正向铲与汽车的效率。

2. 正向铲开挖、胶带机运输

国内外很多水利工程施工中，广泛采用了胶带机运输土、砂石料。国内的大伙房、岳城、石头河等土石坝施工，胶带机成为主要的运输工具。胶带机的爬坡能力大，架设简易，运输费用较低，比自卸汽车可降低运输费用 1/3 ~ 1/2，运输能力也较高，胶带机合理运距小于 10km，胶带机可直接从料场运输上坝；也可与自卸汽车配合，做长距离运输，在坝前经漏斗由汽车转运上坝；与有轨机车配合，用胶带机转运上坝做短距离运输。目前，国外已发展到可用胶带机运输块径为 400mm ~ 500mm 的石料，甚至向运输块径达 700 ~ 1000mm 的更大堆石料发展。

3. 斗轮式挖掘机开挖，胶带机运输，转自卸汽车上坝

当填筑方量大，上坝强度高的土石坝，料场储量大而集中，可采用斗轮式挖掘机开挖，它的生产率高，具有连续挖掘、装载的特点，斗轮式挖掘将料转入移动式胶带机，其后接长距离的固定式胶带机至坝面或坝面附近经自卸汽车运至填筑面。这种布置方案，可使挖、装、运连续进行，简化了施工工艺，提高了机械化水平和生产率。石头河土石坝采用 DW-200 型斗轮式挖掘机开采土料，用宽 1000mm、长 1200 余 m、带速 150m/min 胶带上坝，经双翼卸料机于坝面用 12t 自卸汽车转运卸料，日强度平均达 4000m³ ~ 5000m³，最高达 10000m³（压实方）。美国圣路易土石坝施工中，采用特大型斗轮式挖掘机，开采的土料经两个卸料口轮流直接装入 100t 的底卸汽车运输，21 个工作小时装车 1000 车，取土高度 12m，前沿开挖宽度 18.3m。

4. 采砂船开挖，有轨机车运输，转胶带机（或自卸汽车）上坝

国内一些大中型水电工程施工中，广泛采用采砂船开采水下的沙砾料，配合有轨机车运输。在我国大型载重汽车尚不能充分满足需要的情况下，有轨机车仍是一种效率较高的运输工具，它具有机械结构简单修配容易的优点。当料场集中，运输量大，运距较远（大于 10km），可用有轨机车进行水平运输。有轨机车运输的临建工程量大，设备投资较高，对线路坡度和转弯半径的要求也较高。有轨机车不能直接上坝，在坝脚经卸料装置至胶带机或自卸汽车转运上坝。

坝料的开挖运输方案很多，但无论采用何种方案，都应结合工程施工的具体条件。组织好挖、装、运、卸的机械化联合作业，提高机械利用率；减少坝料的转运次数；各种坝料铺填方法及设备应尽量一致，减少辅助设施；充分利用地形条件，统筹规划和布置；运输道路的质量标准，对提高工效，降低车辆设备损耗，具有重要作用。

第三节　土料压实

土石料的压实，是土石坝施工质量的关键。维持土石坝自身稳定的土料内部主力（黏结力和摩擦力）、土料的防渗性能等，都是随土料密实度的增加而提高。例如，干表观密度为 1.4t/m³ 的沙壤土，压实后若提高到 1.7t/m³，其抗压强度可提高 4 倍，渗透系数将降低至 1/2000。由于土料压实结果，可使坝坡加陡，加快施工进度，降低工程投资。

一、土料压实特性

土料压实特性，与土料自身的性质，颗粒组成情况、级配特点、含水量大小以及压实功能等有关。

对于黏性土和非黏性土的压实有显著的差别。一般黏性土的黏结力较大，摩擦力较小，具有较大的压缩性，但由于它的透水性小，排水困难，压缩过程慢，所以很难达到固结压实。而非黏性土料则相反，它的黏结力小，摩擦力大，具有较小的压缩性，但由于它的透水性大，排水容易，压缩过程快，能很快达到压实。

土料颗粒粗细做成也影响压实效果。颗粒愈细，空隙比就愈大，所以含矿物分散度愈大，就愈不容易压实。所以黏性土的压实干表观密度低于非黏性土的压实干表观密度。颗粒不均匀的沙砾料，比颗粒均匀的细砂可能达到的干表观密度要大一些。土料的含水量是影响压实效果的重要因素之一。用原南京水利实验处击实仪（南实仪）对黏性土的击实试验，得到一组击实次数、干表观密度与含水量的关系曲线。

非黏性土料的透水性大，排水容易，压实过程快，能够很快达到压实，不存在最优含水量，含水量不做专门控制。这是非黏性土料与黏性土料压实特性的根本区别。压实功能大小，也影响着土料干表观密度的大小，击实次数增加，干表观密度也随之增大而最优含水量则随之减小。说明同一种土料的最优含水量和最大干表观密度并不是一个恒定值，而是随压实功能的不同而异。

一般说来，增加压实功能可增加干表观密度，这种特性，对于含水量较低（小于最优含水量）的土料比对于含水量较高（大于最优含水量）的土料更为显著。

二、土石料的压实标准

土料压实得越好，物理力学性能指标就越高，坝体填筑质量就越有保证。但土料的过分压实，不仅提高了压实费用，而且会产生剪力破坏，反而达不到应有的技术经济效果。可见对坝料的压实应有一定的标准，由于坝料性质不同，因而压实的标准也各异。

（一）黏性土料（防渗体）

黏性土的压实标准，主要以压实干表观密度和施工含水量这两指标来控制。1.用击实试验来确定压实标准；2.用最优饱和度于塑限的关系；计算最大干表观密度；3.施工含水量确定。

（二）砂土及砂砾石

砂土及砂砾石是填筑坝体或坝壳的主要材料之一，对其填筑密度也应有严格要求。它的压实程度与粒径级配和压实功能有密切的关系，一般用相对密度 Dr 来表示：$Dr=(emax-e)/(emax-emin)$ 式中 emax——砂石料的最大空隙比；emin——砂石料的最小空隙比；e——设计空隙比。

在施工现场，对相对密度进行控制仍不方便，通常将相对密度换算成相应的干表观密度 rp（t/m^3），作为控制的依据 $rp=rmax \times rmin/[rmax-Dr(rmax-rmin)]$ 式中 rmax——砂石料最大干表观密度，t/m^3；rmin——砂石料最小干表观密度，t/m^3，设计的相对密度，于地震等级、坝高等有关。一般土石坝，或地震烈度在5读以下的地区，Dr 不宜低于 0.67；对高坝，或地震烈度为 8～9 度时，Dr 应不小于 0.75。对砂性土，还要求颗粒不能大小和过于均匀，级配要适当，并有较高的密实度，防止产生液化。

（三）石渣及堆石体（坝壳料）

石渣或堆石体作为坝壳材料，可用空隙率作为压实指标。根据国内外的工程实践经验，碾压式堆石体空隙率应小于 30%，控制空隙率在适当范围内，有利于防止过大的沉陷和湿陷裂缝。一般规定其压实空隙率为 22%～28% 左右（压实平均干表观密度为 2.04～2.24t/m^3）以及相应的碾压参数。

三、压实机械及压实参变数

压实机械对工程进度，工程质量和造价有很大的影响。压实机械的选择原则：应根据筑坝材料的性质、原状土的结构状态、填筑方法、施工强度及作业面积的大小等，选择性能能达到设计施工质量标准的碾压设备类型。如按不同材料分别配置不同的压实机械，就会出现机械闲置的情况。所以确定机械种类和台数时，还应从填筑整体出发，考虑互相配合使用的可能。

1. 羊脚碾

羊脚碾的羊脚插入土中，不仅使羊脚底部的土料受到压实，而且使侧向上午土料也受到挤压，从而达到均匀的压实效果。羊脚碾仅适用于压实黏性土料和黏土，不适合压非黏性土。土料压实层在一定深度的范围内，可以获得较高的压实干表观密度，但土体的干表观密度沿深度方向的分布不均匀。羊脚碾的独特优点是能够翻松表面土层，可省去刨毛工序，保证了上下土层的结合质量。此外，羊脚碾还能起到混合土料的作用，可以使土料级配和含水量比较均匀。羊脚顶端接触应力的过大或过小，都会降低碾压效果。

2. 气胎碾

气胎碾适用于压实黏土料，也适合于压实非黏性土料，如黏性土、黏土、沙质土和沙砾料等，都可以获得较好的压实效果。气胎碾的充气轮胎，在压实过程中具有一定的弹性，可以和压实的土料同时发生变形，轮胎与土料的接触应力，主要取决于轮胎的充气压力，与轮胎的荷载大小无关。

3. 振动碾

振动碾是一种以碾重静压和振动力共同作用的压实机械，较之没有振动的压实机械，土中应力可提高 4 ~ 5 倍，因而它能有效地压实堆石体、沙砾料和砾质土；也可用与压实黏性土和黏土。

4. 夯实机械（重锤）

夯板使用于压实沙砾料、砾质土和黏性土，也可用于压实黏土。

第四节　坝体填筑

土石坝的坝基开挖、基础处理及隐蔽工程等验收合格后，就可以全面展开坝体填筑。坝体填筑包括基本作业（卸料、平料、压实及质检）和辅助作业（洒水、刨毛）清理坝面和接触缝处理）。

一、坝面流水作业

土石坝填筑必须严密组织，保证各工序的衔接，通常采用分段流水作业。分段流水作业，是根据施工工序数目，将坝面分段，组织各工种的专业队伍，依次进入各工段施工。对同一工段来讲，各专业队按工序依次连续施工；对各专业队来讲，依次连续地在各工段完成固定的专业工作。进行流水作业，有利于施工队伍技术水平的提高，保证施工过程中人、地和机具的充分利用，避免施工干扰，有利于坝面连续有序的施工。

1. 组织流水作业原则

1）流水作业方向和工作段大小的划分，要与相应高程的坝面面积相适应，并满足施工机械正常作业要求。宽度应大于碾压机械能错车与压实的最小宽度，或卸料汽车最小转弯半径的 2 倍，一般为 10m ~ 20m；长度主要考虑碾压机械的作业要求，一般为40m ~ 100m。其布置形式（A. 垂直坝轴线流水；B. 平行坝轴线流水；C. 交叉流水）。

2）坝体填筑工序，按基本作业内容进行划分（辅助作业可穿插进行，不过多占用基本作业时间），其数目与填筑面积大小、铺料方式、施工强度和季节等有关。一般多划分为铺料和压实 2 个工序；也有划分为铺料、压实、质检 3 个工序或铺料、平料、压实、质检 4 个工序。为保证个工序能同时施工，坝面划分的工作段数目至少应等于相应的工序数目；在坝面较大或强度较低的情况下，工作段数可大于工序数。

3）完成填筑土料的作业时间，应控制在一个班以内，最多不超过一个半班，冬夏季施工为防止热量和水分散失，应尽量缩短作业循环时间。

4）应将反滤料和防渗料的施工紧密配合，统一安排。

2. 拟定流水作业程序

1）拟定工序数目 n

2）拟定流水作业单位时间 $t(h)$：$t = a \times T/n$ 式中 T——一个班内有效工作时间，h/ 班；n——工序数目；a——同一段各工序循环一次所用的班数，一般取 1 ~ 1.5.

3）计算工作段面积 $w(m^2)$：$w = q/h \times t/T$ 式中 q——坝体填筑相应高程的松土上坝强度，$m^3/$ 班；h——每层铺松土厚度，m；T——一个班内有效时间，h/ 班；t——单位时间（h）。

4）计算工作段数目 m，即：$m = S/w$ 式中 S-- 坝体相应高程的填筑面积，m^2；w——工作段面积，m^2。

若 m<n 时，流水作业不能正常进行，需要进行适当调整，使两者相等。调整途径为合并某些工序以减少 n；缩短流水单位时间 t 以增加 m。

二、卸料及平料

通常采用自卸汽车、胶带机直接进入坝面卸料，由推土机平铺成要求的厚度。自卸汽车倒土的间距应使后面的平料工作减少，而且便于铺成要求的厚度。在坝面各料区的边界处，铺料会有出入，通常规定其他材料不准进入防渗区边界线的内侧，边界外侧铺土距边界线的距离不能超过 5cm。

为配合碾压施工，防渗体土料铺筑应平行于坝轴线方向进行。

1. 自卸汽车卸料

自卸汽车可分为后卸、底卸和侧卸三种。底卸式汽车可边行驶边卸料，但不能运输大粒径的块石或漂石；侧卸式汽车适用运输反滤料及有固定卸料点的运输。自卸汽车上坝的运输线路布置，取决于坝址两岸地形条件，枢纽布置，坝的高低，上坝强度等因素。主要有两种布置方式：一种为汽车自两岸（或一岸）岸坡上坝公路上坝，因此采用由两岸向中央（或一岸想另一岸）进占方式；另一种为汽车沿坝坡"之"字形公路上坝。

（1）土料当用自卸汽车防渗土料时，为了避免重型汽车多次反复在已压实的填筑土层上行驶，会使土层产生弹簧土、光面与剪力破坏，严重影响结合层的质量，应采取进占法卸料与平料。即汽车卸料方向向前进展，一边卸料，推土机也随即平料，交替作业，汽车在刚平好的松土上行驶，重车行驶坝面路线应尽量不重复。

（2）沙砾料，一般粒径较小，推土机很容易在料堆上平土，因此，可采用常规的后退法卸料，即汽车卸料方向后退扩展。

（3）堆石料堆石料往往含大量的大块径石料，不仅影响推土机、汽车在卸料上行驶，还容易损坏推土机履带和汽车的轮胎；而且也难以将堆石料散开。可采用进占法卸料，推土机随即平料，这样大粒径块石易推至铺料前沿的下部，细部粒料填入堆石体上部的空隙，使表面平整，便于车辆通行。

2. 胶带机上坝布置及卸料

（1）上坝布置上坝胶带机应根据地形、坝长、施工场地具体条件、运输强度以及施工分期等因素进行布置。布置方式主要有：①岸坡式布置；②坝坡式布置。

（2）胶带机坝面卸料与铺土厚度或压实工具有关，可适用于黏性土、沙砾料、沙质土。其优点是可利用坝坡直接上坝，不需专门道路，但要配合专门机械或人工散料，随着坝体升高，将经常移动胶带机，一般有以下几种卸、散料方式：①摇臂胶带机卸料、推土机散料；②摇臂胶带机卸料，人工——手推车散料。

三、碾压方法

坝面的填筑压实，应按一定的次序进行，避免发生漏压与超压。防渗体土料的碾压方向，应平行坝轴线方向进行，不得垂直于坝轴线方向碾压，避免局部漏压形成横穿坝体的集中渗流带。碾压机械行驶的行与行之间必须重叠 20cm ~ 30cm 左右，以免产生漏压。此外，坝料分区之间的边界也容易成为漏压的薄弱带，必须特别注意要互相重叠碾压。

根据工程实践经验，碾压机械行驶速度大小，对坝料（如黏性土）压实效果有一定的影响，各种碾压机械的行驶速度，一般应通过试验确定。自行式碾压机械的行驶速度以 1 ~ 2 档为宜。羊脚碾、气胎碾可采用进退错距法或转圈套压法两种。

四、结合部位施工

土石坝施工中，坝体的防渗土料不可避免地与地基、岸坡、周围其他建筑的边界相结合；由于施工导流、施工方法、分期分段分层填筑等的要求，还必须设置纵横向的接坡、接缝。所以这些结合部位，都是影响坝体整体性和质量的关键部位，也是施工中的薄弱环节，处理工序复杂，施工技术要求高，且多系手工操作，质量不易控制。接坡、接缝过多，还会影响到坝体填筑速度，特别是影响机械化施工。对结合部位的施工，必须采取可靠的技术措施，加强质量控制和管理，确保坝体的填筑质量满足设计要求。1. 坝基结合面；2. 与岸坡及砼建筑物结合；3. 坝体纵横向接坡及接缝。

五、反滤层施工

反滤层的填筑方法，大体可分为削坡体、挡板法及土、砂松坡接触平起法三类。土、砂松坡接触平起法能适应机械化施工，填筑强度高，可做到防渗体、反滤料与坝壳料平起填筑，均衡施工，被广泛采用。根据防渗体土料和反滤层填筑的次序，搭接形式的不同，可分为先土后砂法和先砂后土法。

无论是先砂后土法或先土后砂法，土砂之间必然出现犬牙交错的现象。反滤料的设计厚度，不应将犬牙厚度计算在内，不允许过多削弱防渗体的有效断面，反滤料一般不应伸入心墙内，犬牙大小由各种材料的休止角所决定，且犬牙交错带不得大于其每层铺土厚度的 1.5 ~ 2 倍。

第五节　砼面板堆石坝垫层与面板的施工

一、垫层施工

垫层为堆石体坡面上最上游部分，可用人工碎料或级配良好的沙砾料填筑。垫层须与其他堆石体平起施工，要求垫层坡面必须平整密实，坡面偏离设计坡面线最大不应超过 3cm ~ 5cm，以避免面板厚薄不均，有利于面板应力分布。施工程序：①先沿坡面上下无振碾压数遍，随即将突出及凹陷处加以平整；②然后用振动碾沿坡面自下而上用振动碾压数遍，再次对凹凸处进行平整；③在坡面上涂抹三次阳离子沥青乳胶，每涂抹一次用手或机械喷撒一些粒径小于 3mm 的砂子，并再在坡面上自下向上用振动碾碾压。涂抹沥青乳胶的目的是：用以黏结垫层坡面的松散材料不被振动滚落，可防止雨水对垫层坡面的冲刷，提高垫层的阻水性和使面板易于沿垫层坡面滑移，避免开裂。

二、砼面板的分缝止水及施工

砼防渗面板包括主面板及砼底座。面板砼应满足设计和施工强度、抗渗、抗侵蚀、抗冻及温度控制的要求。1. 面板的分缝止水；2. 砼面板施工，底座的基坑开挖、处理、锚筋及灌浆等项目，应按设计及有关规范要求进行，并在坝体填筑前施工。砼面板，是面板堆石坝挡水防渗的主要部位，同时也是影响进度与工程造价的关键。在确保质量的前提下，还必须进一步研究快速经济的施工技术，如施工机具的研制、砼输送和浇筑方案的选择、施工工艺及技术措施等方面的问题。

第六节　质量检查控制及事故处理

土石坝施工的整个过程中，加强施工质量的检查与控制，是保证施工质量的重要措施；同时，对施工中出现的质量事故，必须及时地认真处理，确保坝体的安全运用。

一、质量检查控制

施工质量是直接影响坝体土料物理力学性质，从而影响到大坝安全的重要因素。我国在已查明滑坡原因的 107 座土坝中，因施工质量差而滑坡溃坝的有 73 座，占 68％。土石坝施工中，质量检查控制的项目较多，从坝基的开挖及处理、直到坝体的填筑，都应按国家和部颁发的有关标准、工程的设计和施工图、技术要求以及工地制定的施工规定进行。

二、事故处理

最常见的事故是土石坝的防渗土体发生裂缝、滑坡、坝体及坝基漏水等。

1. 干缩、冻融裂缝

干缩裂缝多发生在施工期上下游坝坡或坝顶的填筑面上，其特征是规律性差，呈龟裂状。如不及时处理，将加速水力劈裂或不均匀沉陷裂缝的产生和发展，造成严重的危害。其防治方法是及时做好护坡和保护层。对已出现的裂缝，可视深浅的不同，采用开挖回填或将裂缝全部铲除重新回填处理。

2. 沉陷裂缝

由于岸坡过陡或坡率变差大，地基不均匀沉降，黄土湿陷变形，坝体施工期填筑高度过大及坝体压实不够等原因而产生沉陷裂缝。这种裂缝有横向和纵向两种，而以横向裂缝危害更大。对横向裂缝，不论其大小，都应进行严格的处理，防止贯穿坝体漏水失事。如裂缝深度在 1.5m 以内，可沿缝开挖成梯形断面，应挖至裂缝尖灭后再加深 0.2 ～ 0.5m。以防止遗漏"多"字形成或"纺锤形"裂缝的存在；在裂缝水平方向的开挖宽度，应延伸裂缝尖灭后再加长 1m ~ 2m。裂缝开挖后应避免日晒雨淋，防止雨水渗入缝内，回填时要注意新老土料的结合。

3. 滑坡裂缝

土坝的滑坡多出现在均质土坝的施工期或初期运行中，据裂缝的不同特点，可分成滑弧形式和溯流滑动两大类。

第六章 基础防渗处理及地下工程

第一节 概 述

水工建筑物的基础。可分为岩基和软基。

各类水工建筑物。都面临着基础的稳定和防渗处理问题。基础处理不当。将对以后的工程运用带来无穷的隐患。严重时。直接危害大坝的安全。给国家财产造成巨大损失。

我国 20 世纪 50 年代至 70 年代是大规模的水利基本建设时期。所兴建的水利工程对国民经济建设起了巨大的作用。但由于当时的客观条件限制。也存在很多问题。坝、堤、闸的渗透破坏占 32% 以上。严重影响工程效益的正常发挥。

随着科学技术的不断发展。新的施工工艺、新施工设备、新材料不断出现。本章将介绍水利工程基础加固和防渗中常用的施工方法。

传统的方法有：固结灌浆、接触灌浆、黏土截渗墙。混凝土帷幕灌浆。乌卡斯冲击钻造孔的柱列式混凝土板墙、液压抓斗施工法的槽型板墙等。

近年来兴起的振动沉模防渗板技术、劈裂帷幕灌浆技术、高压喷射灌浆技术、垂直铺塑技术等已得到广泛的应用，其特点是施工进度快，投资省。

因此。在基础防渗的施工方法上。设计者有广泛的选择余地。要求设计者根据工程特点和客观条件能选择出最佳的设计方案。

第二节 基础开挖

一、开挖要求

（1）要求地基有一定的强度。能够承受上部结构传递的压力。

（2）要求地基有一定的整体性。能够防止建筑物的滑动和不均匀沉陷。

（3）要求地基有足够的抗渗性。能够防止发生渗透破坏。

（4）要求地基有足够的耐久性。能够承受各种外界因素的作用。

二、开挖方法

由于河谷多为地壳的剪切、错动、挤压、水力冲刷、风化、淤积等因素形成。都存在有不同程度的缺陷。应根据不同情况进行开挖处理。

根据建筑物的结构特点和地基的风化程度。决定开挖深度和开挖坡度。

1．基坑排水

作好围堰。及时排除基坑的积水、渗水和地表水。

2．开挖程序

应自上而下分层开挖。保证开挖边坡的稳定性。且在建筑物基本轮廓的基础上向外超挖一部分开挖边坡不得有突变。

3．开挖质量

对于岩石地基欠挖。控制超挖。。多采用爆破方法开挖。一次爆破深度不大于总开挖深度的2/3。防止最后的0.2m ~ 0.3m在开始浇筑混凝土前人工开挖以保证原地基不被破坏。

第三节　岩基帷幕灌浆

一、概述

帷幕灌浆是在坝基偏向上游部位进行 1 ~ 3 排深孔灌浆。用水泥充填和胶结裂隙。形成一道不透水的帷幕。达到减少坝基渗漏和降低坝底扬压力的目的。帷幕灌浆常安排在专门设置的基础灌浆廊道内进行。这样既可以在岩基开挖好后随即浇筑坝体混凝土。不影响浇筑进度。又可以在有一定厚度的压重混凝土后进行灌浆。有利于加大灌浆压力。提高帷幕灌浆质量。

帷幕灌浆一般分为钻孔、冲洗、压水试验、灌浆四个工序。

二、水泥浆质量要求

1．浆液性能控制指标

水泥浆的特点是胶结性能好、结石强度高。主要设计以下指标：

（1）相对密度：反映浆液浓度的高低和水泥含量（水灰比 W/C）。水灰比越小。相对密度越大。结石性能越好。但可灌性差。

（2）黏度：水泥浆也是塑性流体。表观黏度随流速增大而减小。灌浆中先采用低黏度。后采用高黏度。

（3）拌和时间：拌和时间影响浆液的均匀性和结石强度。普通机械拌和时间不小于3min，水泥浆开始制备到用完的时间不超过 4h。

第四节　混凝土防渗墙施工

一、概述

混凝土防渗墙是采用钻机在坝基或坝体内开槽后灌入混凝土。形成连续的防渗墙体。墙体厚度和深度可以人为控制。采用不同的配合比可以得到不同的强度。弹性模量、塑性、透水系数等。

混凝土连续墙之所以能在世界范围内得到较广泛应用。主要是因为它具有如下几个方面的特点：

（1）适用性较广。它适用于各种地质条件。如砂土、沙壤上、粉土以及直径小于10mm 的卵砾石土层。都可以做连续墙。

（2）实用性较强。它广泛应用于水利水电、工业民用建筑、市政建设等各个领域。塑性混凝土防渗墙可以在江河、湖泊、水库堤坝中起到防渗加固作用：刚性混凝土连续墙可以在工业民用建筑、市政建设中起到挡土、承重作用。混凝土连续墙深可达 100m 左右。

（3）施工条件要求较宽。地下连续墙施工时噪音低、震动小，可在较复杂条件下施工。可昼夜施工。加快施工速度。

（4）比较安全、可靠。地下连续墙技术自诞生以来有了较大发展。在接头的连接性技术上有很大进步。其渗透系数可达到 107m/s 以下，作为承重和挡土墙。它可以做成刚度较大的钢筋混凝土连续墙。

（5）存在问题。有些造孔成墙技术对槽孔之间的接头和墙体下部开叉问题难以彻底解决，相对来讲，施工速度较慢、成本较高。

二、造孔技术

混凝土连续墙施工工艺的区别主要在于造孔方法和排渣方法的不同。在造孔方面有锯槽法和挖掘法。锯槽法中。有往复射流式开槽、链斗式开槽、机具中，有抓斗、冲击、回转钻或两者并用的钻具。在出渣方面液压式开槽，有正循环、挖掘法所用反循环的泥浆出渣和不循环出渣。反循环出渣把土渣携出地面，一起被抽到地面上来；正循环是指通过管道把泥浆压送到槽孔底。泥浆在管道的外面上反循环是指泥浆从管道外面自然流到槽孔内，然后在槽孔底与土渣不循环是指用抓斗挖槽泥浆处于静止状态。

（一）锯槽法造孔

锯槽法造孔浇筑连续墙是 20 世纪 90 年代才发展起来的一种新的混凝土连续墙施工技

术。目前。已经被广泛应用于黄河、长江大堤的防渗除险加固工程中。其主要特点有如下几个方面：

（1）新一代开槽机作业机理明确。设备新颖，结构简单，操作方便。

（2）成墙既满足设计要求，又达到节约投资的目的。可以做20cm厚左右的超薄连续墙。而不像挖掘法造孔那样受设备条件限制而将墙做得很厚，使得成墙造价较高。

（3）施工速度快，造价经济。锯槽法造孔施工速度快。20m深度以内槽孔，日造孔可达250m² ~ 400m²，造孔成墙厚度可以调节。因而经济实用。

（4）锯槽法可以实现真正的连续开槽，成槽质量好。由于浇注混凝土时需隔离分段，因此，接头处理较为重要。

（5）锯槽机由于杆本身较长，加之行走牵引机构较远，机械转弯比较困难。造槽孔深度在40m以内。

1. 往复射流式开槽机造孔施工

往复式射流开槽机是应用最广泛的开槽机械。它适应范围较广，该设备综合了锯、犁和射流冲击的理论。集中了各类开槽机的优点，具有功率大、成槽速度快、整机结构紧凑、便于拆装、便于运输等优点。

往复式射流开槽机最适合于沙壤土、粉土地层情况作业，由于引用了锯的切割作用、犁的翻土作用、高压水〔泥浆）的射流冲击作用。所以对沙壤土、粉土地层特别有效。该机拥有100多个射流喷嘴，出口流速达20m/s，在锯、犁和射流的共同作用下而切开土体，由反循环抽砂泵迅速排出粗颗粒液体和沉渣。从而形成槽孔，同时由循环水（泥浆）形成浆液达到固壁作用。

2. 链斗式开槽机造孔施工

链斗式开槽机工作原理是利用耐磨链条带动挖斗将土体挖开。然后造浆固壁成槽。其最大优点是对黏性土、直径小于15cm的卵石土层作业特别有效。

链斗式开槽机行走机构有两种形式：一种是轮式；另一种是轨道式，前者较简单方便后者则复杂而笨重。

（二）挖掘机具造孔

挖掘机具造孔比锯槽法造孔施工要复杂得多。机械设备庞大。所造槽孔宽度大，施工难度增加，造价也较高，但深度可达40m以上，挖掘机具造孔槽施工必须首先修筑其辅助设施——导墙。

1. 修筑导墙

修筑导墙是挖掘机具法造孔浇注地下连续墙施工的重要组成部分。是在地层表面沿地下连续墙轴线方向设置的临时构筑物。

（1）导墙的作用。

1）导向作用。导墙在挖掘机具造孔时起到导向作用。在施工过程中。槽孔始终沿导墙的布置而进行。

2）槽孔中心部位与标高的定位控制作用。筑起导墙也就规定了槽段的位置。导墙的施工精度（宽度、平直度及标高等）影响着单元槽段的施工精度。高质量的导墙是高质量槽段的基础。

3）泥浆贮存、液面保持作用。挖掘机具造孔施工过程中。始终要进行泥浆循环固壁工作。依靠槽孔顶部的导墙。可以较好地贮存泥浆。防止雨水和其他浆液混入槽孔。保证浆液质量。导墙还可以起到保持固壁浆液液面的作用。以提示槽孔内的泥浆是否满足固壁的需要。

4）槽孔上部孔壁保护、外部荷载支撑作用。地下连续墙施工过程中。槽孔顶部的土体极不稳定。在挖掘机具造孔作业时易损害槽壁。造成坍塌。因此导墙起到挡土墙的作用：在钢筋笼的布放、锁口引拔、导管浇注混凝土时。槽孔易受外力侵害。而此时导墙便起到了外部荷载支撑的作用。

（2）导墙的形式。

1）直板形。断面结构简单，一般适用于表层土壤较好的土层，如紧密的黏性土等。由于这种类型的导墙只能承受较小的上部荷载。因此。常作为槽断面尺寸不大的小型地下连续墙工程的导墙形式。

2）倒 L 形。一般适用于表层土不具有足够强度的土层。如砂质较多的黏土层等。

3）L 形。应用较多的一种结构。适用于表层地基土为杂填土、砂土、软黏土等土质松散、胶结强度低的土层。

4）槽形。适用于表层地基土强度低且导墙需要承受较大荷载的情况。

（3）导墙的修筑施工

导墙一般为现浇的钢筋混凝土结构。也有钢板的或预制的装配式结构，导墙形式的确定，在确定导墙结构形式时，应考虑下列因素：

1）表层土的性质。表层土体是否密实，是否为回填土，土体的物理力学性能，有无地下埋设物等。

2）荷载情况。施工机械的重量，造槽与浇注混凝土施工时附近存在的静载与动载情况。

3）针对地下连续墙施工时，对邻近建筑物可能产生的影响。

4）地下水的状况。地下水位的高低及其水位变化情况等。

（4）导墙的施工。导墙施工应严格按下列要求进行：

1）导墙的纵向分段与地下连续墙的分段应错开一定距离。

2）异墙内墙面应垂直。而且平行于连续墙中心线，两行导墙墙面间距应比地下连续墙设计厚度大 40 ～ 60mm。

3）墙面与纵轴线的距离偏差不大于 ±10mm：两条导墙间距偏差不大于 5mm。

4）导墙埋设深度由地基土质、墙体上部荷载、挖槽方法等因素决定。一般为 1.5m ～2m；导墙顶部应保持水平并高于地面100mm，保证槽内泥浆液面高于地下水位 2.0m 以上，墙厚0.15m ～ 0.25m。带有墙趾的，其厚度不宜小于0.2m。

5）导墙顶应水平。施工段全长范围高差应小于 ±10mm，局部高差小于 5mm。

6）导墙背侧需用黏性土分层回填并夯实。不得有漏浆发生。

7）为现浇钢筋混凝土导墙。拆模板后应立即在墙间加设支撑；混凝土养护期间。不得有重型设备在导墙附近行走或作业防止导墙开裂或位移变形。

2. 造孔机具

挖槽机分为：冲击钻机、抓斗成槽机、回转钻机。

（1）冲击钻机造孔

我国常用的冲击钻有 CZ 型冲击钻机，CZ 型冲击钻机有 20 型、22 型和 30 型。

常用的钻头有十字形钻头和空心钻头，适合于各种土质情况作业。另外，配有抽砂筒和接砂斗等专用工具。

工作原理，冲击钻机利用钢丝绳将冲击钻头提升到一定高度后，让钻头靠重力自由下落，使钻头的势能转化为动能冲击破碎岩层土体。这样周而复始地冲击，达到钻进目的，在钻进过程中不断补充泥浆，保持孔内泥浆水位以保护孔壁，当孔内钻渣较多时用抽筒捞取排出。主孔靠冲击钻进成孔，副孔靠冲击劈打成孔。

布孔原则是主孔孔径等于墙厚，两个主孔的间距为 2.5 倍孔径（孔边缘距为 1.5 倍孔径）。主孔冲击成孔，副孔为二期孔，采用劈打成槽方法施工。

为减少清孔工作量。劈打副孔时要在相邻两个主孔中吊放接渣斗。按时提出孔外排渣。由于劈打副孔时有两个自由面。因此成孔速度较快。一般比冲击主孔效率提高 1 倍以上。

冲击钻造槽一般采用高黏度泥浆护壁。施工过程中清渣是用捞砂筒完成，副孔劈打完后，一部分钻渣未被接住而落入孔底，因此劈打完成后还要用捞砂筒捞渣。

要注意的问题是：开孔钻头直径必须大于终孔直径。造孔过程中要经常检查钻头直径，磨损后应及时补焊。

选择合理的副孔长度。

（2）抓斗式成槽机造孔

液压抓斗式成槽机较冲击钻机具有更大的适用性。它可以在坚硬的土壤与砂砾石中成槽，能挖出最大直径 lm 左右的石块，成槽深度最大可达 60m。

目前国内抓斗式成槽机有进口、合资、国产三种。进口、合资设备价格昂贵，不可避免地提高了造墙单价，国内设备相对价位较低。例如。由中国地质装备总公司与中国水利水电科学研究院共同研制的 GDW3 型抓槽机，其目标参数是成槽深度 40m。成槽厚度 30mm，一次成槽宽度 2000mm。

抓斗式成槽机造孔是一种先钻后抓法，也叫钻抓法或两钻一抓成孔法。

抓斗式成槽施工工艺：

做好施工准备后，用冲击钻或回转钻机首先完成主孔，并要保证主孔的垂直度符合要求。

主孔的间距应小于或等于液压抓斗的有效抓取长度。

主孔完成以后。用液压抓斗抓取副孔成槽。

基岩部分地钻进由重锤完成，不带重锤的抓斗，仍需由冲击钻或回转钻机完成基岩钻进，最后成槽。

抓斗式成槽与冲击式成槽相比较。它的优点是：

成本较低，效率较高。一台液压抓斗式成槽机的施工效率相当于 10 ~ 15 台冲击钻机。相应的单位成本也较低。

成槽孔型好。孔壁光滑，抓斗抓取副孔时，斗齿切削孔壁使得槽孔孔壁光滑而平直，故成槽后孔型较好，一般采用抓斗式施工的连续墙，混凝土的充盈系数（混凝土的实际浇注方量与理论方量之比）小于 1 ：1，而采用冲击式成槽其充盈系数要大得多。

施工时泥浆扰动小，废浆排放少。采用冲击式施工时，冲击钻头反复强烈冲击钻进对泥浆的扰动很大，不利于槽壁稳定，用捞砂筒捞取钻渣时，连同部分泥浆一起捞出排掉。造成废浆排放过多，而抓斗式施工时，液压抓斗平稳地直接抓取土渣，废浆排出很少，对泥浆的扰动也小，施工场地较整洁。

造槽深度深，适用地层广。抓斗式最大深度可达80m深，并且适用于多种不同地层条件。尤其适应于有大孤石的地层中成槽。

当然抓斗式也有一定的局限性如液压抓斗机身，一般比较重因此对导墙的结构和质量要求比较高。由于抓斗式要求液压抓斗和冲击钻机配合施工，因此，合理地安排和调度各种机械交叉作业是非常重要的，相对造价也较高。

（3）回转钻机造孔。

对于地质条件较好的地层，可用反循环回转钻机造孔。

工作原理：反循环回转钻机造孔施工方法是在槽孔顶处设置护筒，护筒内的水位要高出自然地下水位 2m 以上。以确保孔壁的任何部分均得保持 0.02MPa 以上的静水压力，从而保护孔壁不坍塌。钻机工作时，旋转盘带动钻杆端部的钻头钻挖孔内土。在钻进过程中，冲洗浆液从钻杆与孔壁间的环状间隙中流入孔底，携带被钻挖下来的钻渣，由钻杆内腔返回地面。与此同时，浆液又返回孔内形成循环。

反循环回转钻机造孔施工按浆液循环输送的方式、动力来源和工作原理可分为泵吸、气举和喷射等反循环施工。

优点：①振动小，噪音低；②除个别特殊情况需使用稳定浆液护壁外，一般用天然泥浆即可满足护壁要求；③因钻挖钻头不必每次上下排弃钻渣，因此，只要接长钻杆，就可进行深层钻挖。槽孔深浅易于掌握；④采用特殊钻头可钻挖岩石；⑤反循环成孔采用旋转切削方式。钻挖靠钻头平稳的旋转，同时将土砂渣和水吸升，钻孔内的泥浆压力抵消了孔隙水压力，从而避免了涌沙等现象。因此，反循环钻成孔是对沙土层较适宜的成孔方式，可钻挖地下水位以下的厚细砂层。

缺点：①很难钻挖比钻头吸泥口径大的卵石（15cm 以上）层；②土层中地下水压力较大或有流动状态的水时，施工较困难；③废泥水处理量大。钻挖出来的土砂中水分多。弃土困难。

三、泥浆固壁

（一）泥浆的作用

泥浆在地下连续墙造孔施工中有固壁、悬浮、携渣、冷却钻具和润滑的作用。成墙后还可增加墙体的抗渗性能。因此，泥浆的正确使用有利于槽孔的开挖和浇注以及提高墙体的防渗性能。

1. 泥浆的固壁作用

泥浆具有一定的比重。泥浆柱体的压力可抵抗作用在槽壁上的土压力和水压力，防止地下水渗入。

由于槽内浆位高于地下水位，泥浆向两侧外渗，所以泥浆在槽壁上形成不透水泥皮，从而使泥浆柱体的压力有效地作用在槽壁上，防止槽壁剥落。

泥浆从槽壁表面向地层内渗透到一定的范围就会使黏土颗粒黏附在槽壁上。通过这种黏附作用可以防止槽壁坍塌和透水。

2. 泥浆的悬浮土渣和携带钻渣的作用

泥浆具有一定的黏度。在造槽成孔过程中，它可以将造槽施工时掉下来的土渣悬浮起来便于泥浆循环携带排出，同时避免土渣沉积在工作面上影响挖槽效率。

3. 泥浆的冷却和润滑作用

在地下连续墙施工中，造孔机具是在泥浆中进行作业的。泥浆既可降低挖孔机具因连续工作而引起的温度剧烈升高又具有润滑作用，而减轻机具的磨损以利于延长机械的使用寿命和提高挖槽效率。

（二）泥浆技术性能要求

（1）泥浆应能在孔壁上形成密实泥皮，并且在泥浆自重作用下孔壁上形成一定的静压力，保证孔壁不坍塌。但泥皮不宜太厚，以免孔径收缩。

（2）以泥浆应具有一定静切力使钻屑呈悬浮状态，并且随循环泥浆带至地面。但黏滞性不宜太高，否则会影响泥浆泵的正常工作并给泥浆净化工作带来困难。

（3）泥浆应具有良好的触变性。流动时近于流体，静止时迅速转为凝胶状态，有足够大的静切力能够避免砂粒的迅速沉淀和渗入槽孔周围砂砾石的岩屑较快固结。

（4）泥浆中砂粒含量应尽可能少，便于排渣，提高泥浆重复使用率，减少泥浆的损耗。

（5）泥浆应有良好的稳定性，即处于静止状态的泥浆在重力作用下不致离析沉淀，而改变泥浆性能。

四、混凝土灌注及接缝处理

地下连续墙是在水下（或泥浆下）灌注混凝土。水下灌注混凝土的施工方法主要有刚性导管法和泵送法，根据工程需要进行选择，其中刚性导管法最为常用。其特点是：混凝土竖向顶导管下落，利用导管隔离环境水（或泥浆），使其不与混凝土接触。导管内的混凝土依靠自重压挤下部导管出口的混凝土，并在己灌入的混凝土体内流动、扩散上升，最终置换出泥浆。保证混凝土的整体性，此处着重就刚性导管法予以叙述。

（一）灌注设备及用具

水下混凝土灌注施工常用的机具有吊车、灌注架、导管、储料斗及漏斗、隔水球、测深工具等。

1. 吊车

吊车是提升混凝土料的主要设备。吊车选型主要依据混凝土灌注施工要求来选择吊车的起重量和起吊高度等性能参数。

2. 储料斗及漏斗

储料斗结构形式较多、灌注量较大的连续墙施工所用的储料斗多采用大容量的溜槽形式。不论采用哪种结构形式，其容量都必须满足第一次混凝土的灌注量能将导管底部埋入0.5m ～ 1.0m。

漏斗一般用 2mm ～ 3mm 钢板制成，多为圆锥形或棱锥型。

3. 导管

导管是完成水下混凝土灌注的重要工具，导管能否满足工程使用上的要求，对工程质量和施工速度关系甚大。常使用的导管有两种，一种是以法兰盘连接的导管，另一种是承插式丝扣连接的导管。导管投入使用前，应在地面试装并进行压力试验，检查有无漏水缝隙。

4. 隔水球

隔水球在混凝土开始灌注时起隔水作用，从而减少初灌混凝土被稀释的程度，隔水球可采用木制也可采用皮球。皮球是一种应用最普遍的隔水球，它隔水可靠，且上浮容易，价格低廉，是较好的隔水工具。

（二）混凝土的浇注

混凝土连续墙的浇注是施工的最后一道工序，也是连续墙工程施工的主要工序。因此混凝土浇筑施工必须满足下列质量要求：

（1）外形尺寸、浇筑高度、技术性能指标必须满足设计要求；

（2）墙体要均匀、完整，不得存在夹泥浆、夹泥断墙、孔洞等严重质量缺陷；

（3）墙段之间的连接要紧密。墙底与基岩的接触带和墙体的抗渗性能要满足设计要求。

浇筑步骤如下：

1. 浇筑准备

（1）拟定合理可行的浇注方案。其内容有：

1）槽孔墙体的纵横剖面图、断面图；

2）计划浇筑方量、供应强度、浇注高程；

3）混凝土导管等浇注器具的布置及组合；

4）钢筋笼下设深度、长度、分节部位，下设方法及底部形状；

5）浇筑时间、开浇顺序、主要技术措施；

6）墙体材料配合比，原材料品种、用量、保存；

7）冬季、夏季、雨季的施工安排。

（2）落实岗位责任制。各岗位各工种密切配合、统一指挥、协调行动，以保证浇筑施工按预定的程序连续进行。在规定的时间内顺利完成。

（3）取得造孔、清孔、钢筋下设等工序的检验合格证。

2．下设导管

1）下设前要仔细检查导管的形状、接口以及焊缝等。

2）根据下设长度。在地面上分段组装和编号：导管连接必须牢固可靠。其结构强度应能承受最大施工荷载和可能发生的各种冲击力，在 0.5MPa 压力水作用下不得有泄漏。

3）在同一槽孔内同时使用 2 根以上导管浇注时。其间距不宜大于 3.5m：导管距槽孔两端头或接头管的距离不宜大于 1.5m：当孔底高差大于 25cm 时，导管中心应布置在该导管控制范围的最低处。

4）导管的上部和底节管以上部位应设置数节长度为 3cm 的短管：导管底口距孔底距离应控制在 15cm ～ 25cm 范围内。

3．浇灌混凝土

1）开灌前。先向导管内放入一个能被泥浆浮起的隔离球塞。准备好水泥砂浆和足够数量的混凝土。开浇时先注少许水泥砂浆。紧接着注入混凝土。保证球塞被挤出后。埋住导管底部。

2）浇筑应连续进行。若因意外事故造成混凝土灌注中断。中断时间不得超过 30min 否则孔内混凝土流动性丧失，使浇注无法继续进行，造成断墙事故。

3）混凝土面上升速度应大于 2m/h。导管埋深 1m ～ 6m，混凝土的坍落度为 18cm ～ 22cm，扩散度 35cm ～ 40cm。

4）在浇灌过程中要及时填绘混凝土浇筑指示图，校对浇筑方量，指导导管拆卸。对浇筑施工做出详细记录，浇注指示图和浇筑记录，既是指导导管拆卸的依据，又是检验施工质量的重要原始资料。在填绘指示图的同时，核对孔内混凝土面所反映的方量与实际灌入孔内的方量是否相符。如有差异，应分析原因，及时处理。

5）浇注过程中，若发现导管漏浆或混凝土中混入泥浆，要立即停止浇灌。导管大量漏浆或混凝土中严重混浆可根据以下几种现象判定：

①经检查发现导管下埋深度不够。相差过大。

②经检查发现导管拔出混凝土面。且浇筑了一段时间。

③按实测浇注高度计算的浇注方量超过计划方量过多。且持续反常。

④经检查发现导管内进浆或管内混凝土面过低。

（三）接头处理

锯槽法造孔成墙分割槽段常采用隔离体法。隔离体有刚性隔离体和土工布袋隔离体两种。刚性隔离体下放时要求垂直平稳。其张合机构和驱动系统都必须灵活快捷。安全可靠。隔离体长度比槽孔深度大 0.2m ~ 0.3m。第一次下入槽孔后不再提出。可重复使用。刚性隔离成墙接缝易于保证：土工布袋隔离体是用特制土工布袋下入槽中。然后注入速凝混凝土。在槽孔中形成一隔离桩。起到分隔槽段作用。实际操作中。土工布与混凝土的接触紧密。但其渗透性指标有待试验确定。

挖掘法造孔浇筑地下连续墙一般划分为若干槽段进行浇筑施工，相邻两槽段的衔接部分称为接头，常用的接头方式有钻凿式和预留式两种。接头孔施工常采用套打一钻、双反弧、接头管成孔等方法。

1. 套打钻法

一期槽孔混凝土浇筑后，在其两端主孔位置重钻一孔。这种接头的特点是施工简便，适用于各种地层。但工程量增加，接头质量不易保证。

2. 双反弧法

双反弧接头是在两邻槽孔间留下约一钻孔长度。待混凝土浇筑后，从预留长度处，用双反弧钻头钻除四个角，这种接头的特点是它适于一般黏土或砂砾石地层。孔深一般不超过 40m，若超过 40m 时，必须有相应的措施。

3. 接头管法

施工方法是在一期槽孔两端下入接头管，待混凝土浇筑后，拔出接头管形成接头孔。接头管适用于各种地层，其深度根据起拔能力决定，一般用于孔深 40m 以内。墙厚0.6 ~ 0.8m 的连续墙。

五、漏失地层的处理

当钻进风化残积层、坡积层、冲积层、洪积层、断层破碎带、节理裂隙带、溶洞、空洞及一些松软地层时。往往发生泥浆漏失现象。此外，泥浆使用不合理，地下水流速过大。也会引起漏失。

泥浆漏失程度分为三类：

（1）轻微漏失：孔内循环泥浆少于注入泥浆，但循环未中断。

（2）中等漏失：循环中断，液面低于孔口。

（3）严重漏失：孔内已无泥浆或液面在几米以下。

泥浆漏失不仅增加泥浆消耗量，而且会造成坍塌及卡埋钻具等事故，所以必须采取有效措施预防和处理。

1. 黏土球堵漏

将黏土球投入孔内漏失部位挤压捣实后再钻进。为了增加效能，可在黏土中掺入锯末、麻刀、干草等纤维质物也可以直接向槽孔内填入粘十和锯末、麻刀等纤堆质物。

2. 泥浆堵漏

在漏失地层钻进中。正确选用适当的堵漏泥浆，采取以防为主的原则，可以收到很好的效果，对堵漏泥浆的性能要求是：

1）比重要小。以减少泥浆柱压力与地层的压力差，从而减少漏失。如加入起泡剂降低泥浆比重。

2）失水量要小。使形成的泥皮薄而致密，可选用优质黏土或加入降失水剂。

3）适当提高黏度和静切力。可以加入增粘剂或无机结构剂。常用的堵漏泥浆有以下几种：①石灰泥浆，适用于轻微漏失、中等漏失和比较严重的漏失；②锯末碱剂泥浆，适用于中等以上的漏失；③水泥泥浆乳，适用于中等漏失。

3. 水泥浆堵漏

对于漏失严重的地层可用速凝水泥浆堵漏。

（1）氯化钙快干水泥浆，适用于中等漏失及比较严重的漏失。

（2）胶质水泥，适用于严重漏失。

第七章 渠系施工案例分析

第一节 灌区的基本概况

陕西关中灌区始建于 20 世纪 60～70 年代，由宝鸡峡、泾惠渠、交口抽渭、桃曲坡、石头河、冯家山、羊毛湾、洛惠渠、东雷抽黄灌区、石堡川等十大灌区组成，涉及 25 个县、301 个乡镇、763 万人，是保障陕西关中"粮仓"的重要灌溉载体。

一、宝鸡峡灌区

灌区位于面关中西部，西起宝鸡市以西 11km 的渭河峡谷，东至泾和右岸，与泾惠渠灌区隔河相望，南临渭水左岸，北抵渭北高原腹地，与冯家山、羊毛湾区接壤，东西长 181km，南北平均宽 14m，总面积 2365km²，是一个多枢纽、引抽并举、渠库结合、长距离输水、大型建筑物多的特大型灌区，名列我国著名的十大灌区之一，是陕西省目前最大的灌区。

灌区线自然地形和工程布局分塬上（黄土台顺）、塬下（滑河阶地）两大灌溉系统。振下渠灌区属老混区，1935 年动工，1987 年建成，1958 年扩建了渭高抽，渠首设于县魏家堡；塬上宝鸡峡灌区属新灌区，1958 年 11 月开工，1962 年 3 月工程建，1969 年 3 月全面复工，1971 年建成，渠首设于宝鸡市陈仓区林家村。1975 年 4 月，为统一调配水源，两灌区合并统称宝鸡峡引灌区、水源以渭河径流为主，引水流量总计 95m³／s，灌溉宝鸡、杨凌、兴平、乾县、礼泉、秦都、渭城、泾阳、高陵等 14 个县（市区）97 个多镇的 19.48 万 hm² 农田。

灌区现有 6 座中型水库，总库容 3.37 亿 m，有效库容 2.41 亿 m³，由 6 条长 412.6km 的总干、干渠，将各个水库联结成一个水量调配迅速、方使、快捷、合理的长结瓜式有机整体。1997～2002 年塬上灌区林家村水利枢组又进行了三期加坝加固工程改造，增加库容 5100 万 m。王家崖水库、信邑沟水库、大北沟水库、泔河水库等相继近年都进行了除险加固改造，减轻了病险水库对灌区的制的。

现有的 22 处抽水站，配备机组 84 台套，装机容量 26921kW，总抽水能力 2.7m³/s：水电站 6 座，机组 15 台，装机容量 33900kW，这些设施与干、支输水渠配合，在保证灌溉的情况下，调剂水量，开展多种经营。

灌区现有斗渠 2664 条，长度 2830 公里，已村 1410 公里，陈骑驴 49.85%；斗渠建筑物 31068 座，完好率 42.85%；农渠 12167 条，长度 5890 公里，村 176 公里，村砌率 30%，建筑物 82461 座，完好率 3.21%

宝鸡峡自开灌以来，已引渭河水量 300 亿 m，灌地 2.5 亿亩次，使灌区农业生产条件得到改善，亩均粮食产量由 115kg 提高到 670kg，复种指数由 115% 提高到 165%。截至 2009 年，累计增产粮食 273 亿 kg 累计产生的社会效益达 320 亿元以上，对陕西省农业乃至整个国民经济与社会发展起着举足轻重的作用，灌区以占全省 1／18 的耕地面积，出产了占全省总产量 1/7 的粮食和 1/4 的商品粮，是陕西省重要的粮油果菜基地，被誉为"三秦第一大粮仓"

灌区地质以断裂构造为主，其地质构造和地层岩性与整个关中平原的形成和发育是一致的，均为新第三系和第四系半胶结至松软岩层，上覆盖一般为百余米，属洪积、坡积和风积黄土类土，其下部为黄土状冲积亚黏土夹砂砾石层。

灌区土壤大部为中壤、轻壤及少量沙壤土。

二、泾惠渠灌区

泾惠渠是继郑国渠及历代引泾灌溉工程之后，由我国近代著名水利科学家李仪祉主持修建的一个现代化大型灌溉工程。

泾惠渠灌区位于陕西省关中平原中部，是一个从泾河自流引水的大（Ⅱ）型灌区。北依仲山和黄土台原，西、南、东三面有泾河、渭河、石川河环绕，清河自西向东穿过。灌区东西长 70km，南北宽 20km，总面积 1180km²。灌区地势自西北向东南倾斜，海拔高程 350m～450m，地面坡降 1/300～1/600，是典型的北方平原灌区。灌区属大陆性半干旱季风气候区，多年平均降水量 538.9mm，年蒸发量 1212mm，总日照时数 2200h，多年平均气温 13.4℃。

泾惠渠灌区于 1932 年 6 月 20 日建成通水，几经扩建和改造，现今设施灌溉面积已达 145.3 万亩，涉及西安、咸阳、渭南三市的临潼、阎良、高陵、泾阳、三原、富平 6 县（区）。其中自流灌溉面积 9.69 万 hm²，抽水灌溉面积 2.29 万 hm²。灌区现有干渠 5 条、长 80.6km，有支渠 20 条、长 299.8km，有斗渠 538 条、长 1195.56km，有分引渠 4787 条、长 2042.07km。灌区有中型水库两座、总库容 4105 万 m³，干支渠抽水泵站八座、总装机容量 10963kW，水力发电站两座、总装机容量 9100kW。

陕西省泾惠渠管理局成立于 1934 年 1 月，是陕西省水利厅直属的事业单位。内部按抗旱灌溉、防洪排涝、综合经营三大系统设立，机关内设 14 个处室，下属 20 个事业单位和 6 个企业单位，职工总数近千人。

泾惠渠灌区建成以来，有力地促进了农村经济的振兴和发展，奠定了农村经济结构调整基础。特别是近年来，泾惠渠管理局按照民生水利的新要求，以服务"三农"为己任，以破解水源难题为突破口，以深化改革为动力，聚精会神搞建设，一心一意谋发展，先后实施了灌区续建配套与节水改造和世行贷款、张家山水库除险加固等工程项目，累计衬砌干支渠道 100 多公里，新建改建各类建筑 1200 多座，改造中低产田 42.5 万亩。先后多次受到国务院、水利部、陕西省委省政府、全国总工会的表彰奖励，厅级以上荣誉称号 80 余项。文明单位的覆盖率近 90%。

三、交口抽渭灌区

交口抽渭灌区是陕西省水利厅直属灌区。1970 年 3 月建成，是 70 年代建成的最大电力抽水灌溉工程，位于关中平原东部，渭河下游北侧。南两市的临渭、蒲城、富平、大荔、临潼、良六个县（区）的 7.97 万万 hm^2 农田。灌区主要工程由渠首枢组、抽水站、供用电设施、灌溉渠系、排水工程等组成。为无坝引水，设计引水流量 $41m^3/s$。抽水共分 8 级，灌区总扬程 95.83 米，平均扬程 39m，建有抽水站 30 座，建有抽水站 26 座、排水站 5 座，安装机组 135 台，总装机容量 2.9 万 kW。渠系工程基本配套，但村砌率低。排水系统健全，灌排双化。当前存在的突出问题是，泵站机电设备大部分超过使用年限，有的带病运行，设备完好率不到三分之二。

四、桃曲坡水库灌区

桃曲坡水库区为省直属灌区。1969 年动工，1986 年建成。灌区工程主要包括水库枢纽、灌溉渠系、抽水站及 1994 年修建的铜川供水工程等。水库建在石川河支流沮水峡谷桃曲坡。大坝为均质土坝，坝高 61m，坝长 294m，设计总库容 5720 万 m^3，有效库容 4350 万 m^3，设计输水流量 $8m^3/s$。灌溉面积 2.122 万 hm^2，有效灌溉面积 1.467 万 hm^2。铜川供水工程以马栏河为水源，修建隧洞 11.48km，引水至温河，经水库调蓄后供水至铜川黄堡水厂，年供水量 1200 万 ~ 1500 万 m^3。

该水库是一座以灌溉为主，兼有城市供水、防洪、多种经营等综合利用的中型水库桃曲坡水库枢纽工程。设计灌溉面积 31.83 万亩，水库枢纽工程设计等级为 III 等，主要建筑物按 3 级设计。水库枢纽工程由均质土坝，侧槽式溢洪道和高、低放水洞四部分组成。

为缓解灌区缺水和铜川市用水矛盾问题，经陕西省人民政府批准，1993 年开始陆续实施了马栏河引水工程与桃曲坡水库溢洪道加闸工程。马栏河引水工程已于 1999 年竣工，水库可引水总量由 6686 万立方米增加到 10920 万立方米。溢洪道加闸工程现已完成，加闸后正常蓄水位比原来正常蓄水位 784.00m 高出 4.5m，即 788.5m，兴利库容 3602 万立方米，增加 1016 万立方米，在保证城市供水的基础上，农田灌溉保证率由 37.4% 提高到 48.1%。

五、石头河水库灌区

1. 灌区概况

该灌区为省直属灌区。1974 年动工兴建，1990 年建成。

水库大坝位于眉县斜峪关以上 1.5km 处石头河于流上。大为土石混合坝，现高 114m，坝长 590m，总库容 1，47 亿 m³，有效库容 1.2 亿 m³。由于石头河水库建成蓄水，原梅惠渠改用库水，于 1984 年并入石头河水库灌区，共有设施灌面积 2.467hm²，有效灌灌面积 1.467 万 hm²。水库除向原有灌区供水外，每年还向宝鸡峡灌区供水 2000 多万 m³。1997 年向西安供水工程建成后，每年给西安供水 0.95 ~ 1 亿 m³，另外灌区还建有坝后电站及斜峪关、汤峪等渠道电站，装机约 2.36 万 kW，是一个防洪、灌源及城市供水综合利用的灌区，综合经营较好，经济效益显著。存在的问题是，灌区配套工程进展缓慢，影响工程效益的充分发石头河水库，为省属水利工程，陕西省石头河水库管理局管理。1969 年开始筹建，1970 年 5 月，列入省办项目。1971 年 7 月成立陕西省石头河工程指挥部，接管工程。1976 年 9 月 26 日截流，1980 年 11 月 9 日封堵导流洞开始蓄水。1982 年 11 月，大坝基本建成。水库大坝建于太白、眉县、岐山三县交界处的斜峪关口。坝型为黏土心墙砂卵石坝壳土石混合坝。最大坝高 114 米、坝顶高程 808 米、长 590 米、宽 10 米、坝底宽 488 米。水库纳太白县石头河、塞沟河水，库容在本县境内，总库容 1.25 亿立方米，死库容 500 万立方米，有效库容 1.2 亿立方米，可利用年发电量 1.2 亿千瓦。下游各县可利用本水库水灌溉良田 128 万亩。

石头河水库东干渠，西起斜峪关，沿秦岭北麓向东延伸到武家堡，全长 33.3 公里。设计建筑物 114 座，其中重点建筑物 23 座。隧洞 12 座，最长的是小法仪原隧洞 2741.23 米。渡槽 8 座，最长的是霸王河渡槽 1519.6 米。芋院沟渠库结合工程一座，坝长 167.5 米，坝高 30.5 米，库容 41.8 万立方米。铜峪河空心坝一座，长 16.5 米。汤峪口洪跌水一座，跌差 74 米。干渠设计流量 11.5 立方米 / 秒，加大流量 13.5 立方米 / 秒。干渠上布设支渠 9 条，全长 84 公里，其中二支（霸王河渠）、六支（汤惠渠西干）、七支（汤惠渠东干）属旧有，其他 6 条属新开。设计抽水站 11 座，装抽水机组 13 台，动力机容量 905 千瓦。汤峪口跌水处计划修电站一座，装机容量 1620 千瓦，年发电量 446 万 kwh。整个工程完成后，可灌溉齐镇、城关、营头、金渠、小法仪、汤峪、槐芽、横渠、青化 9 乡（镇）农田 21 万亩（其中自流灌溉 19.4 万亩，抽水灌溉 1.6 万亩）。

石头河水库北干渠（原梅惠渠），清康熙六年（1667）梅惠渠首闸室，县令梅遇率领有识生员、土民、耆老，遍视水源，确定渠线，亲临工地，督民开渠。堰口在斜谷关口鸡冠石附近，引水至石龙庙分为四渠，"两渠固，扩而大之，两渠创修，以东西名"，各长 15 公里，深 4 尺，宽 5 尺，灌田千余顷，灌区民众称为"梅公渠"。民国 24 年（1935），泾洛渠工程局（省水电工程局前身）决定整修梅公渠，次年 7 月动工。28 年（1939）完成渠首工程，次年继续整修完成三条干渠、12 条支渠，总长度 140 多公里，同年注册，灌溉面积 8.4 万多亩，改名"梅惠渠"。1950 至 1957 年，对拦河大坝进行两次较大整修。梅惠渠拦河坝为重力式滚水坝，建在斜峪关鸡冠石处，横亘东西，坝长 123.4 米，高 1.5 米，顶宽 1.5 米。1958 年改建了东干渠，1967 年在原北干渠基础上改建完成西干渠。1983 年，石头河水库下闸蓄水后，梅惠渠改低坝引长流水为引库水灌溉，水量更加充沛，控制灌溉面积 15.4 万亩，其中眉县 12.75 万亩。1984 年经省水利水保厅批准，梅惠渠由县水电局交省石头河水库灌溉管理处管理。1987 年 10 月成立石头河水库灌溉管理局，将原梅惠渠东干渠改称石头河水库北干渠。1989 年后，北、西两干灌溉本县齐镇、城关、第五村三个乡镇农田 8.7 万亩。

金承安元年（1196），眉县知县孔天监在石头河督凿孔公渠，亦称界渠，渠长 25 华里，宽 1.4 米，水深 0.32 米，小支渠 24 道，经眉、岐两县的常家庄、新军营、胡家营、陈法寨、槐树湾、杨千户寨、马鞍山、第五村等八村，岐山灌溉稻田约 3400 亩。

万历 46 年（1618 年），凤翔知府沈缙在石头河督凿沈公渠，灌诸葛、落星二里；又在宝鸡市陈仓区的阎家营筑堰引渭水东流岐山，灌蔡家坡一带田地。清时，在石头河筑堰开渠，先后有胡公渠（亦称马家堰），为胡家营人所开，位于胡家营西庄东南，傍崖开渠，渠长 4 里，宽 1.5 米，水深 0.76 米，灌胡家营西庄地约 1300 余亩；茹公渠，渠长 20 里，宽 1.7 米，深 1 米，支渠 13 条，灌田 3500 余亩，还有洪公渠、梅公渠。在麦李河开凿麦李河渠，灌唐家岭、郑家磨、渠头、华家寨和五丈原、土桥庄、温家湾田地 3000 余亩。

民国 7 ~ 15 年（1918 ~ 1926），在常家庄筑堰创修庞公渠，渠深 0.4 米，宽 2.5 米，流速约 0.3 米 / 秒，流量约 0.5 立方米 / 秒，干渠长 330 余丈，引石头河水灌胡家营东庄、新军营两村约 1000 余亩。

民国 17 ~ 18 年（1928 ~ 1929）修成通济渠，起于斜峪关，北流入渭，宽 2 米，深 3 米，长 40.9 里，灌田 300 余亩。25 年（1936）石头河自上而下，形成孔公西渠、庞公渠、胡公渠、郑家堰等 9 条引水灌溉渠堰，群众称为 9 道堰。29 年（1940），全国经济委员会泾洛工程局设计、主办、整修石头河梅公渠，岐山灌田 24665.4 亩。

新中国成立后，整修旧渠道，并于 20 世纪 50 年代后期建成润德泉"长藤结瓜"工程；把石头河水引上五丈原，创造了历史奇迹。

五丈原渠道，于 1958 年 3 月开工兴建，共投工 8.8 万个，移动土石方 43 万立方米，至 6 月 26 日试水成功，使原上 2 万余亩旱地变成了水浇地。12 月，高店公社社长李俊代表五丈原渠道的建设者参加了在北京召开的全国农业社会主义建设先进代表会议，受到国务院嘉奖。1964 年，灌区进行维修，配套，投工 1.45 万个，国家投资 1 万元，衬砌原边干渠 4.6 公里，修建支渠 1 条，长 3.05 公里，斗渠 11 条，长 9.5 公里，建筑物 30 座，移动土石方 1.2 万立方米。1983 年再次整修扩建。投工 5.7 万个，国家投资 12.72 万元，乡村筹资 3 万元，完成土方 2.55 万立方米，浆砌块石 0.29 万立方米，混凝土 0.17 万立方米，扩建干渠 9.74 公里，加大引水渠道断面，引水流量由 0.5 立方米 / 秒增至 1 立方米 / 秒。

五丈原渠道位于石头河西岸，系无坝自流引水工程，主体工程由进水闸、450 米隧洞、10 公里原边干渠、落马沟渡槽及洪沟倒虹组成。进水闸位于斜峪关石头河西岸，引水流量 0.5 立方米 / 秒。灌区修建支渠 3 条，长 10.06 公里，斗渠 39 条，长 17.16 公里，抽水站 4 处，渡槽 5 座，桥梁 234 座，退水 9 处。工程由五丈原渠道管理站管理，受五丈原、曹家两乡镇人民政府领导。

2．调水工程

引红济石调水工程，是将汉江水系褒河支流红岩河水自流调入渭河支流石头河的跨流域调水工程。工程位于陕西省宝鸡市太白县境内，多年平均调水量 0.92 亿立方米，连同石头河本流域自产径流，经石头河水库调节后，水库年均供水量达到 2.66 亿立方米，除保持向西安城市供水 0.95 亿立方米、向原岐眉灌区 37 万亩农田灌溉补水 0.45 亿立方米外，新增向咸阳、杨凌等城市供水 1.26 亿立方米。工程主要由低坝引水枢纽和输水工程组成。低坝引水枢纽位于太白县城西南 8km，采用闸坝方案，由泄洪闸、冲沙闸、进水闸、左右岸挡水坝段及生态放水管道等组成，泄洪闸共 3 孔，单孔宽度 20m，总宽度 68.4m。穿秦岭输水隧洞长 19.71km，设计最大引水流量 13.5 立方米 /s，隧洞比降 1/890，断面分别为 2.8×3.0 圆拱直墙型和洞径为 3.0m 的圆形。工程总工期 5 年，概算总投资 7.14 亿元。引红济石工程 2008 年正式开工建设，计划于 2011 年年底建成，2012 年投入运行。

3．河道治理

石头河南出斜峪关，在岐山县境内，北流 15 公里，流经落星、安乐、五丈原三个乡镇，汇入渭河。河床平均宽度 300 米。历史上河水湍急，河床宽浅，河滩密布，顶冲严重，改造频繁，遇洪决堤毁坝，淹没农田，冲毁村庄，对两岸人民生产生活威胁很大。

新中国成立后，20 世纪 50 年代对老河岸进行整修加固，1963～1966 年，全面开展河道治理，东西两岸修筑堤防 13.5 公里。斜峪关口至郑家磨河道长 2.7 公里，河道顺直、较深、弯道节点稳定。郑家磨至西宝公路大桥，河道长 9.6 公里，属弯曲型淤荡性河型，河床不时变迁，河道拓宽至 1000 米，仍威胁村庄农田安全。大桥至入渭处，河槽基本稳定。石头河出山口的落星，因河道主流不稳定，洪水冲开七道河岔，从 1963 年开始，年年治理，修建堤防 5000 米，稳定了河道主流，治理滩地 400 亩。

1973 年，在农业学大寨运动中，县委提出"治河造田为人民"的口号，制定了石头河治理工程规划方案，决定"以四年时间对石头河自斜峪关至入渭处 15 公里川道河段进行一次全线大浚治，截弯取直，顺直河流，束窄河身，稳定河槽，使河道向渠槽化发展。"治河工程于 1973 年 12 月 15 日开工，由落星、曹家、安乐、五丈原 4 个公社组织民工施工。1975 年 3 月，为加快工程进度又从马江、麦禾营、枣林、城关、孝子陵、大营、北郭、益店、故郡、青化、蒲村、祝家庄、京当 13 个社镇，抽调 2000 名劳力紧急支援。日上劳 4000～5000 人，最多达到 7000 人。至同年 6 月底，国家投资 83.19 万元，完成投资 82 万元，修筑成东堤顶宽 4 米，西堤顶宽 7 米的干堆石浆砌护面堤坝 22 公里。临水坡为 1：1.25，背水坡为 1：1。护堤丁坝 52 座，中心河床初步疏通。共移动土方 145 万立方米，完成主体工程80%。同年7月8日，石头河骤发洪水，洪峰流量达700立方米／秒，冲毁已成堤坝58处，4.519公里，毁齿墙斜坡1.52公里，冲毁丁坝49座，已疏通的中心河床基本淤平，损失材料费仅水泥一项计14万多元，受灾庄稼3700亩，冲毁房屋21间。多年费工，毁于一旦。洪水过后，县委对此次治河进行了专题研究，确定以防为主，重点浚治，停止统一施工，由社镇分段治理。在强家寺段破堤分洪，分洪口以下，新老河槽同时行洪，新河槽行洪三分之一，老河槽行洪三分之二。随着已成工程的整理、加固、修复和陕西省斜峪关石头河水库的建成，河水得到控制。

1987年，县水电工作队设计并指导施工，建成石头河空塔寺索桥。

4. 水能利用

石头河蕴藏量8.58万千瓦，可开发量2.34万千瓦。远在三国时，诸葛亮屯兵五丈原，广开斜谷水利，在石头河两岸开荒种粮，以供军需。《孔公渠水利碑记》："碾碹区计，仅有数千，园田畦计，不啻几万，有粟者，易为之粒，有麦者，易为之屑。"说明金代眉县令孔天监率民扩修斜谷水渠后，在渠道上修建水力碾磨，进行粮食加工的作坊已为数不少。抗日战争爆发后，省城一些工业厂家纷纷西迁，利用斜峪关石头河水利条件，建厂生产。"尤以三十至三十二年（1941～1943）短期中发展迅速"。据当时统计，梅惠渠县境内各种水力厂、站共68家。抗日战争胜利后，一些厂家迁出县境。

关城子水电站，民用性质。1968年动工修建，1970年竣工投产。位于石头河水库北干渠（原梅惠渠东干渠）1.5公里处，以附近旧土城命名。引用流量5.7立方米／秒，水头13米，装机2台445千瓦，年发电量160万度。1989年将125千瓦机组更换为320千瓦机组，两台机组总容量640千瓦。归关城子电站统一管理的贾家寨（55千瓦）、雷村（12;千瓦）、齐镇（75千瓦）三座分站，均建于关城子电站下游干渠跌水上。四座电站统一管理，总装机5台815千瓦，并入国家大电网运行，年发电量305万度。自己拥有10千伏高压线路45.67公里供电区，与国家实行电量交换，经济效益较高。

5. 栈道交通

褒斜道，是循渭水支流斜水（今名石头河）及汉水支流褒褒斜道线路图水（褒河）两条河谷而成的一条谷道，是典型的循河觅道路线。斜峪口在眉县之南，褒谷口在汉中褒城之北，因名"褒斜道"。古代由长安去汉中，先入斜谷，后入褒谷，因之亦称"斜谷道"。

褒谷与斜谷同以太白县的五里坡（衙岭山）为发源地。斜谷先自五里坡而东，至桃川以东的老爷岭北折，经鹦鸽，直抵斜峪关出谷口，总程 100 里左右。褒、斜二谷共计 474 里左右，是汉中盆地通向关中较近通道。二谷穿行于万山丛中，商旅循谷而行，并无大的登涉之劳，因自斜谷上溯至源头五里坡，仅上一道较平缓的坡，就进入褒水上源。顺褒水河谷南行，经太白县、留坝县，不翻大山即可出褒谷抵汉中。古代先民经长期探索，确认从斜谷到褒谷为一条捷径。于是开发褒斜道，成为古代南北交通要道。

6. 流域概况

石头河发源地在秦岭山脉的太白山、鳌山。太白山是秦岭山脉最高峰，也是青藏高原以东第一高峰，如鹤立鸡群之势冠列秦岭群峰之首。自古以来，太白山就以高、寒、险、奇、富饶、神秘的特点闻名于世、称雄华中。太白山是渭河水系和汉江水系分水岭最高地段。太白山西起太白县城嘴头镇，东到周至县老君岭，南以滑水河在太白县黄柏原以上的东西向河段为界，北至眉县营头。大约在东经 107° 19'-107° 587 和北纬 33° 40'-34° 之间。东西长约 61 公里，南北宽约 39 公里，山体近东西向展布。海拔 3767 米，以其高称雄于华中，是我国大陆东部的最高峰。孤峰独立，势若天柱。黄山、庐山、泰山不能比其高，西岳华山还比它低 1700 多米。是渭河水系和汉江水系分水岭的最高地段，霸王河、石头河、褒河、滑水河等皆发源于此。

鳌山，古称垂山、武功山，系太白山迤逦之西脉，亦称西太白，海拔 3475 米，为汉、渭水之分水岭，嵌峇立于县城之南，山上植被荫浓翳郁，原始古木最大者阔可达三四米。

上游属秦岭峡谷地貌，主要川峡有：桃川，位于县城东部桃川乡，西起五里峡口，东到白云峡口，呈两头窄、中间宽的弯曲带形，地势由西向东缓降，较开阔、平坦。白云峡，处于太白山北麓之桃川乡东南部。上端分东西两个支峡，全长约 16.8 公里。从峡口入，沿峡向南有人行小道可通太白山及黄柏塬古字梁。五里峡，处于鳌山北麓之桃川乡西南部。峡呈较规则之南北走向，沿峡有人行小道可达鳌山。

石头河谷口处，斜峪关，位于眉县西南 13 公里处的山谷口，为太白石头河峪口斜峪

关地貌（斜峪关卧虎石）山八景之一。是古褒斜栈道的北口。地势险峻，历来是兵家必争要地。东为磨石沟，西连棋盘山，中为一喇叭形豁口，气势雄壮，一夫当关，万夫莫开；北望一马平川，石头河水奔涌直下；南望层峦叠嶂，水色天光，昭然若画。三国时，诸葛亮曾在此修建邸阁，以储存与魏交战之军粮。后人为了纪念诸葛亮的功绩，在此修建怀贤阁。苏轼在《题怀贤阁》诗中写道："南望斜谷口，三山如犬牙。西观五丈原，郁屈如长蛇。"可谓斜峪关形胜的实照。北宋时商贾云集，人流熙攘，建筑雄伟，景色宜人。苏轼在另一首《宿邸阁蟠龙寺》中写道："起观万瓦郁参差，目乱千崖散红绿。门首商贾负椒舛，山后咫尺连巴蜀。"当时斜水流量也较今为大，苏轼曾由东关"乘槎晚渡"而至西关口。清代在斜峪关东侧曾设衙置兵，专管剿灭盗匪与处理斗殴案件。民国中期，外籍入眉的有识之士曾在此办起小型发电厂、火柴厂、面粉厂、碾米厂、草袋厂等，此地成为县内最早的工业区。

1969 年，在斜峪关开工修建石头河水库。关口北端和积谷寺一带盛产大米，清代是向皇帝进贡的贡米，米质特别，至今名传省内外。夜晚出山风刮个不停，使峪口至积谷寺、上龙王庙一线的树木，一律向北倾斜，形成了独特的一景。

石头河下游川道，属黄土台塬，位于岐山县境内五丈原东，东至眉县界，南至斜峪关，北至渭河，长 15 公里。南窄北宽，南高北低，相对高差 170 米，地势平坦。大部分土壤为水稻土，水源丰富，水利设施齐全，气候温暖、湿润，素有"小江南"之称，以种植水稻、小麦、油菜为主。粮食商品率居全县第一。含安乐乡、落星乡的落一、落二两个村委会及五丈原镇的东星村委会辖区。

六、冯家山水库灌区

1. 冯家山水库概况

该灌区为宝鸡市直管灌区。1970 年开工，1982 年建成。以为河支流千河为水源，灌溉宝鸡、凤翔、岐山、扶风、武功、乾县和永寿等 7 县农田 9.067 万 hm²。冯家山水库灌区是一处蓄、引、提相结合的新型灌区。水库大坝为均质土坝，总库容 3.89 亿 m³，有效库容 2.86 亿 m³，是陕西省目前灌溉库容最大的水库。灌区有渠库结合工程六处，蓄水能力 2133.5 万 m³，有效库容 1308.8 万 m³。灌区共建抽水站 22 处，装机 164 台，3.36 万 kW，设计抽水流量 27.46m³/s，抽水灌溉面积 4.73 万 hm²，占灌区总灌溉面积的 52%。当前存在的问题是，工程配套差，受益慢。

冯家山水库灌溉工程是陕西省大型水利工程之一，位于关中渭北高原西部。干河为渭河北岸一条较大支流，流域面积 3493 平方公里。干流长 152.6km，河道平均比降 0.58%，冯家山水库在千河干流下游，距河口 25.0km。控制流域面积 3232 平方公里，占全流域面积的 92.5%。多年平均径流量 4.85 亿立方米，年平均流量 15.4 立方米/秒，多年平均含沙量 8.76kg/立方米，多年平均输沙差 469 万吨。

2．水库枢纽

冯家山水库库区流经千阳县、凤翔县和陈仓区。是一座以灌溉为主，兼有防洪、发电、养殖等综合利用的大型水利枢纽。水库总库容 3.89 亿立方米，有效库容 2.86 亿立方米，防洪库容 0.92 亿立方米，死库容 0.91 亿立方米。水库正常水位 712m，回水至于阳县城关长 17.5km，水库水面 17.7 平方公里。水库枢纽防洪标准为百年一遇洪水（3400 立方米 / 秒）设计，千年一遇洪水（7200 立方米 / 秒）校核，二千年一遇洪水（8300 立方米 / 秒）情况下保坝。水库枢纽工程由拦河大坝、右岸压力泄洪洞、非常溢洪道、古河道防渗工程和左岸明流溢洪洞，灌溉、发电输水洞以及电站等七部分工程组成。

3．水库灌区

灌区西起金陵河、东至漆水河，北依乔山，南接宝鸡峡灌区。东西长约 80km，南北宽约 18km。灌溉宝鸡、凤翔、岐山、扶风、眉县、永寿、乾县七县的旱原，设计面积为 126 万亩，施工中扩大为 129 万亩，施工后期控制面积为 136 万亩。灌区以干河为界，分为东、西两个灌区。西灌区，为抽水灌溉，面积 15.2 万亩。东灌区，灌溉 120.8 万亩，其中自流灌溉 65 万亩，其余为抽水。自流灌区每亩毛用水定额为 325 立方米，抽水灌区每亩毛用水定额为 218.4 立方米。

七、羊毛湾水库灌区

为咸阳市直管灌区，1958 年开工建设，1973 年 5 月建成。灌溉乾县 2.167hm² 农田。灌溉工程主要由水库枢纽、渠系工程及抽水站等组成。水库枢纽位于漆水河中游乾县石牛乡羊毛湾村。大坝为均质土坝，总库容 1.2 亿 m³，有效库容 5220 万 m³。设计放水流量 10m³/s。灌区另有 3 座中、小型渠库结合式水库，库容 1100 万 m³。

为了解决水源不足问题，1997 年修建了 "引冯济羊" 工程，即由冯家山灌区北干渠设闸引水，通过 10 多千米引水渠，到达羊毛湾水库。引水流量 5 ~ 7m³/s 年可引水量 3000 万 ~ 4000 万 m³。存在的问题是：水库病险问题没有彻底解决，灌区配套差，受益慢。

羊毛湾水库位于陕西省乾县境内渭河支流漆水河中游，龙岩寺以上 10km，是一座以灌溉为主，兼有防洪、养殖等综合利用功能的大型水利工程，水库枢纽工程由大坝、输水洞、溢洪道和泄水底洞四部分组成，总库容 1.2 亿立方米。水库于 1958 年动工建设，历经 12 年，于 1970 年建成，先后于 1986 年、2000 年两次对羊毛湾水库进行除险加固。为补充水库水源，于 1995 年建成"引冯济羊"输水工程，每年可由冯家山水库向羊毛湾水库输水 3000 万立方米，有效解决水库水源不足问题。

羊毛湾水库灌区管辖羊毛湾、老鸦咀、南沟及东、西芋村大、中、小型水库共五座，其中老鸦咀水库为中型水库，南沟、东、西芋村水库为小型水库。灌区主要灌溉乾县、武功、永寿 3 县 14 个乡镇 151 个村，设施灌溉面积 32.54 万亩，有效灌溉面积 24 万亩。灌区有总干渠一条长 39.7 公里；南、北干渠两条，全长 13.1 公里；支渠 20 条，全长 106.6 公里；斗渠 366 条，总长 336 公里。

八、洛惠渠灌区

洛惠渠灌区地处陕西省关中平原东部、北洛河下游。灌区设施范围涉及大荔、蒲城、澄城三县，灌区管理局设在大荔县城。灌区总土地面积 112.5 万亩，其中：耕地面积 86 万亩，盐荒地 8.3 万亩。有效灌溉面积 74.32 万亩，其中：自流灌溉面积 53.21 万亩，扬水灌溉面积 21.11 万亩。灌区受益范围包括大荔、蒲城、澄城三县 28 个乡（镇）及三个国有农场，总人口 64.4 万人，其中农业人口 46.8 万人。

灌区水源北洛河是黄河的二级支流，于大荔县东南汇入渭河。北洛河干流长 680km，流域面积 26905km²，渠首以上流域面积 25111km²，占洛河流域面积的 93.3%。北洛河多年平均径流量 8.73 亿 m³，灌区渠首采用低坝自流引水方式，年平均引水量 2.04 亿 m³，占年径流量的 23%；灌区地下水可开采量 0.74 亿 m3，目前年利用地下水量约 0.38 亿 m³。

灌区工程设施包括：总干渠 1 条，长 21.4km；干渠 4 条，长 83.3km；支（分）渠 15 条，长 143.82km。骨干建筑物有：渠首枢纽、总干渠四座隧洞、两座渡槽、洛西倒虹等。灌区有排水干沟 10 条，长 133.9km；支沟 55 条，长 198.8km；分毛沟 752 条，长 844km。

九、东雷抽黄灌区

为渭南市直管灌区。1975 年开工，1988 年建成。灌区位于关中东部渭北高原，海拔高程 635 ～ 349m，为陕西最大抽黄灌溉工程。灌溉合阳、澄城、大荔、蒲城 4 县 4.467 万 hm² 农田。灌溉工程由渠首枢纽、抽水泵站、渠道工程、输变电网等组成。枢纽工程位于黄河龙门以下 60km 处的小北干流中段合阳县东雷村塬下，进水闸直接从黄河提水，设计进水流量 60m³／s。共建泵站 28 座，安装抽水机组 133 台（套），总装机容量 11.86 万 kW，累计最高扬程 311.09m，净扬程 295.65m，平均扬程 170.04m，抽水流量最大 60m³／s。灌区渠系比较健全，衬砌较好，土地平整，农业综合开发较好。但总体配套受益较差。

基本信息

关中东部地区，是指渭河以北，黄龙山、乔山以南，石川河与黄河之间，包括韩城、澄城、合阳、大荔、白水、蒲城、富平、渭南及临潼等九县（市）。区内耕地面积 1234 万亩，占全省耕地面积的 21.5%。关中东部抽黄灌溉工程，是以黄河为水源，采取提灌方式的灌溉关中东部地区的水利工程。

该工程分为东雷（一期）和关中东部（二期）抽黄灌溉工程。

（一）东雷一期

工程概况

东雷一期抽黄工程，是陕西省一项大型电力提灌工程，该工程扬程关中东部抽黄灌溉工程引水枢纽高、流量大、设备新，灌溉韩城、大荔、合阳三县（市）96.11 万亩耕地，引水流量 40 ~ 60 秒立方米，共建抽水站二十八座，机组 133 台，装机 11.86 万千瓦，累计最大抽水扬程 313.76 米（加权平均扬程 200 米），变电站 26 座，装机容量 21.83 万千伏安，架设输电线路 19 条，长 222 千米，其中：35 千伏安以上输电线路 15 条，长 129 千米。全灌区设干支渠 51 条，长 351 千米，渠系建筑物 1541 座，工程总投资 14695 万元。该工程自 1974 年 10 月完成初步设计，于 1976 年 11 月经水电部，陕西省建委正式批准兴建，1980 年至 1987 年 5 月枢纽及东雷、新民、南乌牛、加西等四个抽水灌溉系统均按设计规模先后建成投入运行，1988 年 9 月由陕西省计委会同省、地、县有关部门对东雷一期抽黄灌溉工程原上部分进行正式验收，综合评定为优良工程。

工程构成

东雷抽黄工程渠首设在合阳县以东 25 千米的东雷村下，总引水流量 40 ~ 60 立方米 / 秒的渠道工程在赤白嘴引水，通过进水闸由一级站抽水入总干渠沿黄河右岸滩地南下，穿过合阳县东王公社和金水沟至大荔县华原公社加西村原下，全长 35.5 千米，沿总干渠西侧，在合阳县的东雷，新民、大荔县的南乌牛和加西等四个地方分别设四个二级上原抽水站与滩地上的二个灌排系统一起构成东雷新民、南乌牛、加西、新民滩和朝邑滩六个灌溉系统。

东雷系统：此系统共设四个抽水站，即东雷二级站，大伏六三级站，小伏六四级站以及清善五级站，灌溉合阳县的伏六、坊镇、新池三个公社耕地 103900 亩。共装机 12 台，关中东部抽黄灌溉工程提水站 40 千瓦，这是全灌区中扬程最高（累计 295.65 米）的一个灌溉系统，全系统以东雷支渠输水，东雷支渠在二级站的出水池后。渠道南行，根据地形特点，渠向西北行后，转向西行至大伏六村南，经大伏六站折向西南，全长 9.3 千米。沿渠在 5+565，6+982 以及 9+505 的大伏六，小伏六及清善村附近设三、四、五级站。灌区东、南临黄河原边，西以新池沟为界，北至徐水沟沿。该区东北——西南长约 18 千米，东南——西北约 5 千米，灌区位于黄河原边，地形起伏成台阶状，此系统共设支渠一条，分支渠 4 条。

②新民系统：新民系统北与东雷系统相接，南以合阳金水沟为界，东起黄河原边，西至金水沟畔，灌溉黑池、马家庄、新池三个公社耕地 15，49 万亩。该系统共设 6 个抽水站，装机 28 台，22905 千瓦，累计最大扬程 278.55 米，这些站包括新民二级站，东洼三级站，黑池四级站，坡里五级站，申庄六级站以及西王庄七级站。本系统设支渠一条，分支渠 11 条，新民支渠起于新民抽水站的出水池，西南行三公里经一分支分水后，折向西北经东洼、黑池、坡里、申庄直达西王庄站，支渠总长 14，2 千米。

③南乌牛系统：在总干渠 32＋088.08 设闸引在原下设抽黄第三个二级站，抽水 17.20 立方米／秒，扬水高 103.63 米到原上供全系统 40.90 万亩农田灌溉，灌区东起金水沟，北至 590～610 米高程，南与加西灌区为邻，西以原坎为界，灌区包括合阳，澄城及大荔三县（蒲城县夹有少量面积）。本系统由南乌牛站出水池开南西干渠长 10.5 千米，沿渠设分支渠二条及 6 条斗渠，灌地 3.24 万亩于干渠末设西高明三级抽水站抽水 14.25 立方米／秒，扬水到高低出水池供水给高西及高北支渠灌地 37.66 万亩。高西支渠由高明站高池引水 7.81 立方米／秒，开支渠一条沿渠设北吉子 4 级站，西习、尧头两个五级站以及西观、韦庄二个六级站，本支渠共开分支渠 11 条，共灌地 20.47 万亩。高北支渠由高明站低池引水 6.44 立方米／秒，开支渠一条，沿渠设洼底、范家洼、路井、习家庄、西吴等 4～8 级 5 个抽水站，共开分支渠 11 条，灌地 17.19 万亩。

该系统共设抽水站 12 处，开干渠一条长 10.5 千米，支渠及分支渠 27 条总长 167.15 千米，安装抽水机组 68 台，装机容量 64010 千瓦。

④加西系统：此系统灌地 8.3 万亩，安装抽水机组 6 台，装机容量 5700 千瓦，由总干渠的末尾设站，抽水上原灌区北与南乌牛系统为邻，西至高明公社西界及双泉镇以东，东达黄河原边，南至引洛东干渠，整个系统由加西支渠及三条分支渠组成，加西支渠自加西站出水池后，西行经营西村，两宜镇以南二分支分水后，向南至铁链山顺铁链山西行终于双泉镇以东全长 17 千米。

⑤新民滩系统：总干渠以东，新民滩围堤以内及金水沟以北地区，南北长 22 千米，东西宽 1～3 千米，面积 4，30 万亩，呈一梯形的狭长地带，南部中兴村以东由于过去黄河串流冲刷，自然形成一低洼槽地，因受围堤堵截，存有积水，该区大部土地荒芜，白茫茫一片盐碱，要保证农业生产，必须进行淤灌洗碱排水工程，为此根据地形特点及排灌田块要求，必须在该滩北部由总干设斗灌溉，南部因有局部洼地存在，在四村附近设一支渠，向东直达黄河围堤，再折向正南，沿堤而下，控制面积 1.55 万亩，其余面积由新兴村附近的新民二支渠灌溉。为结合滩地排水及排浊渠西原洪，于总干东侧设排水干沟一条，排

水沟自相应总干 15+175 起平行总干南行至 7.85 千米（相应总干 23+025）后转向正东入滩地中心，再折向东南经低洼槽地后排入黄河。

⑥朝邑滩系统：北以金水沟为界，南至洛河围堤，西靠原边，东临生产大堤，南北长 31 千米，东西宽 1.2 ～ 6.8 千米，规划面积 16.7 万亩，位于总干下游，大部分面积分布在总干退水渠以南，该滩围堤完整，农业生产情况良好，工程布置的灌溉支渠由加西分水闸引水，渠东南行直至滩地中央然后折向正南，在渠道两侧设斗控制整个滩地，灌溉支渠长 26.5 千米，引水流量 16 立方米 / 秒。由于地下水位高，设了东、西两排排水沟。

全灌区共有同步电动机 8000 千瓦 8 台，1000 千瓦 4 台，800 千瓦 7 台，其余 104 台采用鼠笼式异步电动机。

（二）东雷二期

工程概况

穿越东雷一期抽黄、洛惠渠、龙阳抽水、交口抽渭等四个灌区。共计灌溉 126.5 万亩，其中洛河以东 15.5 万亩，剩余的 111 万亩在洛河以西的蒲、富黄土台原区，控制高程 550 米，根据关中地区经济扬程的论证意见，结合蒲富两县北部地区的地形，规划抽水高程为 515 米，抽水净扬程 200 米左右。

引水枢纽

引水枢纽位于一期抽黄工程渠首以下 5.9 千米附近，即黄淤断面 56 # 上游 1.76 千米。黄河水源引入进水闸，经一级站抽 4 ～ 6 米，进入太里湾抽黄总干渠，引至夏阳村北汇入东雷一期抽黄总干渠南下，经新民、南乌牛、加西等东雷二级站至大荔县北干村于原下设北干抽水站上原进入渭河三级阶地（扬程 56 米）。从北干站出水池后沿 398 米高程西行，到大荔县双泉镇，沿洛惠渠东西干渠的北侧向西输水。据水量平衡结果，扩大灌溉面积 80 万亩。分设孙镇、蒲城、兴镇、流曲、刘集等 5 个灌溉系统，最大的灌溉系统控制 24 万亩。各灌溉系统根据年费用最小的原则结合地形条件，又分别设 4 ～ 5 级抽水。另外本灌区除扩灌外，还有补水灌区，补水面积位于 390 米高程以下，分别为洛惠渠和交口两大灌区的一部分，这两个灌区系统配套齐全，自成系统，根据就近补水，方便管理的原则，规划为洛东补水灌区（10 万亩，4 立方米 / 秒），洛西补水灌区（10 万亩，4 立方米 / 秒），交口抽渭补水灌区（21 万亩，8 立方米 / 秒），共计补水 41 万亩。

排水系统

根据陕西省宝鸡峡、冯家山、泾惠渠等几个较大灌区开灌以来，地下水位上升，危害农业生产的情况，工程按照有灌有排的原则，对灌区的排水系统也进行了统一规划，对地下水位在 20 ～ 30 米范围内的 73.95 万亩灌区（大于 30 米的，目前暂不规划），按地形和水文地质特性，采用滞、蓄、截相结合的综合措施，划分为万泉河、党丁沟、匼阳川、滴泊滩等四个排水系统。

灌溉枢纽

根据灌区地形特征和行政区划，本着节约能源，充分利用水利资源，便于管理的原则，设太里一级，北干、下寨三个枢纽站。全灌区分六至八级抽水，共建抽水站37座，各种水泵电动机组176台，总装机容量13.5万千瓦，灌区单机最低扬程4～6米；（太里一级）；最高扬程61米（下寨站），累计最高净（总）扬程231.16m（272.7米），加权平均净（总）扬程143米（160.86米）。

泵型选择，除太里一级和下寨站采用轴流泵外，其余水泵，均为离心式水泵，水泵配套电机除41台配用同步电机外，其余的全部采用异步电机。

对泵站单级扬程的设计，除经过技术经济指标比较论证外，为减小事故失电停泵水锤压力，大部分泵站取掉闸阀，均安装两阶段关闭的缓闭蝶阀。泵站的进出水池设计，采用单机单闸池正向进出水形式，这样既改善了水泵的运行条件，又便于检修。另外考虑到，泵站玉力输水管道较长，故多采用双机并联的抽水形式。

北干抽水站，扬程高，供水面积126.5万亩，经过比较，在我国目前的水泵系列中比较适合的水泵属沅江48型，全站安装十四台（其中二台备用），总装机容量4.26万千瓦，是我省装机容量最大的泵站，也是国内装机规模最大的泵站之一。

渠道工程

该工程设总干、南北干渠三条、分干、支渠等64条，共计5975千米，总干渠穿关中东部抽黄灌溉工程洛河渡槽越黄河漫滩地，渭、洛河阶地及一级黄土台原，分干主要位于一级黄土台原，地层全系第四系松散岩层，总干渠全长的77%位于湿陷性黄土上，其中还有21%的地基为自重湿陷性黄土地段，对此设计上除采用重锤强夯法加固处理外，渠道均采用砼衬砌，断面型式总干为梯形，断面底部为弧型；分干以下砼U型衬砌。

灌区渠道建筑物323座，重点建筑物有汉村隧洞、汉村退水道、芝麻湾退水道、洛河渡槽、蒲石分水闸及退水道、万泉河渡槽及退水等。

过洛建筑物是总干渠向洛河以西灌区供水的关键工程，建筑物结构形式作过渡槽、桥式倒虹和全倒虹三种方案进行比较，鉴于渡槽投资省、水头损失小、维修管理方便、故作为采用方案，渡槽全长1246.2米，高度45米，上部结构采用搁置于予应力钢筋砼T形梁上的钢筋砼矩形槽，下部支承结构采用钢筋砼空心墩，基础为钻孔灌注桩及园端形沉井，是我省最大的一座渠道跨河建筑物。

十、石堡川灌区

为渭南市直管灌区。1969 年开工建设，1981 年 12 月建成。灌溉渭南市白水、澄城两县耕地 2.067 万 hm²。灌区工程主要有水库枢纽、灌溉渠道以及隧洞、渡槽、倒虹等。水库位于洛川县石头乡的洛河支流石堡川河上。大坝为均质土坝，总库容 6220 万 m³，有效库容 3235 万 m³，设计输水流量 15m³／s。灌区可控制面积 3.33 万 hm²，设施灌溉面积 2.067 万 hm²，而有效面积不到 1.33 万 hm²。主要问题是：水源单一，蓄水不足，工程标准低。

石堡川水库灌区地处陕西省关中平原东北部，与渭北黄土高原接缘地带，东经 109.7°～110°，北纬 35°～35.5°，距省会西安 150km 左右，距渭南市约 95km。灌区设施灌溉面积 40 万亩，有效灌溉面积 35 万亩，灌溉设计保证率 50%，灌区受益范围包括白水、澄城、洛川三县 14 个乡镇，180 个行政村，总人口 35.8 万人，其中农业人口 29.1 万人。

灌区属暖温带大陆性季风区，多年平均降雨量 549.4mm，多年平均气温 12.2℃，最冷月（一月）平均气温 –4.3℃，最大冻土深度 57cm。灌区土壤以黄绵土为主，夹少量褐色垆土。灌区农作物主要以小麦、玉米、苹果、蔬菜为主，是陕西省粮食生产基地和苹果优生区。

灌区灌溉水源主要为石堡川水库，坝址以上多年平均来水量 6400 万 m³。灌区地下水埋深 40m～100m，可开采量 3900 万 m³，主要为农村饮水和乡镇企业提供水源，目前年均供水量 830 万 m³。另外灌区水源还包括境内河流地表水，多由泵站提水灌溉。

石堡川水库灌溉工程设施主要包括：水库枢纽、干渠、支渠、抽水站、田间工程以及生产管护设施。枢纽由大坝、放水洞、泄洪洞、泄洪底洞、溢洪道等部分组成。灌区设有干渠 1 条，长 48.5km，各类建筑物 148 座；设有支渠 9 条，分支渠 15 条，总长 294.19km，各类建筑物 1859 座；设有抽水站 9 座，抽水流量 1.65m³/s，总装机功率 1350kW。灌区田间工程有斗渠 349 条，总长 486.5km，建筑物 2940 座；农渠 2229 条，长 2213.5km，各类建筑物 24500 座。

石堡川水库枢纽和灌区骨干工程建设于 1969～1974 年，1975 年正式通水运行。石堡川水库灌区的建成，极大地改变了农业生产基本条件和当地群众生存环境，经过 25 余年的灌溉发展，截至 1999 年，昔日满目枯黄的渭北旱塬，已成为翠色尽染的绿洲。开灌以前，当地农作物为一年一季，小麦、玉米亩产平均 150kg，复种指数 1.0～1.05，农业种植结构单一，以粮食为主，经济作物很少，人均年收入徘徊在 100 元左右。灌区建成后，截至 1999 年底，石堡川水库累计向灌区输水约 8.07 亿 m³，灌溉农田 705 万亩次，农作物复种指数达到 1.15～1.20，粮食亩产平均达到 450～500kg，苹果、樱桃、西瓜等经济作物种植面积达到 15 万亩，灌区农业总产值达 20.2 亿元，农民年人均纯收入达到 3650 元。灌区经济社会快速发展，农民生活安居乐业，到处呈现一片生机盎然，欣欣向荣的景象。

2000 年经上级批准，石堡川水库灌区列入全国大型灌区续建配套节水改造项目；截至 2016 年，省发改委先后分 12 期累计批复石堡川水库灌区续建配套节水改造项目可研，计划总投资 13252.6 万元，批复内容有：①干渠衬砌改造 22.95km，改造建筑物 113 座；②支渠衬砌改造 91.372km，改造建筑物 780 座；③改造抽水站 1 座；④生产管护设施 3238.3m²。

1. 渠道工程地质条件

地基地层主要为第四系晚更新统黄土，工程地质特征如下：

黄土（Q3eol）浅灰黄色，稍湿～湿，可塑～硬塑状，中密～密实，局部稍密。土层分布厚度大，具有自重湿陷性，湿陷等级Ⅲ级，类比地基承载力 130KPa。渠道主要覆盖层黄土渗透系数 kV=1.26×10-4cm/s，kH=8.98×10-5cm/s，具弱透水性。

2. 渠道建筑物地质条件

工程地基为第四系晚更新统黄土，稍湿～湿，可塑～硬塑状，土层分布厚度大，具有自重湿陷性，湿陷等级Ⅱ级，类比地基承载力 130KPa。

第二节　渠系改造方案的选择

渠系改造是一项复杂的系统工程，它涉及项目区水土资源状况，农作物布局及农业结构调整，经济，社会发展现状及目标，以及原有工程规模及运行现状。渠系改造应在充分了解现有工程现状并进行合理评估和诊断分析的基础上，结合区域经济发展和水利规划目标，按灌区改造总体要求，因地制宜，统筹规划，综合整治，全提高经济效益和社会效益。

一、渠系改造的原则和内容及规划步骤

（一）渠系改造的原则

渠系改造包括首工程改造、渠道系统及输配水工程改造，是在原有工程基础上的改建、扩建、修复与现代化整治规划，通常应考虑以下原则：

（1）应充分体现区域水利规划和灌区改造总体要求。应根据水利规划和区域水土资源平衡要求，根据工程等级类别，在充分分析现状和存在问题的基础上，研究确定改造目标和总体方案。应充分掌握灌区控制范围内的地形、地貌特点，农业生产条件及经济发展要求，广泛听取意见，保证渠系改造方案的科学性、合理性，满足灌区社会经济可持续发展的需要。

（2）应满足节水灌溉的发展要求。随着灌区经济的发展，灌区用水量不断增加，需水情况已与灌区兴建时有很大差异。不少灌区水资源紧缺，并已成为当地社会经济发展的主要制约的因素。渠系改造应以节水改造为中心，充分体现节约、保护水资源的设计思想，大力采用先进，成熟的节水材料、工艺及其他科研成渠，提高渠系水利用系数。

（3）应与排水系统的建设改造协两一致，灌溉系统和排水系是灌区内相互独立又相

互制约的工程系统，渠系改造应与排水系的布置吻合，不影响排水系统发挥功能。当渠系改造中必须做线路调整时，应避免沟、渠交叉，以减少交叉建筑物，必要时，对渠道改造应和排水沟系统一并考虑调整、改造。

（4）要和土地利用规划结合进行，如与灌区内部行政区规划调整，耕作区、道路、林带、居民点规划相结合，与农田园田化建设和农作物结构调整相结合，提高土地利用率，方便生产和生活。

（5）充分考虑水土保持、生态环境建设要求。按环境、生态、水利协调原则，对老工程进行改造，更新，防渗、加固。渠系改造应与水土保持、绿化防护带建设相结合，充分发挥渠（沟）道美化环境、调节小气候，净化空气等多种功能，渠道横断面除考虑硬质化防渗外，应推广生物护坡、固坡形式，保护环境。维护生态，防止水体污染和工程建设带来的污染。

（6）考虑现代化管理的需要。农田灌溉要改变粗放的灌水方式，变灌溉农田为灌溉作物，变灌溉土壤为溉作物根部，推广非充分灌溉等先进的灌溉技术，根据作物生长状况，适时适量地进行灌溉，降低农业用水定额。同时要改革水费制度，完善水费计量、征收办法。渠系改造要满足灌区现代化管理的要求，有一定前瞻性，考虑通讯、监控、调度、计量等多方面要求，为灌区水资源优化配置，为灌区水管理的信息化、自动化管理提供硬件支撑。

（7）满足技术先进性和经济合理性原则。应贯彻统筹规划、因地制宜、情况不同区别对待的原则，对拟改造的渠道，根据地形、土壤、气温、地下水位等自然条件，渠道的大小、等级、耐久性等工程要求，水资源现状，地面水、地下水联合运用情况，农业生产条件、社会经济发展规划、生态环境等因素，进行技术经济论证，使渠系改造方案先进、经济合理、运用先进、管理方便。

上述干支渠选线的原则，基本适用于斗、农渠。但是斗农渠深入田间，负担着直接向用水单位配水的任务，所以在规划布置时，更要密切的与斗农沟布置、灌区土地利用规划和行政区划结合起来，要创造有利于农业机械化耕作的条件，斗、农渠布置应力求整齐，地块要比较方正，其宽度和长度要便于机械化耕作。

以上综述了主要渠道布置时一般应该遵循的原则，但是在实际工作中，往往很难同时满足，而应该根据灌区具体情况，分析影响渠道布置的主要因素，首先遵循那些起着决定作用的原则，然后照顾其余一般的要求。例如，在渠首取水水位高程已定的情况下，多半应使渠道控制最大的自流灌溉面积；而当灌溉面积已定时，则应设法降低取水水位和干、支渠高程，以节约渠首枢纽和渠道本身的工程费用。对于地形平缓的灌区，灌溉水头极为宝贵，在渠系定线时应十分珍惜工程措施取得的水头；对于地形坡度较大的灌区，则防止冲刷和减少衔接建筑物显得特别重要；当地形切割严重、岗冲交错时，渠道横穿沟壑，或者盘山远绕，则需慎重选择；在石质山区，布置渠系要考虑减少石方工程量；在土质不良的地区，则应力求使渠线避开透水性强的地带和避免修建填方渠道。总之，不结合灌区具体条件孤立地过分强调任何一方面或几方面的要求是不适当的。例如过去有些地区在渠系规划上对发挥效益和节省工程量缺乏统一考虑，有时强调了控制面积大使渠线偏弯，高程偏高渠底比降偏缓等，忽视了工程的经济效益；有时又强调了节省工程量，不合理地布置灌排合一的系统，或使照道直接穿过塘，库等，忽视了工程效益的发挥，甚至恶化了灌区的水利条件。

考虑到到主要灌溉渠道的规划市置是决定整个灌溉系统经济合理的重要因素，因此必通过方案比较和做出技术经济论证，从面选用最优的渠线布置方案。

至于灌溉渠道的规划程序，大致分三步进行。第一步为查勘，包括初勘和复勘，要通过查勘拟定出干、支渠的线路及分水口位置，调查干支渠控制范围内的土地利用状况和社会经济情况，记录沿线土地质特征，估计主要建筑物的类型和尺寸，测出沿渠控制点的位置和高程。第二步为初测和纸上定线。要求对查勘所确定的渠线进行初测，在地形图上定出道中心线的平面位置，然后定出渠道纵横断面，初步确定各建筑物的类型和主要尺寸，第三步为工程概算和编写渠系规划报告。完成上述三个步骤且经审批核准后，即可着手进行定线测量和技术设计。

二、渠系改造的内容

渠系改道的内容由灌区现状，运行管理中的实际情况等因素决定，不同的灌区渠系改造的重点，任务不一样，应突出重点，明确主要内容，对重点改造项目进行详细的规划分析，一般而言，渠系改造包括渠首工程改造，渠道工程改造、输配水建物改造，以及渠系改造工程经济评价等内容。

1. 渠首工程改造

根据灌区改造设计标准，分析河流来水情况，以及灌区用水过程，在此基础上校核渠首工程建筑物尺寸。对无坝引水渠首工程，具体计算内容包括确定设计引水流量，校核闸前设计水位，闸后设计水位，验算进水闸尺寸等。当进水闸尺寸不满足要求时，应提出改建、扩建或改造方案。对有坝取水首工程，应根据河道来水过程和设计引水流量，校核溢流坝长度和高度，非溢流坝高度、上游防护设施及进水闸尺寸等。对不满足改造设计标准的工程，应重新进行工程规划和结构设计。对抽水取水工程，应复核泵站流量扬程及装机效率，分析泵站工程建筑物尺寸及引输水能力。所有渠首工程，都应根据新的地质资料和监测资料，进行强度和稳定复核，对老化严重和变形、损坏明显的工程应进行除险加固。

2. 渠道工程改造

根据渠道工程现状和节水改造的总体要求，对渠道纵、横断面进行验算校核，从渠道线路、横断面尺寸、渠道防渗、加固等几方面进行改造规划。

（1）渠线改造。根据灌区农业结构调整，灌溉面积及种植结构的变化，以及行政区划、土地利用规划的调整情况，对现有渠道系统的布局、分级以及线路进行综合分析，撤并利用率低，或布置不合理的渠道，规划布置新渠道。

（2）横断面改造。根据渠线调整后渠道控制面积、灌区节水改造新的需水要求，验算各级渠横断面尺寸，校核设计水位、最小水位，最高水位及堤顶高程，确定渠道扩宽、回填和整修范围及其相应工程。

（3）渠道防渗改造。渠道输水过程中的漏水量占渠首引水量的30%～60%，不仅浪费了宝贵的水资源，减少了灌溉面积，而且会引起地下水位上升，造成农田渍害，因此，渠道防渗改造是渠系改造的重点内容。渠道防渗改造规划的内容包括因地制宜，选择防渗形式，确定防渗材料，选择经济可行的施工方法等。

（4）其他改造项目。包括渠道抗冻涨改造，集道防洪工程改造，渠道滑坡改造，渠道沿线水土保持和绿化工程改造等。

3.输配水建筑物改造

包括输配水建筑物流量计算、水位校核，建筑物强度、稳定复核，建筑物改建，扩建项目分析和可行性分析等。当渠道系统调整后，其过流量、水位等条件均发生变化，原有的建筑物，包括交叉建筑物和衔接建筑物都要重新计算分析，提出相应的改造规划，在有条件的灌区，输配水建筑物改造应结合灌区用水管理自动量测、监控等信息化、自动化改造统筹规划，统一实施。

4.渠系改造经济评价

分析工程投资、效益，计算经济效渠指标，分析资金来源及等措方式，进行工程财务评价。

三、渠系改造的规划步骤

渠系改造是整个灌区改造的一部分，应按灌区改造的总体要求，在水土平衡分析、灌区引水流量和引水水位计算的基础上，按渠道系统的设计等级，分析研究渠系改造的主要项目内容，应采取的工程方案及相应的技术措施，并对经济可行性做出评价。

主要方法、步骤包括以下内容。

1.调查和收集基本资料

基本资料包括了自然条件、社会经济、工程现状，地区经济发展规律等，应结合渠系改造的要求进行整理分析。自然条件方面的资料包括渠首水源状况，对河道式引水流量、水位，泥沙等变化规律。自然条件资料还应包括流区地形图、区水文地质，土填类别，土质分布，灌区气象条件等。对渠线范围内的水文，地质、地形等资料，应重点调查收集。社会经济资料包括作物种类，种植比例，产量产值等农业经济资料，人口、劳动力分布以及土地利用、交通条件等经济地理资料等。工程现状资料包括渠首及渠系工程的种类、数量、规模，工程设计参数和实际状况，渠道水利用系数，工程完好率、老化损坏状况等，应分区按渠道逐级逐条进行测查统计。地区经济发展规划包括当地用水现状及发展趋势，当地水利及民经济社会发展规则，土地利用及农业发展规划，流域规划及地区发展计划等。

基本资料调查，收集的方法可采用搜集现有资料和实际调查相结合，人工实地察和典型调查分析相结合的方式。

2.综合分析研究

根据灌区基本资料，综合分析系工程的现状、特点，确定渠系改造的重点任务和重点工程，制定具体实施方案。

（1）分析原渠系工程的规划目标，设计标准。

（2）确定渠系工程改造的原则、目标及设计标准。

（3）统计现有工程清单。列出渠系工程的完整清单，包括渠道工程的条数、控制面积、渠床上质，设计流量、断面尺寸及其设计参数，巢系建筑物的位置，过流能力，设计参数及运行现状。

（4）评价现有工程的有效性。渠系工程经过多年的运行，由于社会、经济、资源、环境等因素的变化，其服务目标及对象都发生了变化，区内土地用途的改变、作物种植模式的变化通常是关，这些变化使得渠系工程不再满足原有的设计标准，应逐项评估分析工程的有数性。对采取新设计标准的灌区，应根据 GBSL50288-99《排水工程设计规范》，对原渠道系统进行验算复核，评估工程的设计参数，对不符合新标准的工程，应重新规划设计。

（5）确定渠系改造的内容及工程项目。在综合分析工程现状、面临的主要矛盾及存在问题的基础上，根据当地经济、社会发展规划要求，水土资源利用现状及潜力，区域水利规划总体要求，选择渠系改造的内容、重点任务及备选工程项目。

（6）分项进行改造工程的规划设计。根据改造工程的项目类型，按照国家相应的规范规程，进行工程的规划设计，校核原有工程的设计能力，分析改建、扩建方案。规划过程中宜提出多种可行方案，分别进行对比研究。

（7）统计分析各规划方案的工程量。对各种可行方案分别进行施工分析，统计其工程量，按概预算要求分析各备选方聚的工程造价、施工进度及年度资金计划。

（8）综合分析评价。综合分析各种可行方案，在充分调查、论证的基磁上，综合分析社会、经济的发展及其承受能力，选择最优工程方案。

3.重点专项规划

对渠系改造中的重点工程、控制性项目进行专项规划设计。如对不满足灌区改造引水要求的渠首工程、渠道系统重要输配水建筑物、渠道系统的防沙沉沙改造等，都应进行专项规划，重点设计。对渠系改造中涉及面宽、工程量大的工程项目，如渠线调整或归并、渠道纵横断面改造，包括防渗工程，抗冻涨加固等工程，也应进行专项规划，分别编制重点专项工程规划设计书。

4.项目经济效益与社会效益评价

根据项目综合分析评价以及重点工程规划的结渠，对全灌区渠系改造工程的经济效果指标进行分析评价，必要时对工程进行财务评价，同时对工程建成后的社会效益进行评估论证。

5. 项目环境评价

包括对工程改造方案建设中和建成后可能引起的水文地质条件变化。地下水位下降、土壤次生盐渍化、土壤侵蚀与水土保持等生态的影响，对不利影响进行预测和评估，提出相应的工程对策及管理措施。

第三节　洛惠渠总干渠险段衬砌下游河岸滑坡处理方案

一、基本情况

1. 总干渠概况

洛惠渠总干渠北起澄城县状头村，南至大荔县义井村，总长 21.366km，渠线地面高程 405 ~ 385m。渠线穿过地段主要地貌为洛河一级阶地前沿，渠线与沿河黄土冲沟或黄土垣支脉频繁交叉，地势险要，工程条件复杂。渠道所处的地层主要为第四纪全新统冲积黄土状亚黏土黄土状亚砂土，沿线地下水位受洛河控制，埋深一般大于 20m。

总干渠所在地属大陆性半干旱气候区。多年平均气温 12℃，最高气温 40℃，最低气温 -17℃，最大冻土深 40cm ~ 52cm。年平均风速 2.7m/s，最大风速 18.2m/s，多年平均降雨量 544mm。

2. 滑坡情况

2003 年 7 月中旬，5+819 ~ 5+867 段河岸发生滑坡，滑坡长 48m，深 22m，滑坡口岸离渠道中心轴线仅剩 18m，滑坡体中线位置距老渡槽 105m。2003 年 8 月下旬 ~ 10 月上旬间降雨不断，多为中等强度，降雨量达 436mm，较往年同期增加了一倍多，造成河岸滑坡加剧，目前滑坡岸坡段为桩号 5+819 ~ 5+889，总长 80m，深 22m，滑坡口岸离渠道中心轴线仅剩 16m，滑坡体中线位置距老渡槽变为 130m。滑坡段渠道建在大峪河道老岸塬侧，渠道轴线与大峪河道走向基本一致，原距河道岸坡 25m ~ 40m。从滑坡现场地质情况查勘发现，此段渠道基础下存在着地质隐患，因为降雨还发现有岸坡出现裂缝，随时有再次发生滑坡的可能，时刻威胁着总干渠的安全。若不及时处理，一旦再发生滑坡，将彻底造成总干渠毁坏，影响灌区正常灌溉，给灌区造成不可估量的经济损失。

二、滑坡形成的原因

从滑坡面暴露的地层结构来看，距地面 10m 处有一砂卵石层，厚 60cm ~ 80cm，经常处于微量渗水。渗水主要来源于渠道渗漏。险段衬砌段下游 300m 渠道系 1992 年利用旧预制砼板砌护的渠道，预制砼板质量差，砌护质量不高，且板下无防渗膜料，加上每年渠道输水时间很长，渠水由渠底渗入砂卵石透水层流向河岸，成为河岸滑坡的主要因素；

河槽岸边受当地农民开垦，成为小片农田，造成河岸下坡脚陡峭，也成为形成滑坡的另一因数。

鉴于上述原因，河岸土坡受渗透水的影响处于不稳定状态，加之，今年夏季降雨偏多形成河岸滑坡。

三、滑坡处理方案

针对本次河岸滑坡造成总干渠的不安全现状，必须从两个方面进行处理与防护。

1. 滑坡体进行回填防护

本次河岸滑坡口岸距总干渠中心仅 18m，滑坡深度 22m，滑坡面垂直地面，若不进行回填处理，时刻有再次坍塌的可能，必将导致渠道彻底毁坏。因此，必须采取工程措施予以解决。

考虑到原地层中砂卵石透水层的存在，对其以下采用浆砌石挡土墙稳固岸坡，进行回填。同时，用砂卵或碎石滤料及无砂砼排水体将渗水排出回填土体。透水层以上采用 1∶1.25 岸坡进行回填。

2. 渠道防渗衬砌

为减少渠水渗漏，防止回填土体及附近河岸继续滑坡，必须对此段渠道进行防渗衬砌。考虑到此段渠基土质的性能，结合现状渠道的情况，衬砌断面由梯形改为平底弧角梯形，衬砌采用 M7.5 浆砌石，防渗膜料采用 $100g/m^2$ 一布一膜防渗膜料。

第八章 施工组织设计

第一节 水利工程建设的特点

（1）气候因素影响大。水利水电工程在露天施工，易受气候变化的影响。建筑物在冬天施工，负温作用下易受冰冻；而夏天的高温下处于硬化过程中的混凝土会发生表面干缩裂缝。在雨季时施工，过多的降雨除了会增大土壤的设计含水量，造成土体难以压实外。还可能形成洪水，威胁大坝基础部分的施工。因此，当气候变化时，必须及时采取各种有效措施。如冬天要防冻保温，夏天要防晒降温，雨季要做好防洪度汛等，避免气候对工程施工的干扰。

（2）地形地质的影响大。坝址处的地形地质条件，不仅影响枢纽建筑物的形式、建设方案的选择，而且直接影响工程的施工过程，对不良的地质情况，如断层、软基、渗漏、破碎带及滑坡，必须进行处理。由于地质条件千差万别，因而施工方法在不同的工程中也各不相同。

（3）综合利用制约因素多。在河道上修建水利水电枢纽时，必须考虑施工期间河道的通航、灌溉、发电、供水和防洪等部门的利益，必须全面规划，统筹兼顾，避免其他部门对工程建设的干扰。

（4）失事后果严重。在河流上修建挡水建筑物，关系着下游千百万人民生命财产的安全，如果施工质量不高，不但会影响建筑物的寿命和效益。而且有可能造成建筑物失事，带来不可弥补的损失。因此，除了在规划设计中注意质量与安全外，在施工中也要加强全面质量管理，注重工程安全。

（5）建设地点偏僻，条件艰苦，水利水电工程一般建在荒山峡谷之中。距城镇较远，人烟稀少，交通不便，给大规模工程施工组织带来困难。为此，常需建立一些临时性的施工工厂，还要修建大量生活福利设施。

（6）协调工作量大。水利水电工程由许多单项工程组成，工程量巨大，布置集中，参与的相关单位多，协调工作量很大。必须从工程全局的角度出发，做好施工组织计划。并加强现场施工管理。由上可见，水利水电工程施工极为复杂，不仅受工程自身多种因素的影响。而且还受社会、经济、技术、生态等外部环境的制约，做好施工组织设计，降低工程造价，加快施工进度缩短建设工期对水电工程建设具有重大意义。

第二节　水利工程项目的划分

建设项目是指按照经济发展和生产需要提出经上级主管部门批准具有一定的规模。按总体进行设计施工，由一个或若干个互相联系的单项工程组成，经济上统一核算，行政上统一管理，建成后能产生社会经济效益的建设单位。

水利水电建设项目通常可逐级划分为若干个单项工程、单位工程、分部和分项工程。单项工程由几个单位工程组成，具有独立的设计文件，具有同一性质或用途。建成后可独立发挥作用或效益，如拦河坝工程、引水工程、水力发电工程等。

单位工程是单项工程的组成部分，按照单项工程各组成部分的性质及能否独立施工。建成后能独立发挥作用的工程部分，可将单项工程划分为若干个单位工程，如大坝的基础开挖、坝体浇筑施工等。

分部工程是单位工程的组成部分，按照结构部位或施工工艺划分而成，不能独立进行施工的部分，如溢洪道工程中的土方开挖、石方开挖、干砌石、浆砌石、混凝土工程、钢筋工程等。分部工程是编制建设计划、编制概预算、组织招标投标、组织施工、进行工程结算的基本依据，也是进行建筑安装工程质量检验和等级评定的基础。

1. 流域规划

流域规划就是根据该流域的水资源条件和国家中长期计划，对某一地区水利水电建设发展的要求，提出该流域水资源梯级开发和综合利用的最优方案。

2. 项目建议书

它是在流域规划的基础上，由主管部门提出项目建设的轮廓设想，主要从宏观上分析项目建设的必要性和可行性。即分析建设条件是否具备，是否值得投入资金和人力，项目建议书一般由政府委托有相应资格的设计单位进行编制，并按国家现行规定权限向水利主管部门申报审批。项目建议书被批准并列入国家建设计划后就可开始可行性研究工作。

3. 可行性研究

可行性研究是综合应用工程技术、经济学和管理科学等学科基本理论对项目建设的各方案进行的技术经济比较分析。论证项目建设的必要性、技术可行性和经济合理性，可行性研究是项目决策和初步设计的重要依据。一定要做到全面、科学、深入、可靠。过去很多项目并不重视可行性研究工作，项目缺少必要的论证，建设期间问题很多，不仅扰乱了正常的施工计划，还会造成投资增加，工期拖延。

可行性研究报告。由项目法人组织编写。申报项目可行性研究报告，必须同时提出项目法人组建方案及运行机制、资金筹措方案、资金结构及回收资金的办法。并依照有关规定附具有管辖权的水行政主管部门或流域机构签署的规划同意书、对取水许可预申请的书面审查意见。

项目可行性报告批准后应正式成立项目法人并按项目法人责任制实行项目管理。

第三节　施工组织设计的概念及作用

施工组织设计是工程设计阶段的重要内容。它是运用系统控制理论的基本方法，在工程建设的不同阶段对工程实施的各个环节的所有工作所做的一个综合计划。其主要目的是：建立节约高效的施工组织，编制切实可行的施工计划，优化施工工艺与施工方案，确定合理的工程规模和投资，制定可靠的施工质量保证体系和施工技术措施。为保证施工质量、控制工程投资和工期，指导工程施工顺利进行提供科学的依据。

水利水电工程建设规模大，涉及的专业多，参与的相关单位多，对内对外组织协调工作量大，加之地形、地质及施工条件复杂，施工期间的不确定因素很多。因此，要充分重视施工组织设计工作。只有做到事先规划，精心组织，尽可能回避施工期间可能发生的各种风险，才能保证工程的顺利实施和建设目标的如期实现。

目前，水利水电工程建设体制已由过去的国家财政拨款、行政分配任务、资金无偿使用、权利责任不清、组织管理松散的封闭的自建自营方式转化为建筑产品进入市场、利用市场配置社会资源。通过有序竞争优胜劣汰分配建设任务的招标承包方式，追求工程的经济效益已成为建设各方的共同目标。在这一社会条件下，不论招标单位，还是设计、施工单位都比以往任何时候更加重视施工组织设计工作。对招标单位而言。施工组织设计是确定标底、议标评标。正确选择设计、施工单位和材料设备供货单位的依据；施工组织设计的正确与否，直接关系到能否选择到技术水平高、资质信誉好的承包单位。关系到能否保质保量按期完成建设工程，关系到能否将工程造价控制在预算值之内，并及时发挥效益。而投标单位想在激烈的市场竞争中获胜求得自身的生存与发展也必须做好施工组织设。要认真研究招标文件，准确理解招标意图，科学组织企业资源。在此基础上提出较有竞争力的投标报价。

第四节　施工组织设计的任务及编制原则

施工组织设计的主要任务是根据工程地区的自然、经济和社会条件制定工程的合理施工组织。包括：合理的施工导流方案；合理的施工工期和进度计划；合理的施工场地组织和布置；适宜的内外交通运输方式；切实、先进、保证质量的施工工艺；合适的施工临时设施与施工工厂规模，以及合理的生产工艺与结构物形式；合理的投资计划、劳动组织和技术供应计划。为确定工程概算、确定工期、合理组织施工、进行科学管理、保证工程质量、降低工程造价、缩短建设周期提供切实可行和可靠的依据。

具体到各个阶段。施工组织设计的任务如下：

（1）可行性研究阶段。全面分析工程建设条件。初选施工导流方式、导流建筑物形式与布置；初选主体工程的主要施工方法、施工总布置；基本选定施工场地内外交通运输方案和交通干线布置，估算施工占地、库区淹没面积，编写移民搬迁报告，提出控制性工期和分期实施意见。估算主要建材及劳动力用量。

可行性研究阶段。主要从施工条件的角度对工程建设的可行性进行论证分析。

（2）初步设计阶段。选定施工导流方案，说明主要建筑物施工方法及主要施工设备，选定施工总布置、总进度及对外交通方案、提出主要建筑材料的需要量及其来源，编制设计概算。在这一阶段，主要论证施工技术上的可行性和经济上的合理性；批准的设计概算。是控制基本建设投资，编制基本建设计划。编制工程招标的标底，以及工程竣工后考核工程造价和验核工程经济合理性的重要依据。招标投标中编制施工组织设计，主要是招投标各方从各自的角度分析施工条件，提出施工方案并据此对工程投资或造价做出合理的估计。

（3）招标设计阶段。在已批准的初步设计的基础上，通过市场价格调查和施工现场踏勘，取得更为翔实准确的基础资料。优化施工方案、施工方法及相应的施工工期，提出施工方案并据此对工程投资或造价做出合理的估计。

（4）在施工详图设计阶段。主要是进行工序分析、确定关键工作与关键路线，优化施工工艺流程。编制单项工程施工措施计划，通过工序控制和质量检查监督。努力从技术组织措施上落实施工组织设计的要求，保障计划中各项活动的实施。此阶段的施工组织设计又被称为"施工措施计划"，其中的各项活动的安排必须要有较强的可操作性。

编制施工组织设计，应当遵循以下原则：

1）认真贯彻国家有关的方针政策和严格执行国家及水利部颁发的有关规程规范。把一般的技术政策和设计规范要求与具体的工程建设实际结合起来，通过深入现场调查研究。全面分析比较，提出切实可行的设计优选方案。

2）严格按基本建设程序办事，不要任意跨越建设阶段编制施工组织设计。在前一阶段的设计没有批准之前，不得进行下一阶段的工作。

3）每一阶段的内容与深度必须与所编阶段的要求相一致。与技术设计和施工组织管理工作紧密配合。

4）要以经济节约。提高效益为原则，合理组织安排人力、技术、设备、材料等施工资源，做到人力、物力的综合平衡，要积极采用高效的机械化施工。大力推行新技术、新工艺和新材料的使用。努力降低建设成本。

5）施工进度的安排要适度合理。既要保证按期完工，又要保证工程质量和施工安全。尤其对导流截流、施工度汛等关键工程的工期安排更应注意这一要求。

第五节 施工组织设计的编制步骤和工作内容

在工程设计各阶段的许多环节都要考虑施工组织设计问题。尽管各阶段所研究的范围大致相同，但由于基础资料及编制目的不同，其内容详略和侧重点也有所不同，其中以初步设计阶段所要求的内容最为全面。各专业的设计联系也最为紧密，所以下面就以初步设计阶段施工组织设计为例来说明编制的方法和内容组成。

一、施工组织设计的编制步骤

（1）收集基本资料。组织专业人员深入现场收集有关地形、地质、水文气象、当地建筑材料状况、对外交通等资料。

（2）分析研究坝址施工条件，初步确定施工方案。

（3）根据枢纽布置方案所确定的主要建筑物的结构形式和布置位置进行导流设计。结合导流方案的选择定出施工总进度规划。

（4）在提出控制性进度之后。各专业根据该进度提供的指标开始设计，并安排为下一道工序提供资料的工作。例如，有关专业需提供临建工程规模、工程量、施工设备需用量。以便施工布置专业平衡汇总和进行总图规划。需提供施工用电、用风和用水的布置规划和工艺，以便概算专业尽早编制风、水、电单价等。单项工程进度是施工总进度的组成部分，是局部与整体间的关系。其进度安排不能脱离施工总进度的指导，同时它又是编制施工总进度的基础和依据，通过单项工程施工方法。研究落实单项工程进度后，才能看出施工总进度是否合理和可行，从而为调整完善施工总进度提供依据。

（5）施工总进度优化后，编制年度施工计划。计算提出分年劳动力需要量、建筑材料及施工机械需要总量及分年供应数量。

二、施工组织设计的工作内容

1. 施工条件分析

施工条件包括坝址的地形地质条件、水文气象条件、对外交通及物资供应条件、主要建筑材料的储量、分布及开采运输条件、当地水电供应情况、施工用地、库区淹没及移民安置条件等。施工条件分析的主要目的是判断它们对工程施工可能造成的影响。以充分利用有利条件，回避或削弱不利影响。

2. 施工导流

导流设计是枢纽设计的重要组成部分，应在综合分析导流条件的基础上确定导流标准、划分导流时段、选择导流方式、进行导流建筑物设计。通过方案分析从中选择出最优方案。

妥善解决施工全过程中的挡水、泄水问题，使工程建设达到缩短工期、节省投资的目的。

导流设计应根据河流洪枯流量变化规律和枢纽工程施工特点，合理划分和选择施工时段，导流建筑物洪水设计标准。应根据建筑物的类型和级别，按 SDT338-89《水利水电工程施工组织设计规范（试行）》的规定进行选择。

导流泄水建筑物的泄水能力要通过水力计算确定。关键的技术问题，应通过水工模型试验分析验证。为减少建筑物的数量，方便布置并最终达到节省工程建设投资，导流建筑物应尽可能与永久建筑物相结合，如施工导流洞与永久泄洪排沙洞相结合。

选择导流方式时，应优先研究分期导流的可能性和合理性。大、中型水利枢纽因枢纽工程量大，工期较长。分期导流有利于提前受益，且对施工期通航影响较小。对于山区性河流，洪枯水位变幅大，可采用过水围堰配合其他泄水建筑物的导流方式。

围堰结构形式应做多方案比较。经全面论证后选定，土石围堰能够就地取材修筑。对地基适应性强，造价低，施工简便，是常采用的一种堰型，碾压混凝土围堰为近年来发展的新技术。具有结构简单，施工速度快，抗渗、抗冲性能强，工程造价低等优点。由于一般围堰施工工期较短，往往要同洪水赛跑，故有条件应优先选用碾压混凝土。

截流是水电工程施工的一个重要环节。设计方案必须稳妥可靠，保证截流成功。选择截流方式应充分分析水力学参数、施工条件和难度、抛投物数量和性质，并进行经济比较。截流时段应根据河流水文特征、围堰施工以及通航等因素综合分析选定。

3．主体工程施工

主体工程。包括建筑工程和金属结构及机电设备安装工程两大部分，属于建筑工程的有挡水、泄水、取水、通航等主要建筑物。属于安装工程的有水轮发电机组、升变压设备、金属闸门和启闭机等。应根据各自的施工条件。对施工程序、施工方法、施工强度、施工布置、施工进度和施工机械等问题，进行分析和选择。

4．施工交通运输

施工交通运输分对外交通运输和场内交通运输两部分。

对外交通运输是根据对外运输总量、运输强度和重大部件的运输要求。确定对外运输方式，选择运输线路和标准，安排场外交通工程的设计与施工。

场内交通运输是根据施工场地的地形条件和分区规划。选定场内交通主要道路及各种设施布置、标准和规模。保证主体工程施工运输要求，避免交通干扰，场内交通线路应尽量顺直、视线开阔，并远离生活区。

选择交通运输路线时应将场内交通与场外交通统一考虑，使内外交通顺畅连接。

5．临时工程与设施

施工生产设施，如混凝土骨料加工系统。土石料厂，混凝土拌和楼钢筋加工厂，机械设备修配车间，施工风、水、电系统仓库等。均应根据施工任务和要求，分别确定各自位置、规模、生产工艺及其平面布置，并安排施工进度和投产计划。大型临时工程，如施工桥梁、缆机平台等。要做出相应设计，确定其工程量和施工进度。

6. 施工总进度

施工总进度是对施工期间的各项工作所做的时间规划。它以可行性研究报告批准的竣工投产日期为目标，规定了各个项目施工的起止时间、施工顺序和施工速度。

（1）为了合理安排施工进度。必须仔细分析工程规模、导流程序、材料设备供应能力、对外交通等控制因素，分清主次，统筹兼顾，合理安排施工顺序。防止发生不合理的停工、窝工现象，保证施工生产均衡连续地进行，对控制总工期或受洪水威胁的工程和关键项目应重点研究。既要采取有准备的技术措施。优化施工工序管理，努力缩短工程建设工期，又要充分认识这些关键项目失控后可能造成的严重后果，在编制进度计划时宜适当留有余地。

（2）各项目施工程序要前后兼顾、衔接合理，减少干扰，施工较均衡。

（3）一般采用平均先进指标。对复杂地基或受洪水制约的工程。

施工总进度计划可通过绘制横道图和关键路线网络图来表示。

7. 材料设备供应计划

根据施工总进度安排和定额资料的分析，对主要建筑材料和主要施工设备，列出总需要量和分年需要量计划。

8. 施工总布置

施工总布置的主要任务是根据施工场区的地形地貌、各类建筑物的施工方案和布置要求。对施工场地进行分期分区和分标见规划，确定分期分区布置方案和承包单位的占地范围，绘制施工总平面布置图。估计施工用地面积。提出占地计划。

施工总布置一般将施工场地分为以下几个区域：①主体工程施工区；②土石材料生产区；③施工辅助企业区；④仓库、堆料场；⑤各施工工区；，⑥生活福利区。

分区规划布置原则：

（1）以混凝土建筑物为主的枢纽工程、施工区布置宜以砂石料开采、加工、混凝土搅拌、浇筑、运输系统为主：以当地材料坝为主的枢纽工程。施工区布置宜以土石料采挖、加工、堆料场和上坝运输线路为主。使枢纽工程的施工形成最优工艺流程。

（2）机电设备、金属结构安装场地宜靠近主要安装地点。

（3）施工管理中心设在主体上程、施工工厂和仓库区的适中地点。各施工工区宜靠近各施工对象。

（4）生活福利设施应考虑风向、光照、噪音、绿化、水源、水质等因素。其生产、生活设施应有明显界限

（5）主要施工物资仓库、站场、转运站等储运系统。一般布置在场内外交通衔接处。

在完成上述设计内容时。还应同时提交以下附图：

（1）施工场外交通图。

（2）施工总布置图。

（3）施工转运站规划图。

（4）施工征地计划图。

（5）施工导流方案图。

（6）施工导流分期布置图。

（7）导流建筑物施工方法示意图。

（8）导流建筑物结构布置图。

（9）土石方回填开挖示意图。

（10）土石方开挖示意图。

（11）地下工程、衬砌工程施工示意图。

（12）机电设备、金属结构安装示意图。

（13）沙石料生产系统工艺布置图。

（14）混凝土拌和及冷却系统。

（15）施工总进度表及施工关键路线图。

施工组织设计中的 8 个部分，虽各有侧重，自成体系，但也密切相关，相辅相成。施工条件分析是其他各部分设计的前提和基础，施工导流解决了施工全过程的水流控制问题。主体工程施工方案从技术组织措施上保证主要建筑物的修建，施工总进度对整个施工过程做出时间安排，施工总体布置对整个施工现场进行空间规划，施工交通运输为整个工程施工的动脉，施工工厂设施和技术供应为施工提供后勤保障。它们各自从不同的角度对施工全局作出部署，共同构成一个不可分割的整体。

第九章　水利工程管理

导致大坝失事有多种因素，可归结成自然因素和人为因素两大类。

在自然因素中，水文、水力和地质条件又是主要的原因。例如：由于对降雨、洪水估计偏低，造成洪水漫坝是大坝失事的最普遍的原因，根据对1991年以来全国235座水库垮坝原因的统计，因发生超标准洪水导致的占63%，因工程质量差、抢险不力造成的占30%，因管理不到位、措施不得力造成的占7%。另根据国际大坝会议"关于水坝和水库恶化"小组的资料，漫坝失事约为30%，渗漏等水力因素引起的失事约占20%，地质条件差、基础失稳等因素引起的失事约占27%。由以上的数据可以看出，自然因素是引起大坝失事的主要因素，但是，在这些统计数据中，还是包含了一些人为因素的影响。例如，有资料统计我国40年来因洪水漫顶失事的大坝1100余座，真正由于超过洪水标准的只占到30%，其他大多数还是因为勘测设计有误或根本没有进行过勘测设计的缘故，这种情况以小型水库为多。另外，即使因自然因素的影响造成了大坝状态恶化，但由于管理工作到位，及时发现了隐患，也可避免大坝失事。例如1962年11月6日，安徽梅山水库连拱坝右岸基岩发现大量漏水，右岸13号坝垛垂线坐标仪观测到3天内向左岸倾斜了57.2mm，向下游位移了9.4m，且右岸各坝垛陆续出现大裂缝，经分析是右岸基岩发生错动，结果及时放空水库进行加固处理，从而避免了一场溃坝事故。

在人为因素中，勘测、设计、施工、运行、管理等方面是主要的。例如，我国现有的水库，大多建于"大跃进"年代和"文革"时期，由于当时的特殊环境，很多工程是边勘察、边设计、边施工的"三边工程"。这些工程往往缺乏足够的水文等基础资料，当时的技术标准和规范也极不完善，施工设备简陋，大搞群众运动和人海战术，基建投资不足，频繁地停建缓建，造成了当时建设的大部分水库从设计到施工都难以保证质量，给工程留下了许多隐患。至于管理方面的因素，主要是管理机构不健全，管理不善。以目前的水利科学技术，虽然还不足以解决所有的工程问题，但现代的观测技术却在很大程度上可以弥补理论上的不足。工程实践表明，多数大坝失事都不是突然发生的，一般都有一个从量变到质变的过程。因此，即使大坝存在一定的缺陷，或设计理论和技术有一些未定因素，或本来安全程度较高的大坝经长期运行发生了工作状态的异常变化，通过认真细致的检查观测，也能及时发现并采取措施补救。但是，往往有很多工程尤其是中、小型工程，不具备安全监测手段，也缺乏维护修理，工程老化，管理松懈，造成事故。

第一节　水利工程管理的内容和基本要求

广义的水利工程管理包括了水利工程调度运用、水利工程检查观测、水利工程养护修理、防汛抢险等技术管理工作，还包括水利工程经营管理工作，但通常所说的水利工程管理仅指水利工程的技术管理。本教材因受学时和篇幅限制，不包含水利工程调度运用的内容。

水利工程检查观测是水利工程管理最重要的工作之一。检查是指主要凭感官的直觉（如眼看、耳听、手摸等）或辅以必要的工具，对水利工程中的水工建筑物及周围环境的外表现象进行巡视的工作；观测则是利用专门的仪器或设备，对水工建筑物的运行状态及变化进行观测的工作。检查观测的主要任务是监视工程的状态变化和工作情况，掌握工程变化规律，为正确管理运用提供科学依据；及时发现不正常迹象，分析原因，采取措施，防止事故发生，确保工程安全；通过建筑物的原型进行观测，验证设计。水利工程的检查观测工作，除了要由工程管理单位专职人员进行日常的经常性的检查外，在汛前、汛后，或暴风、暴雨、特大洪水、强烈地震发生后，还应由工程的主管部门组织进行专门的安全检查。大坝的主管部门对其所管辖的大坝应当按期注册登记，建立技术档案，还要按规定进行安全鉴定。

水利工程养护维修是指对土、石、混凝土建筑物，金属和木结构，闸门启闭设备，机电动力设备，通信、照明、集控装置及其他附属设备进行的各种养护和修理。养护工作的目的是保持水工建筑物和设备、设施的清洁完整，防止和减少自然、人为因素的损坏，使其经常处于完好的工作状态，保持设计功能。修理工作的主要目的是恢复和保持工程原设计标准，并可局部改善原有结构，使工程安全运行，延长使用期限，充分发挥工程效益。养护修理应本着"经常养护，随时维修，养重于修，修重于抢"的原则进行，一般可分为经常性养护维修、岁修、大修和抢修。经常性的养护是根据经常检查发现的问题而进行的日常保养维修和局部修补；岁修是根据汛后检查所发现的问题，编制计划并报批的年度修理；如工程损坏较大或工程存在较严重的隐患，修理工程量大、技术复杂时，就需要专门立项报批进行大修；抢修是工程发生事故危及安全时，应立即进行的修理工作，如险情危急，则需采取紧急抢护措施，也称抢险。

防汛抢险是一项由政府组织领导的全局性的、涉及各方面的重大工作，与水利工程管理密切相关，也是水利工程管理单位的一项重要工作。防汛是在汛期进行的防御洪水的工作，目的是保证水库、堤防和水库下游的安全。防汛和抢险二者相辅相成，密不可分，只有做好了防汛工作，才可能尽量避免出现险情或少出现险情，防汛准备充分，即使出现了险情，也能主动、有效地进行抢护。防汛抢险工作的主要内容有：汛前的准备工作，汛期水库大坝、堤防、水闸等防洪工程的巡查防守，气象水情预报，蓄洪、泄洪、分洪、滞洪等防洪设施或措施的调度运用，发现险情后的抢险等。

第二节　水工建筑物的变形观测

一、概述

混凝土坝和砌石闸坝在水压力、温度及自重等荷载作用下，会产生向下游滑动或倾覆的趋势，会产生水平位移、垂直位移或挠曲等变形；建成初期的土石坝在自重和水压力的作用下会发生渗透固结变形；在多种因素影响下，坝体间的接缝宽度也会产生变化，坝体局部会有裂缝产生等。在正常情况下，这些变形都有一定的规律，通过监测可以发现建筑物的异常变形，再经分析诊断，找出隐患所在，从而确保大坝正常运行。因此，对大坝进行变形观测，掌握坝体变形规律，分析变形是否正常，预测建筑物变形趋势，对确保建筑物的安全运行是非常必要的。

水工建筑物变形监测是指用仪器和设备对水工建筑物受内、外荷载和各种影响因素作用下产生的结构位置、总体形状变化所进行的量测，分为外部变形监测和内部变形监测。外部变形监测是将监测仪器和设备设置于水工建筑物的表面或廊道、孔口表面，用以量测结构表面测点的宏观变形量。内部变形监测是将监测仪器和设备埋设在建筑物或地基内，用以量测内部测点的宏观变形或微观变形。外部变形监测通常使用光学测量仪器，部分监测项目使用电子遥测仪器；内部变形监测主要利用各种类型的电子遥测仪器，也有用水、气传动或机械结构的人工监测仪器。

我国的水工建筑物变形监测从 20 世纪 50 年代中期开始，最初在丰满、佛子岭、南湾、官厅等水库大坝上进行，至 60 年代已成为大型水库和水电站的主要监测项目。70 年代以来，研制开发了垂线坐标仪、引张线仪、激光准直装置、测斜仪、水平位移计、沉降仪等仪器，并在许多大坝上得到应用，采用电测仪器的变形监测项目已能做到实时安全监测。90 年代以来，一些高新技术开始应用于水工建筑物的变形监测，如已研制开发了电荷祸合器件垂线坐标仪、光纤传感器及其测试技术等，全球定位系统也已成功地用于大坝及近坝库岸的变形监测。变形监测技术正在向建立自动化监测系统，实现数据采集、处理自动化的方向发展。

二、观测值及精度

（一）观测值和基准值

每个观测仪器都有基准值，基准值是指观测仪器埋设完毕并且稳定后测得的初始状态数据。基准值至少应连续观测两次，合格后取均值使用。确定基准值后，仪器就进入了正常的工作状态，大坝在第一次蓄水前必须取得基准值。观测值一般是指某次观测数据和仪器基准值的相对计算值。不同观测仪器基准值的具体确定可以参照有关资料。

（二）观测精度

精度是衡量误差大小和分布密集程度的标准，是指在对某一量的多次测量中，误差分布的密集或离散程度。误差值小，且分布密集，则精度高，反之则低。为了便于衡量观测值的精度，通常用一个具体的数字来反映误差分布的密集或离散程度，常见的有中误差（均方误差）、相对误差、容许误差（极限误差）三个参数。

（三）仪器监测分期

第一阶段（施工期）：原则上从施工建立观测设备起，至竣工移交管理单位止。坝体填筑进度快的，变形和应力观测的次数应取上限。若本阶段提前蓄水，测次需按第二阶段执行。

第二阶段（蓄水期）：从水库首次蓄水至达到（或接近）正常蓄水位后再持续 3 年止。在蓄水过程中，测次应取上限；完成蓄水后的相对稳定期可取下限。若竣工后长期达不到正常蓄水位，则首次蓄水 3 年后可按第三阶段要求执行。但当水位超过前期运行水位时，仍需按第二阶段执行。

第三阶段：指第二阶段之后的运行期。渗流、变形等性态变化速率大时，测次应取上限；性态趋于稳定时可取下限。若遇工程扩（改）建或提高水位运行，或经长期于库又重新蓄水时，需重新按第一、二阶段的要求执行。

目前有关部门正在对我国现行的 SDJJ336-89《混凝土大坝安全监测技术规范》进行修订，新修订规范中的大坝监测项目与测次的确定将采用国际大坝委员会推荐的方法。国际大坝委员会推荐采用风险指数和坝高来选定监测项目，测次的确定取决于大坝运行的阶段、水库功能及大坝风险指数。

三、水平位移监测

混凝土建筑物的水平位移通常是由水压力和温度荷载的作用、坝基不均匀沉降、坝体和坝基的徐变变形、混凝土材料的自身体积增长及其他变化因素引起的。土石建筑物的水平位移主要是由水荷载的作用、坝体土料的压缩（或固结）、坝基不均匀沉降、土料的冰冻消融等引起的。水平位移变化有一定的规律性，监测并分析水平位移规律的目的在于了解水工建筑物在内、外荷载和地基变形等因素作用下的状态是否正常，为工程安全运行提供依据。

水平位移监测分为表面水平位移监测和内部水平位移监测。表面水平位移监测是量测水工建筑物和坝基的内、外表面测点的水平位移，其主要监测设备安装在建筑物内、外表面，监测方法有视准线法、引张线法、激光准直法、垂线法、交会法和导线法等。内部水平位移监测主要用于土石坝、岩土边坡的观测。将观测仪器、设备埋设在坝体、坝基及近坝库岸的内部或其交界处，用来量测相应测点的水平位移，主要观测仪器有引张线式水平位移计、电测位移计、测斜仪等。

目前，水平位移监测的发展方向是从光学测量仪器向高精度电子化方向发展，以提高监测准确度；遥测仪器则向自动化方向发展，使数据采集和处理自动化，做到实时监测、监控。

1. 土石坝

土石坝表面水平位移观测应和垂直位移观测及其他观测项目结合进行。

表面变形（水平位移和垂直位移）观测横断面。通常选择有代表性而且能控制主要建筑物位移情况的位置设置观测横断面，如最大坝高或原河床处、合拢段、坝内埋管以及坝基地形、地质变化较大处。横断面间距，一般坝长小于 300m 时，宜取 20m ~ 50m；坝长大于 300m 时，宜取 50m ~ 100m。观测横断面一般不少于 3 个。

横断面上测点布置。每个横断面上的测点一般不少于 4 个。通常在上游坝坡正常水位以上布置 1 个，正常水位以下可根据需要设临时测点。

1. 混凝土坝

（1）观测坝段。观测坝段的选择和观测仪器的布置应根据工程规模、建筑物等级、结构特点及监测目的来确定，通常是选择坝高最大、观测成果易于与计算或模型试验成果比较的坝段作为重点观测坝段，该坝段要求观测项目齐全，监测仪器集中；存在地质问题的坝段则重点监测基础和坝踵、坝趾部位。

重力坝常取溢流坝和非溢流坝各一个坝段作为重点观测坝段，地质复杂的可增设一个坝段作为次要观测坝段，其他为一般观测坝段。拱坝常取拱冠梁、拱座作为重点观测坝段，对于较高拱坝还可在 1/4 和 3/4 拱处各取一个坝段作为次要观测坝段。

测点布置。测点布置以能全面掌握建筑物及其基础的变形状态为原则。水平位移测点应尽量设置在坝顶和基础附近，高坝还要在中间高程设置测点。

（二）水平位移测点构造

水平测点分位移标点、工作基点和校核基点。

1. 位移标点

位移标点是用来观测坝体变形的观测点，与坝体直接相连或埋设在坝体上，与坝体结合牢固，且随着坝体位移而移动。位移标点设置在观测墩或观测柱上，观测墩或观测柱一般用钢筋混凝土浇筑，而且其顶部要埋设一块刻有"十"字线的钢板，十字线交点为位移标点的中心，水平位移标点可以兼作垂直位移观测点。

2. 工作基点（起测基点）

工作基点的作用是安置仪器和规标以构成视准线。工作基点可以分为固定工作基点和非固定工作基点两种类型。固定工作基点一般埋设在大坝两侧山体的基岩或原状土上，认为是固定不动的；非固定工作基点用于坝轴线较长或为折线时，为辅助观测而在选定位置埋设的工作基点，是随着坝体的位移而移动的。当采用视准线法时，土石坝应在两岸每一纵排测点的延长线上各布设一个工作基点，如坝轴线为折线或坝长超过 500m 时，可在坝身每一纵排测点中增设工作基点；坝长超过 1000m 时，一般可用三角网法观测增设的工作基点位移，有条件的可用测边网或测边测角网法或倒垂线法。混凝土坝可将工作基点布设在两岸山体的岩洞内或位移测线延长线的稳定岩体上。

工作基点也设置于钢筋混凝土观测墩上。观测墩主配钢筋的直径应不小于声 12mm，墩截面的平均尺寸应不小于 30cm×30cm，墩基座截面的尺寸应不小于 100cm×100cm，墩基座宜保留一定高度的站台，既美观又利于通视。

3. 校核基点

校核基点主要用以校核工作基点是否有位移，结构基本与工作基点相同。当采用视准线法时，土石坝一般仍位于工作基点的延长线上，即在两岸同排工作基点连线的延长线上各设 1～2 个校核基点，必要时可设置倒垂线或采用测边网定位。混凝土坝的校核基点可布设在两岸灌浆廊道内，也可采用倒垂线作为校核基点，此时校核基点与倒垂线的观测墩宜合二为一。

四、垂直位移观测

垂直位移观测测定大坝及基础在铅垂线方向产生的位移，亦称沉降观测。垂直位移观测的目的是要测定大坝及其基础、水库的库岸边坡、监控网控制点在铅垂方向上的升降变化，凡一、二级和坝高在 40m 以上的三、四级大坝，垂直位移都被规范列为必测项目。建筑物垂直位移观测分为表面垂直位移观测和内部垂直位移观测，一般通过水准法观测表面的垂直位移，通过在建筑物内部埋设观测仪器监测内部垂直位移。混凝土建筑物垂直位移的监测，主要采用水准法、三角高程法、静力水准仪或者利用水平测斜仪监测某横断面同一高程水平点的垂直位移。土石坝主要采用沉降观测仪观测坝内部各层垂直沉降，对于坝高不超过 20m 且基础变化不大的均质土坝和塑性心墙坝，还可以采用深式标点测量坝体沉降。

垂直位移的异常变化可能预示着某种破坏的形成或综合影响的发展，不均匀的垂直位移则可能使坝体开裂，甚至导致更为严重的破坏。对垂直位移及其他有关项目的监测资料进行分析，可以预测坝体开裂、滑坡、坝基失稳或其他有关险情，从而采取相应措施，防止事故的发生和扩大。在施工阶段的垂直位移监测可以用于控制土石坝填筑速度，研究、测定基岩的回弹变形和坝体土料特性，其监测成果可作为修改设计、改进施工的依据。因此，在水库首次蓄水时和长期运行阶段，垂直位移监测都是大坝安全监测的基本项目之一。

混凝土闸、坝的垂直位移是由库水自重和闸坝自重引起的地基沉陷、自重作用下的坝体压缩变形、水平裂缝开展、基岩失稳、温度与湿度的变化以及碱性骨料反应等原因形成的。土石坝的垂直位移又称沉降，是由于库水自重和坝体自重引起的地基沉降、自重作用下坝体的压缩变形、孔隙压力消散形成的土料固结、坝体或地基的滑动、坝体的开裂或滑坡、土层的冰冻和消融、筑坝材料或坝基的冲蚀等原因形成的。

五、沉降仪法

沉降观测是通过分层界面沉降量测量，来计算该观测层的沉降量（每层沉降量为该层上下两界面同期沉降量之差），又称分层沉降观测，属内部垂直位移监测。沉降观测的目的是了解施工期和运用期坝体沉降量及其变化过程，为施工控制、评价土坝质量、分析坝体内部变形和验证设计提供资料。也可采用沉降观测方法进行土基的沉降观测。

土石坝坝体内部沉降量观测主要依靠沉降仪。沉降仪可分为横梁管式、水管式、钢弦式、电磁式、干簧管式、电感式等多种，有的还可同时量测温度，读数精度一般为 lmm，测值为相对沉降管管口或管底的位移值。分层沉降一般采用电磁式沉降仪。

内部变形观测断面和测点布置，前已叙及，不再重复。如采用水管式沉降仪，其测点一般分别沿 1/3、1/2、2/3 坝高水平布置三排，软土坝基及深厚覆盖层的坝基表面还应布设一排。

1. 横梁管式沉降仪原理

土石坝坝体内部固结沉降一般采用在坝体内部逐层埋设横梁管式沉降仪，其工作原理是利用细管在套管中的相对运动来测定土体垂直位移。即当土体发生沉降或者隆起时，埋设在土中的横梁翼板也跟着一起移动，并连带细管在套管中作上下运动，测定细管上口与横梁管式沉降仪（亦称横梁式固结仪）主要由管座、带横梁的细管、中间套管三部分组成。

2. 横梁管式沉降仪的观测方法及精度要求

横梁管式沉降仪可用测沉器或测沉棒进行观测。每次观测时，用水准测量方法测定管口高程，再用测沉器或测沉棒放入固结管内，自上而下依次逐点测定管内各细管下口至管顶的距离，即可算出各测点的高程。定期观测各测点的高程变化，可得出深层各测点的沉降。

测沉器主要由圆棒和套管两部分组成。测沉器圆筒内安装有带弹簧的翼片，套筒两侧有对称的两个长方孔，一侧长方孔下部另有一小方孔，当翼片处于长方孔位置时，即能从孔中张开而伸出套筒壁外。观测时，将测沉器由固结管口徐徐下放，当测沉器进入细管时，翼片被压入圆筒内。当测沉器经过细管进入套管时，翼片被弹出筒壁。此时，向上拉紧钢尺，翼片就卡在细管下口，器测完最下面一个测点后，将测沉器放至管座底，测沉器套筒被管底顶住，而上部下沉，将翼片压入圆筒内并被卡住，测沉器即可顺利提出固结管，即可量得细管下口至管顶的距离，将测沉器继续下放，依次测量。

（一）电磁式沉降仪

适用于土石坝的分层沉降量观测和路堤、地基处理过程中的堆载试验，基坑开挖及回填作业中引起的土体隆起或沉降的测量，也可以测一般的垂直位移。

电磁式沉降仪的原理：电磁式沉降管是在埋入土中的沉降管隔一定距离设置一铁环，铁环将与土体一起发生位移（沉降），利用电磁探头测出沉降后铁环的位置，与初始位置相减即可算出测点的沉降量。

电磁式沉降仪探头的工作原理：利用震荡线圈接近铁环时，铁环中产生涡流损耗，吸收了震荡电路的磁场能量，使震荡器震荡减弱，直到停止震荡，没有电流输出，触发器翻转，执行器工作，从而使音响器发出声音。在声响发出的瞬间，确定铁环位置，并立即在钢卷尺上读出铁环所在深度。

1. 电磁式沉降仪的构造

电磁式沉降仪由测头、三脚架、钢卷尺和沉降管组成。测头由圆筒形封闭外壳和电路板组成，一端系有长钢卷尺及三芯电缆，长钢卷尺和三芯电缆平时盘绕在滚筒上，滚筒与脚架连成一体，测量时脚架放在测井管口上。沉降管材料一般是塑料，由主管和连接管组装成，连接管由自攻螺丝连接定位，套于两节主管外，可以伸缩。主管外套上一只铁沉降环，内径与连接管内径相同，环厚 2mm，铁环与主管固定，且一起埋入土石坝或钻孔中。电缆和钢尺可以用透明塑料压注在一起。

2. 电磁式沉降仪测读方法

将三脚架支在测井上方，平稳放置，测头用螺钉销紧于卷尺端部。测头慢慢放入管中，同时电缆跟进；接通滚筒面板上的电源开关；测头下降到铁环中间时音响发出（或上部接收仪表收到信号），找准发音时的准确位置，读出各金属环所在的位置；每次用水准仪测出孔高程，测得铁环深度，即可换算出高程。观测点沉降量等于测点初始高程减去观测时的沉降量。

第三节　水工建筑物的渗流检测

大坝建成蓄水后，在上下游水位差作用下，水会通过坝身、坝基及两岸坝肩向下游渗透。渗流不仅引起水量的损失，同时渗流压力对坝体和坝基也会产生不利影响，甚至会引起土石坝的坝坡失稳、坝体和地基渗透破坏，混凝土闸坝的扬压力增大等危及大坝安全的严重后果。因此，为验证理论计算成果，掌握大坝（水闸）施工期和运行期的实际渗流情况，确保建筑物的安全，必须进行渗流监测。

渗流监测项目主要有渗流压力观测、渗流量观测与渗流水质监测等。

土石坝的渗流压力观测包括断面上的渗流压力分布和浸润线位置的确定，对于心墙坝、堆石坝还需要进行心墙内的渗水压力和接触面渗水压力监测。土坝与刚性建筑物的接触面也应该加强观测，当出现土压力观测值小于渗水压力观测值时有可能出现水力劈裂的危险。混凝土面板坝沿趾板走向布置的防渗帷幕以及趾板与面板交接的周边缝止水构成了混凝土面板坝的主要防渗屏障，所以，作为检验防渗面板和防渗帷幕效果的主要依据，要对防渗帷幕效果及周边缝渗水水压进行监测。混凝土闸坝的渗流压力观测即为扬压力观测。

渗流量监测一般采用量水堰。渗流水质监测主要监测渗水是否带出沙粒、土粒，出水是否混浊，并要定期进行水质分析。

一、混凝土和砌石闸坝观测

混凝土和砌石闸坝建成蓄水后，在上下游水位差的作用下，坝基（坝体）将产生渗透压力，向上的渗透压力和因下游水位引起的浮托力合称为扬压力。扬压力减小了闸坝的有效重量，对建筑物的抗滑稳定极为不利，其大小直接关系到闸坝的安全性与经济性。影响扬压力大小的因素很多，例如：地质特性、裂隙程度、灌浆和排水效果、建筑物轮廓等，目前还不能从理论上精确地确定扬压力值。进行扬压力原型观测可以校核设计方法和数据是否合理，掌握实际扬压力的大小、分布和变化，从而判断建筑物的实际稳定性。所以，扬压力观测是混凝土和砌石闸坝最重要的渗流监测项目之一。

（一）扬压力测点的布置

1．大坝扬压力监测断面及测点的布置

坝基扬压力观测应根据建筑物的类型、规模、坝基地质条件和渗流控制的工程措施等进行设计布置。一般应设纵向观测断面 1 ~ 2 个，1、2 级坝横向观测断面至少 3 个。纵向观测断面宜布置在第一道排水幕线上，每个坝段至少应设一个测点；若地质条件复杂时，测点数应适当增加，遇到断层或强透水带时，可在灌浆帷幕和第一道排水幕之同增设测点。

横向观测断面宜选择在最高坝段、岸坡坝段、地质构造复杂的谷岸台地坝段及灌浆帷幕转折的坝段。多个工程实例表明，灌浆帷幕转折的坝段是一个薄弱环节，该坝段扬压力测值较高，并且坝段受力复杂，是大坝稳定的一个控制坝段，故应作为坝基扬压力横向观测断面。横断面同距一般为 50m ~ 100m，如坝体较长，坝体结构和地质条件大体相同，则可加大横断面同距。支墩坝横断面可设在支墩底部。横断面上一般设 3 ~ 4 个测点，宜布置在各排水幕线上，地质条件复杂时，测点可适当加密。防渗墙或板桩后宜设测点，必要时可在灌浆帷幕前设少量测点，有下游帷幕时，应在其上游侧布置测点。

坝基若有影响大坝稳定的浅层软弱带，应增设测点。采用测压管时，测压管的进水管段应埋设在软弱带以下 0.5m ~ 1m 的基岩中，并作好软弱带处导水管外围的止水，防止下层潜水向上渗漏。地质条件良好的薄拱坝，经论证后可少作或不作扬压力观测。坝后厂房的建基面上，宜设置扬压力测点。

扬压力观测孔在建基面以下的深度，不宜大于 1m，必要时可另设深层扬压力孔。扬压力观测孔与排水孔不应互相代用，孔内宜设温度测点。

2．水闸扬压力测点布置

（1）闸基的铺盖、齿墙、板桩等防渗设备的前后各布置一个测点。

（2）闸底板中部及下游部各设一个测点。

（3）护坦排水孔断面上布置一个测点。

（4）沿水闸的岸墙和上下游翼墙，埋设适当数量的测点。

（二）观测设备

坝基扬压力一般埋设测压管进行观测，并可在管内放置渗压计进行遥测；必要时，亦可埋设渗压计。渗压计的优点是灵敏、精度高，但由于长期在水下工作，仪器容易损坏，寿命短、造价高，故为了保证闸坝在长期运用过程中都能进行有效的扬压力观测，仍以用测压管观测扬压力为多。

扬压力测压管有单管式、多管式和U形测压管。多管式测压管即一孔埋设多个分层测点；U形测压管便于冲洗，可防止浆液、杂物或基础内的析出物堵塞测压管。测压管由进水段、导管段及装有保护装置的管口组成。

（1）进水段的构造要能够确保基础内的渗水顺利进入测压管，又不致引起基础管涌。单管式测压管的进水段通常由反滤层和插入反滤层的进水短管组成，进水短管的构造与坝基渗流压力测压管的进水管基本相同，只是由于扬压力测压管是反映水工建筑物底面某点的水压力，故可以较短，一般不小于20cm即可。软基上的测压管可以采用进水杯代替进水管段。

（2）导管段采用与进水管直径相同的管子连接而成，二者要保持在同一铅直线上。如二者不在同一铅直线上，则可以将进水管段用水平导管引至设计管口的投影位置，然后用垂直导管连接。此时，水平导管应略呈倾斜，坡度约为5%，以避免发生气塞，还要注意水平管段高程必须低于最低扬压力的高程。当水平管段伸出混凝土体时，紧靠混凝土地伸出管段应做成环状，以避免水平管段因建筑物不均匀沉陷而断裂损坏。当水平管段横穿过混凝土坝伸缩缝时，通过缝间的管段应采用弯曲形状的铅管接头，以适应伸缩缝的开合。

（3）管口应设置在便于观测不被水淹没的地方。在混凝土坝内，为观测方便，通常将一个观测断面上的测压管管口都引至廊道侧壁集中在一起。管中水位高于管口的，管口加螺丝管帽加以封闭，安装阀门或压力表观测扬压力，若管内最高水位低于管口，则管口保护设备与土石坝测压管基本相同。

二、其他渗流观测

（一）绕坝渗流观测

水库蓄水后，上游库水绕过两岸坝头或坝体和岸坡的接触面渗透到下游，称为绕坝渗流。绕坝渗流一般是一种正常现象，但如果坝与岸坡连接不好，或岸坡陡出现裂缝，或岸坡中有未探明的强透水层，就可能会发生渗透变形，危及大坝安全。为判断两岸坝肩和岸坡的接触部位、土石坝与混凝土或砌石闸坝的连接面是否发生异常渗漏，应在相关位置埋设测压管或孔隙压力计。对混凝土重力坝，绕坝渗流观测还可以验证帷幕灌浆设计是否达到标准。

混凝土重力坝绕坝渗流测点的布置应根据地形、枢纽布置、渗流控制设施及绕坝渗流区岩体渗透性而定。两岸帷幕后顺帷幕方向布置两排测点，测点分布靠坝肩较密，帷幕前可布置少量测点。对于层状渗流，可利用不同高程上的平洞布置测压管。无平洞时，应将观测孔钻入各层透水带，至该层天然地下水位以下一定深度，理设测压管或安装孔隙压力计进行观测。一个钻孔内可以埋设多管式测压管，或安装多个孔隙压力计，观测各层渗流，但必须做好层间止水设施，防止层间水互相贯通。

土石坝绕坝渗流观测，包括两岸坝端及部分山体、土石坝与岸坡或混凝土建筑物接触面、防渗齿墙或帷幕灌浆与坝体或两岸结合部等关键部位。土石坝两端的绕坝渗观测，宜沿流线方向或渗流较集中透水层设 2 ~ 3 个观测断面，每个断面上设 3 ~ 4 条观测铅直线，土石坝与刚性建筑物结合部的渗流观测，在接触轮廓线的控制处设置观测铅直线，沿接触面不同高程布设观测点。岸坡防渗齿槽和帷幕灌浆的上、下游侧各设 1 个观测点。

三、渗流量观测

水库蓄水后，库水向下游渗过坝体、坝基和岸坡的水量称为渗流量。当渗流处于稳定状态时，渗流量与水头的变化保持稳定的对应关系，如果渗流量发生较大变化，则意味着渗流场发生了变化。在水头相同的情况下，渗流量的显著增加或减少，都意味着渗流稳定的破坏。例如，渗流量显著增加，可能是坝体或坝基发生渗透破坏或产生集中渗流通道的表现；渗流量的显著减少可能是因为排水体受到阻塞的反映。正常情况下，渗流量应随着坝前泥沙的淤积而逐年减小。

渗流量观测不仅能了解水库的渗漏损失，更重要的是监测土石坝的安全，国内外一些大坝就是从观测的渗流量突然增大而发现险情的。由于渗流量观测能直观地反映大坝的工作状况，因此是坝工管理中最重要的观测项目之一，必须予以高度重视。渗流量观测包括渗漏水的流量及其水质观测，水质观测中包括渗漏水的温度、透明度观测和化学成分分析。

大坝的总渗流量由三部分组成，即通过坝体的渗流量、通过坝基的渗流量、通过两岸绕渗或两岸地下水补给的渗流量。为了监测各部分的渗流量，应尽量分区观测，并要特别重视坝基浅层、心墙和斜墙的渗漏，因为它们对大坝的安全关系密切。国外主张设置基岩观测廊道以区分漏水来自坝体还是坝基，或在心墙和斜墙下游分段设量水堰，再用管道将渗水排出坝外，这种装置使渗流量不受地面径流和降雨的影响，而且可掌握漏水量的变化来自何处。

观测渗流量的方法根据渗流量的大小和汇流条件，可选用容积法、量水堰法或测流速法。其中量水堰法一般用三角堰或矩形堰来量测，适用于流量变化较大的情况，结构简单且精度高。

四、水质监测

渗水水质观测是对水工建筑物及其基础渗水所含物质含量及成分的观测分析，主要包括物理指标和化学指标两部分。其中物理指标有：渗漏水的温度、曲值、电导率、透明度、颜色、悬浮物、矿化度等；化学指标有：总磷、总氮、硝酸盐、高锰酸盐、溶解氧、生化需氧量、有机金属化合物等。其目的主要是了解渗水所含物质的成分、数量以及变化规律，借以判断是否存在管涌，检验是否产生化学溶蚀，以便及时采取处理措施，保证工程安全。

化学溶蚀和管涌曾经造成大坝失事，如美国圣弗兰西斯混凝土重力拱坝建成一年后，由于基础石膏泥质砾岩受水化学作用后迅速流失，致使该坝断裂倾覆；美国阿皮沙帕碾压土坝由于土料含有胶结材料，浸水 2 小时即溶解后，在渗水作用下，产生明显的沉降和裂缝，建成 2 年后溃决。但如能及时观测发现，采取有效防治措施，可能会避免工程失事。例如中国南湾水库在蓄水初期发现土坝坝基渗水中含有可溶性物质，随即采取延长渗径、减小渗透坡降等措施，通过长期观测，发现溶解程度极其轻微，40 多年来工程一直安全运行。

（一）渗水透明度检测

通常，坝体、坝基的渗水是透明清澈的，表明水库只有水量的损失。如果水库渗水混浊不清，或者渗水中含有可溶性盐分，表明水库已不仅只有水量的流失，而且坝体或坝基中还流失了一部分细小颗粒，或者土料受到溶蚀，这些现象往往是管涌、内部冲刷或化学管涌等渗流破坏的先兆，所以需进行渗水透明度观测。

渗水透明度一般只需每月或每季检测一次，但在渗流量观测和巡视检查时，应注意渗水的清晰度，如果可疑，及时进行透明度检测。当出现浑水时，则应根据具体情况每天观测一次，有必要时一天可以观测数次，以掌握情况的变化。出现浑水时，还应测出相应的含沙量，有条件的单位可以事先率定透明度与含沙量之间的关系，检定透明度后，直接查出含沙量。

透明度检测应固定专人进行，以免因视力不同引起人为的误差。进行检定工作时应有充足的光亮度，一般读数两次，两次的读数误差要求不大于 1cm。

（二）化学分析

物理分析若发现有析出物或有侵蚀性的渗水流出等问题，应取样进行化学分析。对渗水进行化学分析可以了解渗水的化学性质及分析对建筑物、基础和下游排水设施有无溶蚀破坏或堵塞作用。化学分析时，要增加有机污染物的化学指标分析，以了解水库富营养化程度，具体检验方法可参见有关规范。化学分析应选择有代表性的排水孔或绕坝渗流监测孔，定期进行，在渗漏水水质分析的同时还应作库水水质分析。

化学分析一般在每年汛前、汛后各 1 次，水质有较大变化以及入库流量或库水位骤变阶段应增加取样化验次数。

第四节 土石坝及堤防的日常养护

一、特点

土石坝主要是由松散颗粒的土、砂、石料等堆筑而成的挡水建筑物，在填筑过程中虽然采用碾压、振动等方法来提高坝体材料的压实程度，但毕竟不能像混凝土坝和浆砌石坝一样具有显著的整体性，因而土石坝与其他坝型相比具有以下工作特点：

1. 坝体的失稳形式主要是边坡滑动

土石坝的横剖面是梯形，上、下游边坡较为平缓，剖面尺寸大，不存在整体的水平抗滑稳定问题，但由于土粒之间联结强度低，抗剪能力小，失稳的形式主要是坝坡滑动或坝坡连同部分地基一起滑动的剪切破坏。因此，土石坝的坝体稳定主要是保持边坡稳定。

2. 坝体具有透水性

由于散粒体结构的颗粒间存在较大孔隙，在土石坝挡水后，上游的水就会通过孔隙向下游渗透，在坝与坝基的结合面、坝与混凝土（或浆砌石）的结合面更是渗水易于通过而产生集中渗透的地方。渗漏不仅影响水库蓄水量，渗透水超过一定限度时还将造成坝体浸润线抬高，对坝坡稳定不利。另外，集中渗漏还容易将土粒带走，导致坝体和坝基发生管涌、流土等渗透破坏，甚至发生溃坝事故。因此，为了清除或减轻渗流的上述不利影响，土石坝通常都应设置有效的防渗和排水设施。

3. 坝面抗冲能力低

散粒体结构相互之间的联结能力是很小的，因而土石坝的抗冲能力很低，在雨水冲刷或风浪作用下，坝面也很容易遭受破坏，甚至发生坍坡现象，所以土石坝的上下游边坡均需采取护坡措施及坝面排水措施，以保证坝体安全。当然，土石坝坝顶更不允许过水，否则将造成坝体溃决。因此，土石坝的坝顶必须在最高水位之上保持足够的超高，同时要求枢纽中应建有泄洪能力足够的泄水建筑物，以防漫顶失事。

4. 坝体可压缩变形

散粒体结构的颗粒之间存在孔隙，在荷载作用下，孔隙被压缩，结构本身发生沉陷是不可避免的。土石坝在施工时，随着坝体的升高，荷重逐渐增大，坝体和坝基都会发生部分沉陷变形。土石坝竣工蓄水后，在水的作用下坝体和坝基将进一步产生沉陷变形。这些沉陷变形，特别是不均匀沉陷，往往成为坝体裂缝、渗漏的重要原因。土石坝养护与修理工作，应根据其上述特点，特别注意坝坡稳定、坝体和坝基的渗透、坝坡保护以及坝体沉陷变形等方面的问题，通过经常的、全面的检查观测，指导土石坝的养护与修理工作。

二、土石坝及堤防的日常养护

（1）养护工作应做到及时消除土石坝表面的缺陷和局部工程问题，随时防护可能发生的损坏，保持大坝工程和设施的安全、完整、正常运用。

（2）坝面上不得种植农作物，不得放牧、铲草皮以及搬动护坡和导渗设施的砂石材料等。

（3）严禁在大坝管理和保护范围内进行爆破、打井、采石、采矿、挖砂、取土、修坟等危害大坝安全的活动。

（4）严禁在坝体修建码头、渠道，严禁在坝体堆放杂物、晾晒粮草。在大坝管理和保护范围内修建码头、鱼塘，必须经过大坝主管部门批准，并与坝脚和泄水、输水建筑物保持一定距离，不得影响大坝安全、工程管理和抢险工作。

（5）大坝坝顶严禁各类机动车辆行驶。若大坝坝顶确需兼做公路，需经科学论证和上级主管部门批准，并应采取相应的安全维护措施。

（6）坝顶养护应达到坝顶平整，无积水，无杂草，无弃物；防浪墙、坝肩、踏步完整，轮廓鲜明；坝端无裂缝，无坑凹，无堆积物。

（7）坝坡养护应达到坡面平整，无雨淋沟缺、无荆棘杂草滋生现象；护坡砌坡应完好，砌缝紧密，填料密实，无松动、塌陷、脱落、风化、冻毁或架空现象。

（8）各种排水、导渗设施应达到无断裂、损坏、阻塞、失效现象，排水畅通。

（9）各种观测设施应保证完整，无变形、损坏、堵塞现象。

（10）对坝基和坝面管理范围内一切违反大坝管理的行为和事件，应立即制止并纠正。

三、土石坝及堤防的裂缝

裂缝是土石坝和堤防最普遍的病害，裂缝可能在渗流作用下发展成渗透变形，以致溃坝失事；也可能发展为滑坡，导致坝体滑塌；有的裂缝虽未造成失事，但影响正常蓄水，长期不能发挥水库效益。因此，对于裂缝，必须引起足够的重视，及时采取有效措施，防止裂缝的发展和扩大。

（一）裂缝的类型及成因

裂缝按其方向可分为龟状裂缝、横向裂缝和纵向裂缝；按其产生的原因可分为干缩裂缝、冻融裂缝、不均匀沉陷裂缝、滑坡裂缝、水力劈裂缝溯流裂缝、震动裂缝；按其部位可分为表面裂缝和内部裂缝等。以下介绍几种主要类型裂缝的成因及特征。

（二）干缩裂缝

干缩裂缝多发生在黏土的表面，或黏土心墙的坝顶，或施工期黏土的填筑面上。由于暴露在空气中，黏土表面受阳光暴晒，表层水分迅速蒸发干缩而产生裂缝，这种裂缝分布较广呈龟裂状，深度较浅，密集交错，缝的间距比较均匀，无上下错动，多与坝体表面垂直。干缩裂缝均上宽下窄，缝宽通常小于 1cm，缝深一般不超过 1m。

干缩裂缝一般不致影响坝体安全，但如不及时维修处理，雨水沿裂缝渗入，将增加土体的含水量，降低裂缝区域土体的抗剪强度，促使其他病情的发展，尤其需注意斜墙铺盖上的干缩裂缝可能会引起严重的渗透破坏，必须及早进行维修处理。

（三）冻融裂缝

在寒冷地区，坝体表层土料因冰冻而产生收缩裂缝；冰冻以后气温进一步降低时，会因冻胀而产生裂缝；气温升高融冰时，因融化的土体不能够恢复原有的密度而产生裂缝；冬季气温变化时，黏性土表面反复冻融而形成冻融裂缝和松土层。因此，在寒冷地区，应在坝坡和坝顶用块石、碎石、砂性土做保护层，保护层的厚度应大于冻层深度。

（四）不均匀变形裂缝

不均匀变形裂缝简称变形裂缝。变形包括竖向位移和水平位移，水平位移又包括纵向水平位移和横向水平位移。坝体内相邻两点由于位移的不同而产生应变和应力，当应变、应力超过破坏拉应变、破坏拉应力时，相邻两点间就发生裂缝。这种裂缝称为不均匀变形裂缝。变形裂缝按其方向可分为以下三种：

1. 纵向裂缝

它是走向与坝轴线平行的裂缝。多数出现在坝顶，有时候也出现在坝坡和坝身内部，是破坏坝体完整性的主要裂缝之一。其长度在平面上可延伸数十米甚至几百米，深度一般为数米，也有数十米。这种裂缝一般为坝体或地基的不均匀沉陷的结果。如坝体在垂直于坝轴线方向的不均匀沉陷，沿大坝横断面的坝基开挖处理不当，造成横断面上产生较大的不均匀沉陷；坝下结构引起的坝体裂。此外，由于施工不当等原因也可能引起纵向裂缝，如坝体施工时，对横向分区结合面处理不慎会产生裂缝，或者施工时先按临时断面填筑，以后又在背水坡培厚加高，使新老坝体沉陷不均。

2. 横向裂缝

它是走向与坝轴线垂直的裂缝，多出现在坝体与岸坡接头处，或坝体与其他建筑物连接处，缝深几米到几十米，上宽下窄，缝口宽几毫米到十几厘米。这种裂缝一般为纵向不均匀沉降的结果。

3. 水平裂缝

破裂面为水平面的裂缝称为水平裂缝。水平裂缝多为内部裂缝，有时它可能贯通上下游，形成集中渗漏的通道，由于它不易被人们发觉，往往事故后才被发现，所以，它也是危险性很大的一种裂缝。

（五）滑坡裂缝

它是因滑移土体开始发生位移而出现的裂缝。当坝坡出现纵向裂缝和弧形裂缝时，常是滑坡的前兆。上游滑坡裂缝，多出现在水库水位降落时；下游滑坡裂缝，常因下胜坝体浸润线太高，渗水压力太大而发生。滑坡裂缝的危害比其他裂缝更大。它预示着坝坡即将失稳，可能造成失事，需要特别重视，迅速采取加固措施。要判断是否是滑坡裂缝，可观测以下几种特点：

（1）滑坡裂缝在平面上呈簸箕状，但当坝基为淤泥软土且滑坡范围很长时，不一定呈簸箕状。

（2）滑坡顶部裂缝张开，上宽下窄，且裂缝深部向坝坡方向弯曲。滑坡下部有隆起和许多细小的裂缝。

（3）裂缝较长较深较宽，并有较大错距，有时在缝中可见擦痕。

（4）裂缝的发展有逐渐加快的趋势，发展到后期时，滑坡下部的坝坡和坝基有明显隆起。

（六）水力劈裂缝

水库蓄水后，水进入到细小而未张开的裂缝中，裂缝在水压力的作用下张开，好像水劈开了土体，这种裂缝即为水力劈裂缝。很明显，水力劈裂缝产生的条件是：第一，土体已经有了微小裂缝，库水能够进入，并在缝中形成使缝张开的劈缝压力；第二，劈缝压力要大于土体对缝面的压应力，才能够使缝张开。

黏土心墙（尤其是薄心墙），由于前述的拱效应，较易产生水力劈裂缝。此外，在黏土斜墙、黏土铺盖和均质坝中也可能发生水力劈裂缝。在应用灌浆法处理坝体的裂缝时，若泥浆压力过大，也可能产生水力劈裂缝。水力劈裂缝可能导致集中渗漏，甚至造成严重危害。

四、裂缝的处理

土石坝和堤防出现各种裂缝都应该及时处理。发现裂缝后，一方面要注意了解裂缝的特征，观测裂缝的发展和变化，分析裂缝产生的原因，判断裂缝的性质；另一方面要采取防止裂缝进一步发展的措施，同时制定处理方案。在裂缝进行处理前，水库必须定出限制蓄水位，同时要采取临时性防护措施，严防雨水向裂缝内灌注和冰冻等的不利影响。非滑坡裂缝处理方法一般有以下几种：

（一）缝口封闭法

对于表面干缩：冰冻裂缝以及深度小于 1m 的裂缝，可只进行缝口封闭处理。处理方法是用于而细的沙壤土从缝口灌入，用竹片或板条等填塞捣实，然后在缝口处用黏性土封堵压实。

（二）开挖回填法

开挖回填是将发生裂缝部位的土料全部挖出，重新回填，它是处理裂缝比较彻底的方法。对于深度不大于3m的沉陷裂缝，待裂缝发展稳定后，可采用此法处理。

1. 裂缝的开挖

为探清裂缝的范围和深度，在开挖前可先向缝内灌入少量石灰水，然后沿缝挖槽。裂缝的开挖长度应超过裂缝两端1m，深度超过裂缝尽头0.5m，开挖的坑槽底部的宽度至少0.5m，边坡应满足稳定及新旧回填土结合的要求。坑槽开挖应做好安全防护工作，防止坑槽进水、土壤干裂或冻裂，挖出的土料要远离坑口堆放。对贯穿坝体的横向裂缝，应沿裂缝方向，每隔5m挖十字形结合槽一个，开挖的宽度、深度与裂缝开挖的要求一致。

（三）充填灌浆

对于非滑动性质的深层裂缝，可用充填式黏土灌浆或采用上部开挖回填与下部灌浆相结合的方法处理。

充填灌浆法就是在裂缝部位用较低压力或浆液自重把浆液灌入坝体内，充填密实裂缝和孔隙，以达到加固坝体的目的。灌浆的作用主要有以下两个方面：

（1）充填作用。合适的浆液对坝体中的裂缝、孔隙、洞穴等均有较好的充填作用。试验和坝体灌浆后的开挖检查结果均证明，无论裂缝大小，浆液与缝壁土均能紧密结合，凝固后的浆液，不论浆液本身还是浆液与缝壁的结合面都没有新裂缝产生。

（2）压密作用。在灌浆压力作用下，浆液可以挤开坝内土体，形成浆路，灌入浆液，同时在较高的灌浆压力作用下，裂缝两侧的坝内土体和不相连通的缝隙也因土壤的挤压作用而被压密和闭合。

充填式黏土灌浆处理裂缝的施工方法如下。

1. 布孔

根据裂缝分布情况，按照"由疏到密"的施工顺序，在每条裂缝上都布置钻孔。对于表面裂缝，孔位一般布置在长裂缝的两端、转弯处、缝宽突然变化处及裂缝密集处。灌浆孔与导渗或观测设施的距离不应少于3m，以防止因串浆而影响其正常工作。对于内部裂缝，布孔时可根据内部裂缝的分布范围、灌浆压力和坝体结构综合考虑，一般采用灌浆帷幕式布孔，即在坝顶上游侧布置1～2排，孔距由疏到密，最终孔距以3m～6m为宜，孔深应超过缝深1m～2m。

2. 造孔

造孔施工应据布孔的孔位由稀到密按序进行，造孔力求保持铅直，且必须用于钻、套管跟进的方式进行，严禁用清水循环钻进。

3. 制浆

灌浆浆液一般采用人工制浆，对于灌浆量大的工程，也可采用机械制浆。对浆液要求流动性好，使其能灌入裂缝；析水性好，使浆液进入裂缝后，能较快地排水固结；收缩性小，使浆液析水后与土坝结合密实。常用的浆液有纯黏土浆和黏土水泥混合浆两种。

（1）纯黏土浆。用黏性土作材料，一般黏粒含量在 20% ~ 45% 为宜。如黏粒过多，土料黏性过大，浆液析水慢，凝固时间长，影响灌浆效果。浆液的浓度，在保持浆液对裂缝具有足够的充填能力条件下，稠度愈大愈好，根据试验，一般采用水土重量比为 1：1 ~ 1：2.5，泥浆的比重一般控制在 1.45 ~ 1.7。为使大小缝隙都能较好地充填密实，可在浆液中掺入 1% ~ 3% 干料重的硅酸钠（水玻璃）或采用先稀后浓的浆液。

（2）黏土、水泥混合浆。用土料和水泥为材料混合搅制而成。在土料中掺入 10% ~ 30% 干料重的水泥后，浆液析水性好，可促使浆液及早凝固发挥效果。适用于黏土心墙或浸润线下的坝体裂缝处理。

4. 灌浆压力

灌浆压力的大小是保证灌浆效果的关键。灌浆压力越大，浆液扩散半径也越大，可减少灌浆孔数，并将细小裂缝也充填密实，同时浆液易析水，灌浆质量也越好。但是压力过大，也可能引起冒浆、串浆、裂缝扩展或产生新的裂缝，甚至造成滑坡或击穿坝壳，堵塞反滤层或排水设施。因此，灌浆压力选择应在保证坝体安全的前提下，通过试验确定，一般灌浆管上端孔口压力采用 0.05 ~ 0.3MPa 左右；施灌时灌浆压力应逐渐由小到大，不得突然增加，灌浆过程中，应维持压力稳定，波动范围不得超过 5%。

5. 灌浆与封孔

灌浆时应采用"由外向里，分序灌浆"和"由稀到稠，少灌多复"的方式进行。在设计压力下，灌浆孔段经连续 3 次复灌，不再吸浆时，灌浆即可结束。在浆液初凝后（一般为 12h）可进行封孔，封孔时，先应扫孔到底，分层填入直径 2cm ~ 3cm 的干黏土泥球，每层厚度一般为 0.5m ~ 1.0m，然后捣实。均质土坝可向孔内灌注浓泥浆或灌注最优含水量的制浆土料捣实。

6. 灌浆时应注意的几个问题

（1）在雨季及库水位较高时，由于泥浆不易固结，一般不宜进行灌浆。

（2）在灌浆过程中应加强观测，了解渗流量、水平位移、垂直位移和浸润线等在灌浆过程中的变化规律。

（3）灌浆工作必须连续进行，若中途必须停灌，应及时洗清灌孔，并尽可能在 12h 内恢复灌浆。

（4）灌浆时应密切注意坝坡的稳定及其他异常现象，发现突然变化应立即停止灌浆，分析原因后采取相应处理措施。

（5）灌浆结束后 10 ~ 15d，对吃浆量较大的孔应进行一次复灌，以充填上层浆液在凝固过程中因收缩而脱离坝体所产生的空隙。

（四）劈裂灌浆法

当处理范围较大，裂缝的性质和部位又都不能完全确定时，可采用劈裂灌浆法处理。

五、土石坝及堤防渗漏的种类及原因

渗漏的种类及成因。

（一）渗漏的种类

由于土石坝的坝身填土和坝基土一般都具有一定的透水性，因此，当水库蓄水后，在水压力的作用下，土石坝出现渗漏现象就不可避免。前面已介绍了土石坝渗漏按危害性可分为正常渗漏和异常渗漏，但如按渗漏部位的特征则可分为以下几种：

（1）坝身渗漏。水库蓄水后，库水通过坝体在下游坡面或坝脚附近逸出。

（2）坝基渗漏。渗漏水流通过坝基的透水层，从坝脚或坝脚以外的覆盖层中的薄弱部位逸出。

（3）绕坝渗漏。渗水绕过土坝两端渗向下游，在下游岸坡逸出。

（二）渗漏的成因

1.坝身渗漏的成因

对土石坝有危险性的坝身渗漏有散掺和集中渗漏两种情况。

（1）散浸及其成因。当坝身浸润线抬高，渗漏的逸出点超过排水体的顶部时，下游坝，坡土大片呈浸润状态的现象称为散浸。随着时间的延长可使土体饱和软化，甚至在坝面形成细小而分布较广的渗流，严重的产生表面流土，甚至引起坝坡失稳下滑现象，造成散浸的原因如下：

1）因坝体尺寸单薄、土料透水性大、均质坝的坝坡过陡等原因使渗水从排水体以上逸出下游坝坡。

2）坝后反滤排水体高度不够；或者下游水位过高，洪水淤泥倒灌使反滤层被淤堵；或者由于排水体在施工时未按设计要求选用反滤料或铺设的反滤料层间混乱等原因，造成浸润线逸出点抬高，在下游坡面形成大面积散浸。

3）坝体分层填筑时已压实的土层表面未经刨毛处理，致使上下层结合不良；铺土层过厚造成碾压不实，使坝身水平向透水性较大，因而坝身浸润线高于设计浸润线，渗水从下游坡逸出。

（2）集中渗漏及其成因。水库蓄水后，在土石坝下游坡面、地基或两岸山体出现成股水流涌出的异常渗漏现象，称为集中渗漏。集中渗漏往往带走坝体的土粒形成管涌，甚至掏成空穴逐渐形成塌坑，严重时导致土石坝溃决，它是一种严重威胁土石坝安全的渗漏现象。形成集中渗漏现象原因如下：

1）坝体防渗设施厚度单薄，致使渗流水力坡度大于其临界坡降，往往造成斜墙或心墙土料流失，最后使斜墙或心墙被击穿，形成集中渗漏通道。

2）坝身分层分段和分期填筑时，如果层与层、段与段以及前后期之间的结合面没有按施工规范要求施工，以致结合不好；或者施工时漏压形成松土层，在坝内形成了渗流，在薄弱夹层处渗水集中排出。

3）施工时对贯穿坝体上下游的道路以及各种施工的接缝未进行处理，或者对坝体与其他刚性建筑物（如溢洪道边墙、涵管或岸坡等）的接触面防渗处理不好，在渗流的作用下，发展成集中渗漏的通道。

4）生物洞穴、坝体土料中含有树根或杂草腐烂后在坝身内形成空隙，常常造成坝体集中渗漏。

5）坝体不均匀沉陷后引起的横向裂缝、心墙的水平裂缝等，也是造成坝体集中渗漏的原因。

2. 坝基渗漏产生的原因

造成坝基渗漏的直接原因有：缺少必需的防渗措施；截水槽深度不够，未与不透水层相连接；截水槽填筑质量不好或尺寸不够致使破坏；铺盖长度不够或铺盖厚度较薄被渗水击穿；黏土铺盖与透水砂砾石地基之间未设有效的反滤层，铺盖在渗水压力作用下被破坏；施工时在库内挖坑取土，天然铺盖被破坏，或水库放空时铺盖暴晒发生裂缝而未加处理，使其失去防渗作用；导渗沟、减压井养护不良，淤塞失效，致使覆盖层被渗流顶穿形成管涌或使下游逐渐沼泽化等。归纳起来，根本原因还是坝基工程地质条件不良，而设计与施工中又没有采取有效的措施进行处理之故。

（三）渗漏危害及渗流控制的基本原则

正常渗漏是一种必然的现象，异常渗漏在水工建筑中也是常见的，过大的渗漏对土石坝枢纽会造成如下危害：

（1）损失水量。一般正常的稳定渗流所损失的水量占水库蓄水量的比例很小，但是在强透水地基和岩溶地区修建土石坝，往往由于对坝基的工程地质条件重视不够，没有妥善地进行防渗处理，以至蓄水后造成大量渗漏损失，有时甚至无法蓄水。

（2）渗透破坏。在坝身、坝基渗漏逸出区，由于渗流坡降大于土的临界坡降，使土体发生管涌或流土等渗透变形，这种渗透变形可导致土石坝失事。

（3）坝体浸润线抬高。坝身浸润线抬高后，会使下游坝坡出现散浸现象，严重的会引起坝体滑坡。因此，一旦发现危及坝体安全的渗水时，必须立即查明渗漏原因，采取妥善的处理措施，防止事故扩大。

土石坝渗漏的处理原则是"上堵下排"。"上堵"就是在坝身或坝基的上游堵截渗漏途径，防止入渗或延长渗径，降低渗透坡降和减少渗透流量；"下排"就是在下游做好反滤导渗设施，使渗入坝身或地基的渗水安全通畅地排走，以增强坝坡稳定。

"上堵"的工程措施有垂直防渗和水平防渗两种。垂直防渗常用的方法有抽槽回填、铺设土工膜、冲抓套井回填、坝体劈裂灌浆、高压定向喷射灌浆、灌浆帷幕等方法；水平防渗有黏土水平铺盖和水下抛土等；有条件的地方也可采用混凝土防渗墙和倒挂井混凝土防渗墙等方法。"下排"的工程措施有导渗沟、反滤层导渗压渗等。一般来说，"上堵"为上策，而在"上堵"措施中，垂直防渗可以比较彻底地解决坝基渗漏问题，"下排"的工程措施往往结合"上堵"同时采用。

六、坝身渗漏的处理

渗漏的处理应根据渗漏成因及具体情况，有针对性地采取相应的、经济可靠的措施。

（一）抽槽回填法

对于渗漏部位明确且高程较高的均质坝和斜墙坝，可采用抽槽回填法处理。处理时，库水位必须降至渗漏通道高程以下，抽槽范围必须超过渗漏通道高程以下 1m 和渗漏通道两侧各 2m，槽底宽度不小于 0.5m，边坡应满足稳定及新旧填土结合的要求，必要时可加支撑，以确保工程安全。

回填土料应与坝体土料一致，并应分层夯实，每层厚度 10cm ~ 15cm，要求压实厚度为填土厚度的 2/3，回填土夯实后的干容重不得低于原坝体设计值。

（二）铺设土工膜

近十几年来，土工膜在均质坝和斜墙土石坝工程防渗方面得到广泛应用，主要原因在于它有突出优越性，即稳定性好，产品规格化；铺设简便，施工速度快；抗拉强度高，适应堤坝变形；质地柔软，能与土壤密切结合；重量轻，运输方便；经过处理后，其抗老化及耐气候性能均较高。常用的土工膜有聚乙烯、聚氯乙烯、复合土工膜等几种。

七、坝（堤）基渗漏的处理

坝（堤）基渗漏处理应在搞清地基工程地质和水文地质的前提下，进行渗流复核计算，选择经济、合理、可靠的处理方案，常见的处理方法如下：

（一）黏土防渗铺盖

黏土防渗铺盖是一种水平防渗措施，利用黏性土在坝上游地面分层碾压而成，在透水层深且无条件做垂直防渗墙的情况下采用。此法要求放空水库，当地有做防渗铺盖的土料资源。黏土铺盖的作用是加长渗径，减小坝基渗透比降，保证坝基渗透稳定，但它不能截断渗水。因此，黏土铺盖的长度应满足渗流稳定的要求，根据地基允许的平均水力坡降确定，一般不小于 5 ~ 10 倍的水头；黏土铺盖的厚度应保证不致因渗透压力而破坏，铺盖前端厚度一般不小于 0.5m ~ 1.0m，与坝体相接处为 1/10 ~ 1/6 水头，且不小于 3m。铺盖土料应选用相对不透水土料，其渗透系数应比地基砂砾石层小 100 倍以上，并在等于或略高于最优含水量的情况下压实。对于砂料含量少，层间系数不符合反滤要求，透水性较大的地基，必须先铺筑滤水过渡层，再回填铺盖土料。

（二）黏土截水槽

黏土截水槽是在土坝上游坡脚内用开槽回填黏土的方法将地基透水层截断，达到防渗的目的，此法适用于坝基不透水层埋置深度较浅且坝体质量较好的均质坝或斜墙坝的坝基渗漏处理，当不透水层埋置较深，施工时又不能放空库水时，则因施工排水困难，投资增长很快，采用截水槽处理坝基渗漏不经济。

第五节　防汛抢险

一、抢险的基本工作

防汛抢险是群众性的抗灾运动，它涉及社会的各个方面，因此，抢险的准备工作，既要有宏观的全局控制意识，又要有微观可操作的实施办法，其主要内容有以下几个方面。

1. 思想准备

利用电视、报纸等多种方式，宣传防汛抢险的重要意义，总结历年防汛抢险的经验教训，使广大干部与群众，克服麻痹思想和侥幸心理，树立团结协作、顾全大局的思想，增强抗、洪减灾意识。

2. 组织准备

各级防汛指挥部门是防汛抢险的指挥中心，每年汛前都要健全、完善防汛指挥机尊，组织以专业人员、群众、解放军及武警部队三结合的防汛抢险队伍。在汛前，落实防汛抢险措施及器材物资，组织对防汛抢险队伍分层次、有计划地进行技术培训。

3. 物质准备

防汛物料是防汛抢险的重要物质条件，必须在汛前筹备妥当，以满足抢险的需要。物质存放地点必须安全可靠，运输方便。

4. 通信联络准备

汛前应检查维修好各种防汛通信设施，包括有线、无线设施，对值班人员要组织培训，建立话务值班制度，保证汛期通信畅通。

（一）掌握水情及工程情况

对于水库及堤防，应注意掌握水位变化和降雨量两项水情动态，根据本地区水文，认真分析研究，制订洪水预报方案。汛期根据水文站网的报汛资料，及时估算敷水将出现的时间及水位，合理调度，做好水利工程的控制运用工作。

在汛期，特别是洪水时期，防汛人员应密切注意工程的变化情况，如堤坝有无裂缝、沉陷、位移、滑坡等不正常现象发生，堤坝坡面和地基有无异常渗漏和渗透破坏，输水涵洞有无裂缝渗水；溢洪道有无淤积堵塞等。发现问题及早处理。

（二）加强汛期工程检查

汛前要对堤坝进行全面检查，汛期更应加强巡视查险工作。检查的重点是险情调查资料中所反映出来的险工、险段。巡查应做到两个结合，即"徒步拉网式"的工程普查与对险工险段、水毁工程修复情况的重点巡查相结合，定时检查与不定时巡查相结合。同时做到三加强和三统一，即加强责任心，统一领导，任务落实到人，加强技术指导，统一填写检查记录的格式；加强抢险意识，做到眼勤、手勤、耳勤、脚勤和发现险情快、抢护处理快、险情报告快，统一巡查范围、内容和报警方法。巡查范围包括堤坝、堤坝两岸、堤坝背水坡脚 200m 以内的水塘、洼地、房屋、水井以及与堤坝相接的各种交叉建筑物。检查的内容包括裂缝、滑坡、跌窝、洞穴、渗水、塌岸、管涌（泡泉）、漏洞等。

二、涵闸及穿堤管道的抢护

涵闸通常遇到的险情有：闸与堤坝之间形成集中渗漏、闸顶漫溢、闸门漏水、闸门不能正常开启、水闸滑动及消能防冲工程出现破坏等。穿堤建筑物常出现的险情是建筑物与土堤接触面产生集中渗漏。在抢护前，应认真分析险情发生原因，再选择相应的抢护方法。

（一）闸与堤坝接触渗漏的抢护

涵闸与堤坝接触部位，由于坡度较陡、土料回填不实，且涵闸与堤坝一刚一柔承受的荷载不一，很容易引起沉陷不均，产生裂缝。当上游水位升高，或遇降雨产生地面径流，水沿接触面裂缝流动，就可能形成集中渗漏，严重时将在建筑物下游背水面造成渗水漏洞险情，危及涵闸及堤坝安全。

接触渗漏抢护的原则是"临水截渗，背水导渗"，具体方法可参考本章第二节。

（二）闸顶漫溢抢护

闸顶漫溢抢护措施有以下两种方式：

（1）无胸墙的开敞式泄水闸。若闸孔跨度不大，可焊接一网格不大于 3m×0.3m 的平面刚架，将钢架吊入闸门槽内，置放在关闭的工作闸门顶上，并紧靠门槽下游侧，然后在钢架前部的闸门顶部，分层铺放土袋，临水面再放置土工膜或篷布挡水。（2）有胸墙的开敞式泄水闸，可利用闸前工作桥在胸墙顶部堆放土袋，临水面压入土工膜或篷布挡水；也可采用在胸墙顶与启闭台大梁间浆砌砖，上游面用砂浆抹面，封闭墙顶与大梁之间的空间以挡水。

（三）闸门漏水及不能开启的抢护

1. 闸门漏水的抢护

闸门漏水主要是止水安装不好或年久失效，需要临时抢护时，可从闸上游接近闸门处，用沥青麻丝、棉纱团、棉絮等堵塞缝隙，并用木楔挤紧：也可采用灰渣在闸门临水面水中投放，利用水的吸力堵漏。在堵塞时，要特别注意人身安全。

2. 闸门不能开启的抢护

闸门不能开启时应认真分析原因，然后采取相应的措施。

（1）启闭螺杆折断的抢修。因闸门启闭螺杆或拉条折断而不能开启闸门时，可派潜水员下水查明闸门卡阻原因及螺杆或拉条折断的位置，用钢丝绳系住原闸门吊耳，利用卷扬机绕卷钢丝绳，开启闸门，待水位降低露出折断部位后再进行拆卸更换。

（2）平压管失灵的抢护。当平压管堵塞或充水阀门损坏而无法充水时，可用抽水机通过进口闸门井（或调压井）往隧洞（或钢管）内抽水，待洞（管）内、外水压力接近时，再开启进水口闸门。

（四）水闸滑动抢护

水闸主要靠闸底板与土基间的摩擦力来维持其抗滑稳定，若遇超标准洪水或基础渗透破坏，闸体就可能失稳，产生滑动。水闸滑动抢护原则是增加抗滑力，减少滑动力，具体抢护方法如下：

（1）闸顶加重增加阻滑力。此方法适用于沿平面缓慢滑动水闸的抢护，闸顶加重的重量由稳定计算确定，加重部位可选在泄水闸的闸墩、交通桥等处。必须注意，不要在闸室内加重，以免压坏闸底板或闸门构件；加重不得超过地基允许应力和不超过加重部位结构的承重限度；堆放重物必须留出必要的通道；险情解除后，应及时卸载，进行加固。

（2）下游堆重物阻滑。此方法适用于圆弧滑动和混合滑动两种险情的抢护，阻滑物的重量由阻滑稳定计算确定，堆放的位置为泄水闸可能出现的滑动面下游端。

（3）下游蓄水平压。在泄水闸下游一定的范围内用土袋等物筑成围堤，抬高下游水位，缩小上下游水位差，以减小水闸的水平推力。围堤的高度应根据允许水头差所需奎水高度而定，一般堤顶宽度约 2m，土袋围堤边坡 1：1，预留 1m 左右的超高，并在靠近控制水位高程处设排水管。

（五）穿堤管道险情的抢护

穿堤管道多为刚性结构，在汛期高水位持续作用下，与土堤结合部位极有可能因位移而张开，使水沿张开的缝渗漏，形成接触冲刷险情。由于接触冲刷险情发展较快，直接危及建筑物与堤防的安全，所以抢护时，应抢早抢小，一气呵成。抢护的原则是在临水面进行抢堵，背水面进行反滤导水，对可能产生建筑物塌陷的，应在堤临水面修筑挡水围堰或重新筑堤等。具体抢护办法如下：

1. 堤坝临水侧堵截

（1）抛填黏土截渗。当临水侧水不太深，风浪不大，附近有黏土料，且取土容易，运输方便时，可采用此法。黏土抛填前，为使抛填黏土较好地与临水坡面接触，应先将建筑物两侧临水坡面的杂草、树木等清除，然后从建筑物两侧临水坡开始抛填，依次向建筑物进水口方向抛填，最终形成封闭的防渗黏土斜墙，高度以超过水面1m左右为宜，顶宽约2m～3m。

（2）临水围堰。当临水侧有滩地，水流速度不大，而接触冲刷险情又很严重时，可在临水侧抢筑围堰，截断进水，制止接触冲刷。临水围堰应绕过管道顶端，将管道与土堤及堤坝基础的结合部位围在其中。围堰可从管道两侧堤顶开始进占抢筑，最后在水中合拢；也可用船连接圆形浮桥进行抛填，加快施工速度。

2. 堤坝背水侧导渗

（1）反滤围井。当堤内水不深时（小于5m），在接触冲刷水流出口处可修筑反滤围井，将出口围住并蓄水，再按反滤要求填充反滤料，具体方法可参考管涌抢护方法中的反滤围井。

（2）围堰蓄水反压。在穿堤管道出I=1修筑较大的围堰，将整个穿堤管道的下游出水围在其中，再蓄水反压，达到控制险情的目的。

3. 筑堤

当穿堤管道已发生较严重的接触冲刷险情而又无有效抢护措施时，可先在堤临水侧或堤背水侧抢筑新堤封闭，汛后再作彻底处理。新堤施工前，先根据河流流速、滩地的宽窄及堤内的地形情况、筑堤工作量大小和施工能力，确定新堤的线路和长度；然后，清除筑堤范围内的杂草、淤泥等；最后选用含沙少的壤土或黏土抢筑新堤，并严格控制填土的含水量及压实度，使填土充分夯实或压实。

三、堤坝决口的抢护

堤坝决口的抢护是防汛与抢险工作的重要组成部分之一，如堤坝已经决口，应首先在决口口门两端抢筑裹头，防止险情进一步发展，然后再进行堵口工程布置，并选择相应的堵口方法。

（一）堵口工程布置

堵口工程一般由主体工程（堵坝）、辅助工程（挑流坝）和引河三个部分组成，其工程布置如下。

1. 堵坝

堵坝的坝址应根据调查研究结果慎重确定。在河道宽阔并且有一定滩地的情况下，或堤坝背水侧较为开阔且地势较高的情况下，为了减少封堵施工时对高流速水流拦截的困难，可选择"月弧"形堤线，以增大有效过流面积，降低流速。否则，堵坝一般布置在决口附近，迫使主流仍走原河道。

2. 挑流坝和引河

为了降低堵口附近的水头差和减小水流流量及流速，在堵口前可采用修筑挑流坝和开挖引河等辅助工程措施。挑流坝及引河的位置，应根据水力学原理精心选择，以引导水流偏离决口处，并能顺流下泄，以降低堵口抢护的难度。

（1）挑流坝。对于有引河的堵口，挑流坝应建于堵口上游的同岸，将水流挑向引河；无引河的堵口，挑流坝位置则应选在门口附近河湾上游段，目的是将主流挑离口门，减少口门流量，另外还可减轻流势对堵口截流的顶冲作用。挑流坝的长短要适当，如流势过强，也可修两道或两道以上的挑流坝，相邻两坝的距离约为上游挑流坝长的 2 倍，其方向应为最下游一坝能正对引河下唇为宜。

（二）堵口的方法

1. 沉船截流

沉船截流的目的是减小通过决口处的过流流量，为全面封堵决口创造条件。沉船截流的效果主要取决船只能否准确定位，因此，要精心确定最佳封堵位置，防止沉船不到位的情况发生。此外，还应考虑由于沉船处底部的不平整，使船底部很难与河床底部紧密结合的实际情况，这时，在决口处高水位差的作用下，沉船底部水流速度仍很大，淘刷严重，必须迅速抛投大量料物，堵塞空隙。条件允许时，也可以在沉船的迎水侧打钢板桩等阻水。

2. 进占堵口

堵口工程布置并采取了一些辅助措施后，应迅速组织进占堵口，以确保顺利封堵决口。常用的堵口方法有以下三种。

1）平堵

平堵法是沿口门的宽度，向河底抛投柳石枕、石块、土袋等料物，自下而上逐层填高至高出水面，以堵截水流。此法因是从底部逐渐平铺抬高，口门的水深、流量和流速相应减小，故冲刷也是逐步减弱，方便施工，可实现机械化操作，但一次需要的材料及施工附属设施较多，投资大。平堵法适用于水头差较小，河床易于冲刷的情况。平堵的抛投方法有架桥和采用抛投船两种。

2）立堵

立堵法是从口门的两端或一端，按照拟定的堵口堤线向水中进占，逐渐缩窄口门，直到实现合拢。此法可就地取材、投资较少，但随着口门的逐渐缩窄，拢口处水头差加大，流速增大，加剧了对抛投物料的冲击，使其难以到位，增加了实现合拢的困难。因此，必须做好施工组织工作，事先准备好巨型块石笼等物料，届时抛入拢口，实现合拢。条件许可时，也可从口门的两端架设缆索，加快抛投速率和降低进行抛投的难度。

3）混合堵

混合堵是采用平堵与立堵相结合的堵口方式。堵口时，应根据口门的具体情况、平堵与立堵的不同特点，因地制宜，灵活采用。如过水流量较小，可采用立堵快速进占，当口门缩小后导致流速加大时，再采用平堵的方式，以减小施工难度。

第六节　水利工程项目管理

一、建筑工程项目管理的作用

建筑工程项目管理是在一定的约束条件（质量、工期、投资）下，以建筑工程项目为对象，以最优实现建筑工程项目目标为目的，按照其内在的逻辑规律对工程项目进行有效的计划、组织、控制和协调的系统管理活动。

根据各阶段的任务和实施主体不同，主要有总承包方、设计方、施工方、业主方（监理）、供货方等的项目管理。不论是哪方主体，其管理的最终目的是一致的，即通过各个阶段的建设活动，在预定的工期和质量目标下，尽可能的追求最大利润。

那么，怎样才能获得利润呢？靠降低工程成本，怎样能降低成本？它主要通过技术、经济和管理活动达到预期目标，实现赢利的目的。成本控制的主体主要是建筑企业的成本管理机构和各级管理人员，成本降低的方法，除了大力控制成本支出外，还必须加强工程预算收入，即所谓开源节流，都要靠管理。

二、成本管理

就成本管理的工作过程来说，其内容一般包括：成本预测、成本控制、成本核算、成本分析和成本考核等。

1.搞好成本预测、确定成本控制目标。成本预测是成本计划的基础，为编制科学、合理的成本控制目标提供依据。因此，成本预测对提高成本计划的科学性、降低成本和提高经济效益，具有重要的作用。加强成本控制，首先要抓成本预测。结合合同价根据各项目的施工条件、机械设备、人员素质等对项目的成本目标进行预测。

2.围绕成本目标，确立成本控制原则。成本控制的对象是工程项目，其主体则是人的管理活动，目的是合理使用人力、物力、财力，降低成本，增加效益。为此，成本控制的一般原则有：

①效益性原则。包含两方面的含义，一是企业的经济效益，二是社会的综合效益。做到既降低工程成本，又全面完成其他各项经济指标。

②全面控制原则。全面控制原则包括两个含义，即全员的成本控制和全过程的成本控制。

3.寻找有效途径，实现成本控制目标。降低项目成本的方法有多种，概括起来可以从组织、技术、经济、合同管理等几个方面采取措施控制。

①采取组织措施控制工程成本。首先要明确项目经理部的机构设置与人员配备。项目经理部是项目作业管理班子，不是经济实体，应对企业整体利益负责，同时应协调好责、权、利的关系。其次要明确成本控制者及任务，从而使成本控制有人负责。

②采取技术措施控制工程成本。采取技术措施是在施工阶段充分发挥技术人员的主观能动性，对主要技术方案作必要的技术经济分析，以寻求技术可行、经济合理的方案，从而降低工程成本，包括采用新材料、新技术、新工艺节约能耗，提高机械化操作等。

③采取经济措施控制工程成本。采取经济措施控制工程成本包括：

a.人工费控制：人工费占全部工程费用的比例较大，一般都在10%左右，所以要严格控制人工费。要从用工数量控制，并且合理组织流水施工，达到控制工程成本的目的。

b.材料费的控制：材料费一般占全部工程费的65%~75%，直接影响工程成本和经济效益。一般做法是要按量、价分离的原则，主要做好两个方面的工作。

一是对材料用量的控制：首先是坚持按定额确定材料消耗量，实行限额领料制度；其次是改进施工技术，推广使用降低料耗的各种新技术、新工艺、新材料；再就是对工程进行功能分析，对材料进行性能分析，力求用低价材料代替高价材料，加强周转性材料的管理，延长周转次数等。

二是对材料价格进行控制：主要是由采购部门在采购中加以控制。首先对市场行情进行调查，在保质保量前提下，货比三家，择优购料；其次是合理组织运输，就近购料，选用最经济的运输方式，以降低运输成本；再就是要考虑资金的时间价值，减少资金占用，合理确定进货批量与批次，尽可能降低材料储备。

c.机械费的控制：尽量减少施工中所消耗的机械台班量，通过合理施工组织、机械调配，提高机械设备的利用率和完好率，同时，加强现场设备的维修、保养工作，降低大修、经常性修理等各项费用的开支，加强租赁设备计划的管理，降低机械台班价格。

④加强质量管理，控制返工率。在施工过程中，要严把工程质量关，各级质检人员定点、定岗、定责，加强施工工序的质量检验并把管理工作真正贯彻到整个过程中，采取防范措施，消除质量通病，做到工程一次成型，一次合格，杜绝返工现象的发生，避免因返工造成工程成本的增加。

⑤加强合同管理，控制工程成本。合同管理是施工企业管理的重要内容，也是降低工程成本，提高经济效益的有效途径。

三、风险管理

所谓风险管理，就是通过对建设过程潜在的意外损失进行辨识、评估，并根据具体情况采取相应的措施进行处理，从而减少意外损失。风险管理一般要经过风险辨识、风险评估、风险防范的过程。

对不同的企业来说，面对的风险不同，风险管理的对象和采取的策略也就有所不同。水利行业企业所面对的风险主要是工程风险。由于水利工程社会效益大于经济效益，其主要面对的是自然风险。

水利工程的风险辨识水利枢纽工程建设一般分前期准备、建设、安装调试和运行四个阶段。经过分析我们认为在水利枢纽工程整个建设过程中可能出现的风险，归纳起来有以下几个特点：

1. 风险主要来自自然灾害其中最严重的是洪水灾害。汛期洪水以及暴风、雷击和高温、严寒等都可能对工程造成重大损害。洪水不仅会对已建成部分的工程、施工机具等造成损害，还会导致重大的第三者财产损失和人身伤害。

2. 风险具有周期性水利枢纽工程建设周期一般长达数年，每年的汛期，工程都要经受或大或小的洪水考验，因而水利工程的建设过程一般都要经历好几个洪水期。

3. 灾害具有季节性。绝大部分的自然灾害都具有季节性，例如在南方，洪水一般集中在 6 ~ 9 月份，雷击一般集中在 5 ~ 10 月份。在一年的不同时期，这些灾害对施工安全的影响是不一样的。

风险分析就是对将会出现的各种不确定性及其可能造成的影响和影响程度通过定性、定量或两者结合的方法进行分析和评估。通过评估采取相应的对策，从而达到降低风险造成的影响或减少其发生的可能性。

1. 地震是破坏力极大但却不经常发生的风险。

2. 洪水是水利枢纽工程建设阶段的最大风险之一，但相对于其他自然灾害，洪水能够为人们所管理和控制，我们可以估计洪水所造成的损失结果，对于不同等级或类型的洪水，可以分析出它的水位、流速、淹没范围以及损失等。

3. 设备安装、调试不当在工程建设的四个阶段中，最大的风险常发生在安装调试阶段。水利枢纽工程电站设备总价值均在亿元以上，如果设备生产单位信誉度低、产品质量差，或者安装与调试工作稍有不妥都可能导致设备的严重损坏。

4. 塌方与自然因素、人为因素都有关。除地震、降雨（大部分塌方因暴雨引起）、不良地质原因外，不合理的施工工艺很容易造成边坡塌方。另外，地下厂房的施工过程中塌方的风险也很大。

5. 建材质量与工艺事故质量是整个工程安全的核心，特别是水利工程，由于失事后果的严重性，它对所用的原材料和工艺要求十分严格。

6. 暴雨地区暴雨将引发洪水，施工现场的暴雨也必将危及施工作业和许多临时工程（如仓库和住房等）。

7. 雷电雷击是供电线路中最易引发停电事故的风险因素。工地现场虽有避雷设施，但雷电经高压供电线路引入很难预防。它既导致电气设备损坏，又使工地停电，后者又将影响用电机械的工作效率。

8. 温度夏季高温、冬季严寒或者一天内温差很大对水利工程的施工都会带来不良影响，特别是不利于混凝土工程的施工。

9. 短路线路或者部分电器的故障造成短路，轻者引起停电事故，重者烧毁供电设备，停电也将影响工程的施工。

10. 重物坠落大坝在施工过程中，吊卸频繁，来往人员多，操作不小心极易引起重物意外坠落而导致人员伤亡或设备损坏。

11. 施工机具操作失误大坝施工现场的条件通常都比较差，温度、湿度都较高。如果设备操作人员素质较低，极易引起设备事故。

12. 装卸及运输事故工地现场运输十分繁忙，必须避免碰车、翻车等事故。特别应注意工程主要设备运输风险。

13. 火灾工地上导致火灾的原因很多，最主要是易燃物碰到明火。

14. 盗窃也是风险之一。

15. 第三者责任事故大堤倒塌、重物坠落等都会导致对第三者造成责任事故，例如冲垮农田和房屋，毁坏庄稼和伤及人畜等。

风险防范风险的防范归纳起来有两种基本手段：

1. 采用风险控制措施降低业主的损失采用风险控制措施降低业主的预期损失，或使这种损失更具有可测性，从而改变风险，它包括风险回避、损失控制、风险分割及风险转移。

2. 采用财务措施处理预期风险采用财务措施处理预期风险，包括购买保险、风险自留和自我保险。

保险是风险转移的主要手段，也是迄今最有效的风险管理手段之一。在水利工程中，业主主要是通过工程保险，与承包人、供货商、服务商签订合同和留足风险费用等措施，合理地转移和消化工程建设过程中的风险。

工程保险就是着眼于可能发生的不利情况和意外，从若干方面消除或补偿遭遇风险时造成的损失。目前，虽然国际上并无统一的强制保险法规，但绝大部分国家都规定承包人必须投保建筑（安装）工程一切险（包括第三者责任险），但向谁投保不强行指定。

关于强制保险，目前国际通行的做法是以业主和承包人的联合名义，对各自的风险进行投保。但在缺陷责任期间，仅对要求承包人补救的损害部分进行保险，业主在保险单的这部分中没有可保权益，因而这部分仅能以承包人自己的名义进行。同时，承包人若未就工程风险的转移进行投保，业主可进行任何此等保险并保持其有效，为此目的所需要的任何费用，业主可先代为支付，并可随时从任何应付的或将付给承包人的款项中扣除。水利工程建设过程中，承包人投入的设备及雇佣人员的保险属于其自身的保险责任，水利工程业主所要考虑的是为工程建筑物和由业主提供的设备的风险投保，除此之外还要为其所雇佣人员的安全投保。根据水利工程的特殊性和目前保险业市场的险种设置，可供水利工程选择的险种主要有：建筑（安装）工程一切险及第三者责任险、运输险、运输险项下延误险、建安工程项下延误险、专业人员责任险、人身意外险或雇主责任险、机动车辆险等。

在风险管理过程中，由于水利工程行业与保险行业都具有明显的专业性，行业差别较大。业主如何将水利工程对保险的特殊要求全面的向保险公司表述，同时又要从保险条款中争取最大的风险赔偿和保障。通过实践，建议业主聘请有经验的保险经纪公司作为他的工程保险代理，利用经纪公司的业务优势，得到专业而全面的保险经纪服务，同时通过经纪公司将本行业的特殊要求体现到保险的专业保障中。

四、质量管理

大规模水利建设过程中，水利水电工程质量及其管理现状如何，水利投资效益能否在质量环节上得到保证，以及如何采取有效措施解决质量管理工作中存在的矛盾与问题，这既是水利战线工作者所面临和经常思考的问题，又是各级党委、政府和广大社会关注的焦点。水利水电工程质量管理工作存在的问题主要有以下几点：

1. 责、权、利彼此分离，执行基本建设程序不严格。

2. 建设管理相互重叠，容易埋下工程质量隐患。

3. 建设市场无序竞争，市场行为违规操作。

4. 人员队伍素质偏低，影响工程内在质量。

5. 执纪执法力度欠缺。

优化水利水电工程质量管理，当务之急是坚持如下五个结合，多途径采取积极措施，切实解决工程质量管理方面的矛盾与问题。

1、结合治水工作思路的转变，加强建设项目前期工作

加强水利水电工程质量管理的首要环节，是进一步加强建设项目前期工作。一是加强流域规划，保证投资重点；二是严格基本建设程序，严禁任何单位和个人擅自简化建设程序和超越权限、化整为零进行项目审批，各级项目审批机关应严把前期工作质量关；三是强化项目决策咨询评估制度，建立权威的专家库，进行严格的评估论证和审查；四是确保前期工作费用，在资金落实和概、预算编制过程中，应合理分配地方配套资金的比例，前期工作费用应按照国务院的规定，纳入中央和地方基本建设财政性投资中列支或纳入工程概算，优先保证。

2、强化行业监督管理职能

当前加强行业监督管理职能，应着重把握三个切入点：一是审批程序上进行把关，由水利部门会同计划、财政部门，在工作项目计划和建设资金审批、下达过程中对建设项目前期工作、执行基本建设程序和国家、行业有关规定的情况进行严格把关，凡不符合质量管理有关政策法规的，一律不予审批；二是制度落实进行督导，"三制"执行情况是当前加强行业监督管理的重点，要结合执行中遇到的实际情况，修改和研究制定切实可行的具体实施办法，形成统一的操作规范；三是质量评价上进行控制，强化各级水利水电工程质量监督站作为政府质量监督部门的职责，从机构、人员、经费等环节上给予保障，在工程竣工验收工作中，实行工程质量"一票否决制"，加强质量监督的权威性。

3．结合人员和队伍素质的提高，规范整顿水利建设市场

建立健康有序的水利建设市场，在治本措施上需要通过人员和队伍素质的提高来实现。

一是加强人员业务素质培训。应重点对水行政主管部门从事水利建设与管理的工作人员、质量监督机构的工作人员、项目建设单位从事工程质量管理的工作人员进行政策法规、质量管理知识、技能、手段的培训，培养和造就一支专业化的质量管理队伍。

二是加强资质审查核准工作。人员资质方面，应在专门加强培训的同时，及时审查核发质量监督工程师、监理工程师、项目经理以及从事核算、招投标、咨询、代理等工作人员的相关资质；队伍资质方面，加强对从事水利水电工程勘察、施工、监理、造价咨询、项目评估、招投标代理等企事业单位资质及相应登记的审查核准工作。

三是规范水利建设市场行为。重点是规范整顿水利水电工程项目的招投标活动，建立公开、公正、公平的市场秩序。招投标管理机构应切实履行审批和监督管理职责，必要时可邀请纪检监察机关和公证机构进行全过程的监督和公证。

4．结合建设领域专项治理的开展，加大执法监察工作力度

专项治理和执法监督是提高和确保工程质量的有效补充手段。除了各级水利、建设、计划、财政部门开展监督检查外，纪检监察机关和新闻媒体、人民群众以及社会各方面都是重要的监督主体。结合水利建设领域专项治理的开展，各级执纪执法机关应当相应加大对工程质量及其管理工作的执法监察力度。应该完善举报制度，充分利用信息网络技术和手段，条件成熟的可以建立专门的工程信息监督网站，成立快速反应的执法监督队伍，对涉及工程质量的有关问题和事故进行公开处理和直查快办。

5、结合政策法规体系的完善，推进质量管理法制化进程

质量管理法制化是提高水利水电工程质量的根本措施。一是进一步完善相关政策法规体系，对历年来制定的水利水电行业规程规范和建设管理有关规定进行补充、修改、完善，加强政策法规汇编和编撰工作，制定相应的规范文本；二是加强政策法规的宣传普及，对《中华人民共和国招标投标法》《建设工程质量管理条例》等法律规章进行宣传贯彻，充分利用各种群众性学术团体开展专题研究，进行学术探讨，加强科技、科研成果的推广应用；三是在行政处罚手段上，必须加大经济处罚的力度，运用经济杠杆处理责任主体因利益驱动导致的工程质量问题，通过行政、经济、法律等多种手段整体上加快质量管理法制化进程。

五、安全管理

（一）水利工程施工安全隐患分析

与一般建筑工程施工比较，水利工程施工存在更多、更大的安全隐患，分析如下：

（1）工程规模较大，施工单位多，往往现场工地分散，工地之间的距离较大，交通联系多有不便，系统的安全管理难度大。

（2）涉及施工对象纷繁复杂，单项管理形式多变，如有的涉及土石方爆破工程，接触炸药雷管，具有爆破安全问题；有的涉及潮汐，洪水期间的季节施工，必须保证洪水和潮汐侵袭情况下的施工安全；有海涂基础、基坑开挖处理（如大型闸室基础）时基坑边坡的安全支撑；大型机械设施的使用，更应保证架设及使用期间的安全；有引水发电隧洞，施工导流隧洞放工时洞室施工开挖衬砌、封堵的安全问题。

（3）施工难度大，技术复杂，易造成安全隐患。如隧洞洞身钢筋混凝土衬砌，特别是封堵段的混凝土衬砌，采用泵送混凝土，模板系统的安全、高空、悬空大体积混凝土立模、扎筋、混凝土浇筑施工安全问题等。

（4）施工现场均为"敞开式"施工，无法进行有效的封闭隔离，对施工对象、工地设备、材料、人员的安全管理增加了很大的难度。

（5）水利工地招用民工普遍文化层次较低，素质普遍较低，加之分配工种的多变，使其安全适应应变能力相对较差，增加了安全隐患。如曾发生的民工从脚手架上坠落、钢筋穿过胸腔；在地坑上面扒料、跌入地坑中，慢慢地被地坑漏斗中的黄沙活埋致死等恶性事故，多系民工自身缺乏安全常识所致。

（二）水利工程施工安全的预防

安全第一，预防为主。要保证整个施工期间的安全，首先以人为本应抓好施工准备阶段的安全管理。工程施工安全的预防可以从以下几方面进行。

1．抓好安全教育，在思想上绷紧安全这根弦

安全预防，思想是关键，首先应使各施工单位最高管理人树立强烈的安全意识。在水利工程施工中能否坚持安全第一，关键取决于施工单位管理层领导和工程项目部主要负责人能否把安全作为各项工作之前首先考虑的问题，为此施工单位应明确提出把安全作为管理层领导和项目经理及技术负责人考核的主要依据之一，并采用一票否决制；凡出现安全事故，并追究相应领导的责任，年度考核不合格，视情节扣发年度奖金，直至解聘和辞职，通过"一票否决制"，迫使和激发从管理层到项目部人员抓安全的自觉性。

其次，以人为本，强化广大职工，民工的安全责任意识，切实改变民工心中你要我安全的心态，变成我要安全的心态。通过三级安全教育和一票否决的制度以及大量事故案例、事故通报、大会动员、小会布置讨论、摆事实讲道理等多种形式、多种途径，极大提高职工、民工对安全的责任感，使每一个人都明确：施工安全，不仅关系个人的生命安危，它同时也关系着工程的声誉和形象，关系着整个工程建设的顺利与否，它确实是每一个人的头等大事。

在思想上建立了忧患意识，使每个管理人员和民工都时刻绷紧安全这根弦，就为贯彻安全制度，落实安全措施，提供了强有力的思想保证。

2．制订安全制度，进行制度教育

从业主到施工单位项目部，基层班组，在统一安全第一思想的基础上，层层制订落实

安全制度，安全制度必须结合本部门，本班组自身情况，既有一般要求、一般情况下的安全制度，也结合各单位情况提出特殊要求，对安全制度，应"警钟长鸣"，采用各种形式贯彻、灌输、落实、执行。

3．利用施工组织设计交底，进行安全施工技术教育

为了使工程建设施工重大安全技术措施得以落实，应在项目施工前编制《安全防护手册》作为安全规范，发给全体职工进行认真学习，并利用施工组织设计或项目施工技术交底，进行本项目施工重安全措施的教育。在编制施工组织设计时，应针对工程项目特点，提出本项目应特别强调的安全隐患及应对措施，通过对安全措施的交底和教育，使施工人员和每一位工人对工程施工总的安全要求和安全措施心中有底，这将给施工中落实具体的安全技术措施奠定基础。

4．施工队伍组建时拟安全管理，从组织上落实安全措施

每一项目上马，工地应建立以项目经理为第一责任人的安全管理体系，并在现场设质量安全员，赋予相应安全管理权力，包括违章作业制止权，严重隐患停工权，经济处罚权，安全一票否决权，保证其有效行使职责。

在组建施工队伍，施工班组时，应选择技术过硬，安全质量意识强的人员。可以对安全质量意识较差，并犯有安全事故责任的人员进行项目轮空制：即组建班子时有意识让其轮空，使其接受教训。可令项目责任人充任非脱产安全员，实行安全与效益挂钩，迫使其督促下属执行安全规章制度。

对于特种作业人员，危险作业岗位，应严格培训，持证上岗。新工人实行三级安全教育，未经安全教育的不准上岗，并明确规定工人有权拒绝管理人员的违章指挥及无安全防护的危险作业。

5．施工过程的安全管理监控

在水利工程施工安全管理工作中，施工过程的管理和监控是过程性的，管理的时间长、跨度大、涉及面广，同时也是管理是否有效直接接受检验的阶段。在施工过程的安全管理中，既要统筹兼顾，不留死角，又应集中力量抓好重点；既要重视施工高峰期的施工安全，又必须注意其他施工期间各个安全环节；既要严格控制关键工序安全操作规程，又要全面抓好一般工序施工的安全要求；既要抓好关键部位施工对象的施工安全，又应保证全部施工对象的安全生产。

6．控制两个关键，保证安全生产

关键施工对象（包括危险施工部位）和关键施工工序应作为安全管理布控的部位。关键施工对象（包括危险施工部位）如高空悬挑部位施工；导流洞引水洞衬砌封堵施工；潮汐影响的海滩围堰筑堤施工；深基坑开挖支护施工；土石方爆破开挖施工等。关键施工工序如大体积砼浇筑；钢筋焊接加工；大型构件吊装作业；材料、构配件吊装运输；脚手架工程等。对以上两个关键实行切实安全检查制度及专人安全盯岗制度真正做到制度落实、检查落实、责任落实，保证了施工安全。

7．坚持标准化管理，实行全员、全过程、全方位安全生产控制

坚持标准化是安全生产的基础性工作，全员、全过程、全方位执行标准化，规范化施工是安全生产最强有力的保证。项目施工中应将每一天施工对象，作业人员及作业程序，安全注意事项及安全措施均执行标准化要求和规定，使作业人员在施工前和施工的每时每刻中间都能做到施工地点明确，施工对象明确，工作要求明确，安全注意内容明确，杜绝了因情况不清，职责不明，盲目施工导致的安全隐患，保证了"三全"安全系数控制的要求。

8．作业现场抓安全管理

水利工程施工作业现场是安全管理最终落实点，也是安全隐患和安全事故最终发生的地点，必须严格把握作业现场的安全作业，安全施工。

（1）建立和健全各类现场作业管理制度如责任制；抽查制；安全交底；防火、安全用电制；机具、设备安全使用管理制度；安全纪律等。应设专职安全检查员监督实施，发现任何安全事故隐患和苗头以及违章操作，立即采取相应措施，并严肃查处。

（2）严禁各类无证上岗；严禁非专业人员从事专业工种；严禁非电气人员安装维修电器电路；严禁闲杂人员进入高空悬垂、危险作业，易燃易爆品堆场堆库，避免发生各类意外伤害。

（3）各工序交替、工种更换、作业面交付等环节，应包括安全交接；应特别交代安全控制的；"预警关"和"关键点"，防止因情况不明或情况陌生而造成的安全隐患。

（4）赶工作业特别容易发生事故；深夜班作业及连班作业极度易引起因施工人员的身体疲倦，深夜瞌睡而导致的安全事故，一般应尽量予以避免。工程特殊情况，确实需要加班加点作业，安全员应在做好准备工作的基础上，加强监督巡视，时刻控制现场作业状态，严格防范意识事故发生。

（5）水利工程往往工程规模较大，施工作业点广，易爆易燃材料使用量多，容易发生火灾。必须建立以项目经理、安全员为领导的一定数量的人员的消防队伍，平时进行必要的灭火知识培训演练。在木工车间、机修车间、发电房、食堂、仓库等易发生火灾场所配备一定数量的灭火器（泡沫、干粉）和沙包等消防设施，做到有备无患。

（6）现场施工每天完工，各施工作业班组认真清理现场并经安全检查人员验收，方可离场，防止留下各类安全隐患。

（7）安全专职或兼职人员应接受相应系统急救、设备和器材的使用培训及药物准备，以备急用。

9．水利工程建设系统安全管理

鉴于水利工程施工的特殊性，点多面广，人员分散，管理难度大，薄弱环节多，在安全管理中可应用系统管理理论，全面管理控制，才能收到最佳效果。

1）运用系统工程理论的观念，树立整体观和全局观，提高系统的整体功能

要把整个工程各工程项目，工程项目各施工单位，各工程项目的每个施工对策的安全管理抓上去，应不断优化各子系统，使整只工程的安全系统整体处于有机联系，整体优化。

在整个安全管理系统中，应首先抓人的系统平衡工作。水利工程施工流动，职工长年野外作业，施工现场环境艰苦，业余生活单调、枯燥，容易影响职工情绪，引发心理压力，导致各种安全隐患。施工单位管理人员和项目部应以人为本，努力改善工作环境和待遇，改善民工业余生活，合理安排工作和休息时间，做好职工心理疏导和心情调节，使每个人经常处于身心愉悦，情绪开朗的状态，虽身处工地却给职工一个"家"的感觉，提高广大职工的向心力、凝聚力。应开展丰富多彩的文化娱乐活动，各类积极向上的竞赛，评比活动，鼓励职工为工程，也为个人多争荣誉，多创财富，把职工的精力引导到工作岗上，这也给安全管理带来"人气"。

2）进行工程安全管理验控，提升安全管理整体效能

应努力改变过去项目分兵把守，各施工单位各自为政，安全管理各行其是的分散、脱离、割裂的落后状况，而改变为企业项目建设分头实施，安全管理联控联动的管理模式。即应做到整只工程在安全管理上总控，各项目子系统分控，横向信息畅通，先进管理方法交流共享，安全隐患和事故互通共警。整只工程安全管理中的任何现场，任何时间的"风吹"在整个系统中都会"草动"，形成整只工程安全管理的整体联控联动，提高安全管理的整体性、灵活性和效能性。

结　语

　　尽管水利水电工程建设存在诸多问题，但水利建设的目的正是促进人与自然更加和谐的相处，也是人类对自然友好的利用，但偏激片面地对水利水电工程建设持全盘否定的态度也是万万不可取的，应该正确认识到，当前的水利水电建设不可避免地在一定程度上改变了自然面貌和生态环境，使已经形成的平衡状态受到干扰和破坏。但我国目前的所面临的能源问题、灾害防治问题昭示着发展水电的必要性，只要我们把握因势利导、因地制宜的原则，合理规划，周全设计，精心施工。加强与生态学、气候学等学科的合作，努力使水利水电工程更加和谐地融入大自然，把水利事业做成国人心中的造福事业。